建筑消防高等职业教育系列教材

建筑消防工程

（上）

主　编　卿伟健

副主编　刘　超　郑嘉瑜　刘　兵

西南交通大学出版社

·成　都·

图书在版编目（CIP）数据

建筑消防工程. 上 / 卿伟健主编. —成都：西南交通大学出版社，2022.6
建筑消防高等职业教育系列教材
ISBN 978-7-5643-8201-8

Ⅰ. ①建… Ⅱ. ①卿… Ⅲ. ①建筑物－消防－高等职业教育－教材 Ⅳ. ①TU998.1

中国版本图书馆 CIP 数据核字（2021）第 164762 号

建筑消防高等职业教育系列教材
Jianzhu Xiaofang Gongcheng (Shang)
建筑消防工程（上）
主编 卿伟健

责任编辑	杨 勇
封面设计	GT 工作室
出版发行	西南交通大学出版社 （四川省成都市金牛区二环路北一段 111 号 西南交通大学创新大厦 21 楼）
发行部电话	028-87600564 028-87600533
邮政编码	610031
网址	http://www.xnjdcbs.com
印刷	四川森林印务有限责任公司
成品尺寸	185 mm × 260 mm
印张	14.75
字数	323 千
版次	2022 年 6 月第 1 版
印次	2022 年 6 月第 1 次
书号	ISBN 978-7-5643-8201-8
定价	45.00 元

课件咨询电话：028-81435775

前言
PREFACE

教材是教学内容的主要载体，是教学活动的重要依据、人才培养的重要保障。加强职业教育教材建设是深化职业教育教学改革的有效途径，是推进人才培养模式改革的重要条件，也是推动职业院校长足发展的基础性工程，对促进现代职业教育体系建设，切实提高职业教育人才培养质量具有十分重要的作用。

建筑消防技术是一门综合性、应用性、实践性很强的专业技术。随着我国社会经济的发展，消防行业对于消防从业人员的要求在不断提高，高素质、专业化的消防专业技术人才的缺口也是越来越大。现有的高职高专规划示范教材中还没有十分符合建筑消防技术专业的系列教材，相关院校只能选用本科类教材或者是相近专业教材替代，这些教材的内容与专业技术技能人才培养的需求有较大出入。

为了认真贯彻落实《国家职业教育改革实施方案》的要求，德阳科贸职业学院牵头成立了包含学校教师、行业专家、科研专家、企业专业技术人员共同参与的建筑消防高等职业教育系列教材编写委员会，启动了系列教材的编写出版工作。编写委员会按照“统筹规划、优化结构、锤炼精品、鼓励创新”的原则，完成了选题及编写工作，即将陆续出版。

教改无止境，精品教材是我们永远的追求。该系列教材具有编写队伍强大、教改基础深厚、示范效应显著、配套资源丰富、纸质教材与数字在线资源一体化设计的鲜明特点，是职业教育信息化条件下，扩展教学手段，推动教学方式方法变革的重要媒介与典型代表。系列教材以“高职适用、本科能用、工程技术人员好用”为原则，理论知识以“必须”和“够用”为度，突出建筑消防专业应用型职业教育特点，核心课程内容深度融合消防行业国家技能人员和专业技术人员职业资格证考试内容，真正做到专业、课程、教材、实践“四位一体”。

建筑消防高等职业教育系列教材包含：《消防燃烧学概论》《电子电工与电气防火》《灭火与抢险救援技术》《建筑设计防火》《建筑消防工程（上）》《建筑消防工程（下）》《消防安全管理学概论》《建筑消防工程综合能力（上）》《建筑消防工程综合能力（下）》《建筑消防工程概预算》《建筑消防工程施工组织管理》《消防识图与制图》等。

《建筑消防工程（上）》主要内容包括建筑消防工程概述、消防给水、消火栓系统、自动喷水灭火系统、水喷雾及细水雾灭火系统、自动跟踪定位射流灭火系统、泡沫灭火系统、气体灭火系统、干粉灭火系统等；《建筑消防工程（下）》主要内容包括防烟排烟系统、消防应急照明和疏散指示系统、火灾自动报警系统、消防联动控制设计、建筑灭火器、特殊建筑的消防设施等。

本书在编写过程中充分结合建筑消防技术最新的发展现状，注重各类消防设施在实际项目中的应用，从原理、组成、应用、创新等方面建立较完整的知识体系。全书各章既各自独立又相互联系，教材内容合理编排，由浅入深，配有规范原文分析和规范相关的图示，以便读者在阅读、学习本书时，能够对建筑消防工程有系统且清晰的认识。本书在编写时引用了最新的国家标准，包括《泡沫灭火系统技术标准》（GB 50151—2021）、《自动跟踪定位射流灭火系统技术标准》（GB 51427—2021）等，确保了本书内容与现行规范的一致性。需要特别说明的是，在使用本书时，若消防法规和技术标准有新的变化，应以最新的消防法规和技术标准为准。

本书可作为高等职业院校建筑消防技术专业、消防救援技术专业、给水及排水工程专业的教材或参考用书，也可作为注册消防工程师专业技术职业资格考试的参考用书。教学参考时数为 80 ~ 100 学时。

本书由德阳科贸职业学院卿伟健担任主编，刘超、郑嘉瑜、刘兵担任副主编。具体的编写分工为：模块一由刘兵编写，模块二、模块三由郑嘉瑜编写，模块四至模块八由卿伟健编写，模块九由刘超编写。

本书由德阳科贸职业学院郑嘉瑜主审并参与了全书的策划工作，他提出了许多宝贵的意见和建议。本书从框架确定到初稿完成，得到西南交通大学出版社的大力支持和帮助，在此一并表示感谢。本书编写时参考及引用了相关的专著与资料，在此谨向其作者表示衷心的感谢。

本书在编写过程中得到了德阳科贸职业学院应急管理学院教师的帮助和支持，由吴刚、杨勤林提供了诸多素材，还参考了各兄弟院校的反馈建议，在此向所有的同行表示感谢。

教材建设任重而道远，限于编者水平，时间与经验不足，不妥与疏漏之处在所难免，敬请读者和同行给予批评指正，以使本书日臻完善。

建筑消防高等职业教育系列教材
编 写 委 员 会
2021 年 6 月

目录
CONTENTS

模块一 建筑消防工程概述

● **教学目标**

知识目标：1. 了解建筑火灾的特点、建筑分类及建筑的耐火等级。

2. 掌握建筑消防设施的作用与分类。

3. 掌握建筑消防设施的设置与管理。

能力目标：1. 能够根据建筑物的性质判断建筑的耐火等级。

2. 能够辨别各种灭火设施。

素质目标：1. 培养学生的工程素质及严谨的工作作风和态度。

2. 引导学生按照规范要求为建筑工程配备各种消防设备设施。

● **思政目标**

在马克思主义价值观的引导下，通过建筑消防设施的介绍，使学生充分认识到消防设备设施的重要性，从而培养学生爱国、敬业、诚信的科学价值观，并将这种价值观融入这门课程的学习中去。

案例导入

新世纪环球中心是四川省成都市两级政府确定的打造世界现代田园城市的重大项目，是成都市的新地标，是一座世界级的超大型城市综合体，是世界最大单体建筑之一。它占地约 1 300 亩（1 亩 ≈ 666.67 m^2），总建筑面积约 176 万平方米，长 486.5 m，宽 410 m，总体高度约为 100 m，是一个集游艺、展览、商务、传媒、购物、酒店于一体的建筑。

环球中心在为世人呈现一个叹为观止的建筑形态的同时，也为建筑防火系统带来了前所未有的挑战。由于建筑面积过大，内部业态众多，结构错综复杂，它需要一个庞大而高效的消防系统。为保障这座万众瞩目的地标安全运行，相关负责人在全球范围内进行了消防系统招标。某公司中标后进行了 20 多次反反复复的方案论证，攻克众多技术难点，为环球中心提供了一套完善的消防解决方案。

从火灾报警系统到灭火控制系统，消防广播及电话系统，该公司为环球中心打造出“集中管理，分区监控”的消防预紧系统和快速反应机制，共设有 7 个消防控制室，15 台气体灭火控制器，16 台联动报警控制器，消防点位超过 85 000 点，布线总长度超过 1 600 km。所有线路连起来可以从成都连接到北京。以上所有设备设施能满足为这座世界级的超大建筑保驾护航。该公司还派遣有经验的技术人员在环球中心驻守，负责调试系统和日常维护工作。

环球中心配备的消防设施有：建筑消防分隔设施、安全疏散设施、消防给水设施、防烟与排烟设施、消防供配电设施、火灾自动报警系统、自动喷水灭火系统、气体灭火系统、灭火器、消防通信设施等。

在本模块中简述了建筑的分类与耐火等级，介绍了消防设施的作用与分类及其管理办法。

项目一　建筑火灾特点、建筑分类及相关规定

一、建筑火灾的特点

火灾是一种在时间和空间上失去控制的燃烧所造成的灾害。火灾，能烧掉人民辛勤劳动创造的物质财富，使大量的生活、生产资料在顷刻之间化为灰烬；火灾，涂炭生灵，夺去了很多人的生命和健康，给人民的身心带来难以消除的痛苦。

2007 年 6 月 26 日，公安部下发《关于调整火灾等级标准的通知》，将火灾等级标准由原来的特大火灾、重大火灾、一般火灾 3 个等级调整为特别重大火灾、重大火灾、较大火灾和一般火灾 4 个级别。

建筑物是人类进行生活、生产和政治、经济、文化等活动的场所，一般会存在可燃物和着火源，稍有不慎，就可能引起火灾；建筑又是财产和人员极为集中的地方，因而建筑火灾与其他火灾相比，具有火势蔓延迅速、火灾扑救困难、容易造成人员伤亡事故和经济损失严重的特点。尽最大努力预防建筑火灾发生，将火灾危害降至最低，切实保障生命和财产安全，是建筑消防工程设计、施工、验收、维护管理过程中的基本出发点和落脚点。

1. 火势蔓延迅速

由于烟气流的流动和风力的作用，建筑火灾的火势蔓延速度是非常快的。发生火灾时产生的大量烟和热会形成炽热的烟气流，烟气流的流动方向往往就是火势蔓延的方向，烟气流的流动速度往往就是火势蔓延速度。烟气的流动主要与火灾现场的发热量有关。发热量越大，烟气温度越高，流动的速度也就越快；发热量越小，烟气温度越低，流动的速度也就越慢；另外，烟气的流动还与建筑高度、建筑结构形式、周围温度、建筑内有无通风空调系统等因素有关。

风也是助长火势蔓延的一个重要因素。风力越大，火势蔓延速度越快。同一建筑物的不同高度在同一时间内所受风力的大小是不相同的，离地面越高，所受风力越大。

蔓延途径多，易形成立体火灾。竖向管井与通道、共享空间、玻璃幕墙缝隙等部位，易产生“烟囱”效应，烟火流动速度快；外部风力作用会加剧火势蔓延；高强度热辐射会引燃临近建筑物。

2．火灾扑救困难

由于建筑物的面积较大，垂直高度较高，一旦着火，扑救难度较大。从总体上讲，目前城市的消防力量是有限的，尤其是中小城市，消防的整体力量还难以满足大型建筑重大火灾的扑救。另外，消防设备的供水能力、登高工作高度也难以满足高层建筑的消防要求。我国目前使用的普通消防车能直接供水扑救的最大工作高度一般为 50～60 m，大多数登高消防车的最大工作高度均在 100 m 以内。当建筑物高度超过 50 m 时难以实现灭火和救援，超过 100 m 几乎全部依靠建筑内部消防设施实施灭火。

3．容易造成人员伤亡事故

建筑物一旦着火，火灾现场就会产生大量的烟尘和各种有毒有害的气体，这些烟尘和有毒有害的气体对人体危害很大，而且流动的速度很快，一旦充满安全出口，就会严重阻碍人们的疏散，进而造成人员伤亡事故。火灾中，浓烟、毒气及其他燃烧产物易造成人员呼吸困难，甚至窒息、中毒死亡；内部温度高、烟气浓、能见度低，灭火救援人员难以深入内部，实施有效的人员救助及灭火战斗行动；楼层高，消防移动作战装备器材难以发挥作用；被困人员易惊慌失措，可供疏散逃生的通道少，容易造成大量人员伤亡。大多数火灾案例表明，在火灾伤亡事故中，被烟气熏死的人数占死亡人数的半数左右，有时甚至高达 70%～80%。

4．经济损失严重

在各种火灾中，发生概率最高、损失最为严重的当属建筑火灾。建筑火灾所造成的损失不仅是建筑本身的价值，还包括建筑内各种物质的经济损失。

近年来，高层民用建筑呈快速发展之势，建筑高度大于 100 m 的建筑越来越多，火灾也呈多发态势，一旦发生火灾，后果严重。

二、建筑分类

建筑可以按照建筑的使用性质进行分类，也可按照建筑的高度进行分类。对于工业建筑来说，主要是按照生产和储存物质的火灾危险性进行分类。

1．按照建筑的使用性质进行分类

建筑按照使用性质可以分为农业建筑、工业建筑、民用建筑。

1）农业建筑

农业建筑是指农副产业生产与存储建筑，如暖棚、粮仓、畜禽饲养场等。

2）工业建筑

工业建筑是指供生产用的各类建筑。工业建筑包括厂房和仓库。

厂房是进行生产和组装产品的建筑。如电视机生产车间、汽车总装车间。

仓库是储存与放置原材料、中间产品或成品的建筑或房间。仓库不进行任何生产和组装工作，只是单纯地进行存放。

3）民用建筑

民用建筑是指非生产性的建筑，如住宅、学校、商业建筑等。

民用建筑包括住宅和公共建筑。

住宅是用来居住的。比如城市中的住宅小区，农村自建的住房，以及一些别墅等。

除了住宅以外的民用建筑，我们可以认为是公共建筑。比如写字楼、商场等。

（1）宿舍、公寓这类居住类建筑，是属于公共建筑。也许建筑学上不这样划分，但是从消防的角度把它划分为公共建筑。

（2）对于一些在住宅建筑设置了商业服务网点的建筑，也是属于住宅建筑。

商业服务网点是设置在住宅建筑的首层或首层及二层，每个分隔单元建筑面积不大于 300 m^2 的商店、邮政所、储蓄所、理发店等小型营业性用房。

2. 按照建筑的高度进行分类

根据建筑高度可将建筑分为单、多层建筑，高层建筑，地下室，半地下室。

1）单、多层建筑

单、多层建筑是指建筑高度不大于 27 m 的住宅建筑（包括设置商业服务网点的住宅建筑），建筑高度不大于 24 m（或大于 24 m 的单层）的公共建筑和工业建筑。分类见表 1-1-1 所示。

表 1-1-1　单、多层建筑的分类

民用建筑	住宅建筑	≤27 m（包括设置商业服务网点的住宅建筑）
	公共建筑	≤24 m 或>24 m 的单层
工业建筑		

2）高层建筑

高层建筑是指建筑高度大于 27 m 的住宅建筑和其他建筑高度大于 24 m 的非单层建筑。高层民用建筑根据其建筑高度、使用功能和楼层的建筑面积可分为一类和二类。分类见表 1-1-2 所示。

表 1-1-2　高层建筑的分类

名称	高层建筑	
	一类	二类
住宅建筑	建筑高度大于 54 m 的住宅建筑(包括设置商业服务网点)	建筑高度大于 27 m，但不大于 54 m 的住宅建筑
公共建筑	(1) 建筑高度大于 50 m 的公共建筑。 (2)建筑高度 24 m 以上部分任一楼层建筑面积大于 1 000 m^2 的商店、展览、电信、邮政、财贸金融建筑和其他多种功能组合的建筑。 (3) 医疗建筑、重要公共建筑、独立建造的老年人照料设施。 (4) 省级及以上的广播电视和防灾指挥调度建筑、网局级和省级电力调度建筑。 (5) 藏书超过 100 万册的图书馆、书库	除一类高层公共建筑外的其他高层公共建筑

建筑高度大于 100 m 的建筑称为超高层建筑。

重要公共建筑是指发生火灾可能造成重大人员伤亡、财产损失和严重社会影响的公共建筑。

其他多种功能组合是指公共建筑中具有 2 种或 2 种以上的公共使用功能，不包括住宅与公共建筑组合建造的情况。

裙房是指在高层建筑主体投影范围外，与高层建筑相连的建筑高度不超过 24 m 的附属建筑。

工业建筑按照高度只划分为单、多层和高层，对于高层不再细分。更多的是根据其生产和储存物质的火灾危险性进行划分。

3）地下室

房间地面低于室外设计地面的平均高度大于该房间平均净高 1/2 者。

4）半地下室

房间地面低于室外设计地面的平均高度大于该房间平均净高 1/3，且不大于 1/2 者。

3．按火灾危险性分类

1）生产的火灾危险性分类

生产物品的火灾危险性主要根据生产中使用或产生物品的性质和可燃物数量等因素划分为甲、乙、丙、丁、戊类。见表 1-1-3 所示。

表 1-1-3　生产火灾危险性分类

生产的火灾危险性类别	使用或产生下列物质的火灾危险性特征
甲	1. 闪点小于 28 °C 的液体。 2. 爆炸下限小于 10% 的气体。 3. 常温下能自行分解或在空气中氧化能导致迅速自燃或爆炸的物质。 4. 常温下受到水或空气中水蒸气的作用，能产生可燃气体并引起燃烧或爆炸的物质。 5. 遇酸、受热、撞击、摩擦、催化以及遇有机物或硫黄等易燃的无机物，极易引起燃烧或爆炸的强氧化剂。 6. 受撞击、摩擦或与氧化剂、有机物接触时能引起燃烧或爆炸的物质。 7. 在密闭设备内操作温度不小于物质本身自燃点的生产
乙	1. 闪点大于等于 28 °C，且小于 60 °C 的液体。 2. 爆炸下限不小于 10% 的气体。 3. 不属于甲类的氧化剂。 4. 不属于甲类的易燃固体。 5. 助燃气体。 6. 能与空气形成爆炸性混合物的浮游状态的粉尘、纤维、闪点不小于 60 °C 的液体雾滴
丙	1. 闪点不小于 60 °C 的液体。 2. 可燃固体
丁	1. 对不燃烧物质进行加工，并在高温或熔化状态下经常产生强辐射热、火花或火焰的生产。 2. 利用气体、液体、固体作为燃料或将气体、液体进行燃烧作其他用的各种生产。 3. 常温下使用或加工难燃烧物质的生产
戊	常温下使用或加工不燃烧物质的生产

当同一座厂房或厂房的任一防火分区内有不同火灾危险性生产时，厂房或防火分区内的生产火灾危险性类别应按火灾危险性较大的部分确定。

当生产过程中使用或产生易燃、可燃物的量较少，不足以构成爆炸或火灾危险时，可按实际情况确定。

当符合下述条件之一时，可按火灾危险性较小的部分确定：

（1）火灾危险性较大的生产部分占本层或本防火分区建筑面积的比例小于 5%；且发生火灾事故时不足以蔓延到其他部位，或对火灾危险性较大的生产部分采取了有效的防火措施。

（2）丁类、戊类厂房内的油漆工段小于 10%，且发生火灾事故时不足以蔓延到其他部位，或对火灾危险性较大的生产部分采取了有效的防火措施。

（3）丁类、戊类厂房内的油漆工段，当采用封闭喷漆工艺，封闭喷漆空间内保持负压，油漆工段设置可燃气体探测报警系统或自动抑爆系统，且油漆工段占所在防火分区面积的比例不大于 20%。

2）储存的火灾危险性分类

储存物品的火灾危险性应根据储存物品的性质和储存物品中的可燃物数量等因素划分，可分为甲、乙、丙、丁、戊类。见表 1-1-4 所示。

表 1-1-4　仓储火灾危险性分类

储存物品的火灾危险性类别	储存物品的火灾危险性特征
甲	1. 闪点小于 28 °C 的液体。 2. 爆炸下限小于 10% 的气体，受到水或空气中水蒸气的作用能产生爆炸下限小于 10% 气体的固体物质。 3. 常温下能自行分解或在空气中氧化能导致迅速自燃或爆炸的物质。 4. 常温下受到水或空气中水蒸气的作用，能产生可燃气体并引起燃烧或爆炸的物质。 5. 遇酸、受热、撞击、摩擦以及遇有机物或硫黄等易燃的无机物，极易引起燃烧或爆炸的强氧化剂。 6. 受撞击、摩擦或与氧化剂、有机物接触时能引起燃烧或爆炸的物质
乙	1. 闪点不小于 28 °C，但小于 60 °C 的液体。 2. 爆炸下限不小于 10% 的气体。 3. 不属于甲类的氧化剂。 4. 不属于甲类的易燃固体。 5. 助燃气体。 6. 常温下与空气接触能缓慢氧化，积热不散引起自燃的物品
丙	1. 闪点不小于 60 °C 的液体。 2. 可燃固体
丁	难燃烧物品
戊	不燃烧物品

同一座仓库或仓库的任一防火分区内储存不同火灾危险性物品时，仓库或防火分区的火灾危险性应按火灾危险性最大的物品确定。

丁、戊类储存物品仓库的火灾危险性，当可燃包装重量大于物品本身重量 1/4 或可燃包装体积大于物品本身体积的 1/2 时，应按丙类确定。

4. 按建筑设计使用年限分类

见表 1-1-5。

表 1-1-5　建筑按使用年限分类

类　别	设计使用年限/年
临时建筑	5
易于替换结构构件的建筑	25
普通房屋和构筑物	50
标志性建筑和特别重要的建筑	100

三、建筑高度和层数

1. 建筑高度的规定

（1）建筑屋面为坡屋面时，应为建筑室外设计地面至其檐口与屋脊的平均高度。

（2）建筑屋面为平屋面（包括有女儿墙的平屋面）时，应为建筑室外设计地面至其屋面面层的高度。

（3）同一座建筑有多种形式的屋面时，应按上述方法分别计算后，取其中最大值。

（4）对于台阶式地坪，当位于不同高程地坪上的同一建筑之间有防火墙分隔、各自有符合规范规定的安全出口，且可沿建筑的两个长边设置贯通式或尽头式消防车道时，可分别计算各自的建筑高度，否则，应按其中建筑高度最大者确定建筑高度。

（5）局部突出屋顶的瞭望塔、冷却塔、水箱间、微波天线间等设施、电梯机房、排风和排烟机房以及楼梯出口间等辅助用房占屋面面积不大于 1/4 者，可不计入建筑高度。

（6）对于住宅建筑，设置在底部且室内高度不大于 2.2 m 的自行车库、储藏室、敞开空间，室内外高差或建筑的地下或半地下室的顶板面高出室外设计地面的高度不大于 1.5 m 的部分，可不计入建筑高度。

2. 建筑层数的规定

应按建筑的自然层数计算，下列空间可不计入建筑层数：

（1）室内顶板面高出室外设计地面的高度不大于 1.5 m 的地下或半地下室。

（2）设置在建筑底部且室内高度不大于 2.2 m 的自行车库、储藏室、敞开空间。

（3）建筑屋顶上突出的局部设备用房、突出屋面的楼梯间等。

项目二　建筑耐火等级

一、建筑耐火等级的划分及要求

耐火等级是衡量建筑物耐火程度的分级标准。对于不同类型、性质的建筑物提出不同的耐火等级要求，可做到既有利于消防安全，又有利于节约基本建设投资。

耐火极限是指在标准耐火试验条件下，建筑构件、配件或结构从受到火的作用时起，至失去承载能力、完整性或隔热性时所用时间，用小时表示。耐火极限是衡量建筑物的耐火等级的主要指标。建筑耐火等级是由组成建筑物的墙、柱、楼板、屋顶承重构件和吊顶等主要构件的燃烧性能和耐火极限决定的。

耐火等级分为一、二、三、四级。由于各类建筑使用性质、重要程度、规模大小、层数高低和火灾危险性存在差异，所要求的耐火程度有所不同。划分建筑物耐火等级的目的在于根据建筑物不同用途提出不同的耐火等级要求。

除了建筑构件的耐火极限外，其燃烧性能也是耐火等级的决定性条件。

（1）一级耐火等级的构件全是不燃烧体。

（2）二级耐火等级的构件除吊顶为难燃烧体之外，其余都是不燃烧体。

（3）三级耐火等级的构件除吊顶和屋顶承重构件外，也都是不燃烧体。

（4）四级耐火等级的构件，除防火墙为不燃烧体外，其余的构件按其作用与部位不同，有难燃烧体，也有燃烧体。

一般说来，一级耐火等级建筑是钢筋混凝土结构或砖混结构。二级耐火等级建筑和一级耐火等级建筑基本上相似，但其构件的耐火极限可以较低，而且可以采用未加保护的钢屋架。三级耐火等级建筑是木屋顶、钢筋混凝土楼板、砖墙组成的砖木结构。四级耐火等级建筑是木屋顶、难燃烧体墙壁组成的可燃结构。

二、民用建筑物耐火等级

民用建筑的耐火等级也分为一、二、三、四级。除另有规定外，不同耐火等级建筑相应构件的燃烧性能和耐火极限不应低于表 1-2-1 中的规定。

表 1-2-1　民用建筑物构件耐火等级、燃烧性能和耐火极限　　单位：h

构件名称		耐火等级			
		一级	二级	三级	四级
墙	防火墙	不燃性 3.00	不燃性 3.00	不燃性 3.00	不燃性 3.00
	承重墙	不燃性 3.00	不燃性 2.50	不燃性 2.00	难燃性 0.50
	楼梯间、前室的墙，电梯井的墙	不燃性 2.00	不燃性 2.00	不燃性 1.50	难燃性 0.50
	疏散走道两侧的隔墙	不燃性 1.00	不燃性 1.00	不燃性 0.50	难燃性 0.25
	非承重外墙	不燃性 1.00	不燃性 1.00	难燃性 0.50	难燃性 0.25
	房间隔墙	不燃性 0.75	不燃性 0.50	难燃性 0.50	难燃性 0.25
柱		不燃性 3.00	不燃性 2.50	不燃性 2.00	难燃性 0.50
梁		不燃性 2.00	不燃性 1.50	不燃性 1.00	难燃性 0.50
楼板		不燃性 1.50	不燃性 1.00	不燃性 0.50	可燃性 0.50
屋顶承重构件		不燃性 1.50	不燃性 1.00	可燃性 0.50	可燃性
疏散楼梯		不燃性 1.50	不燃性 1.00	不燃性 0.50	可燃性
吊顶		不燃性 0.25	难燃性 0.25	难燃性 0.15	可燃性

注：（1）除另有规定外，以木柱承重且墙体采用不燃材料的建筑，其耐火等级应按四级确定。
（2）住宅建筑构件的耐火极限和燃烧性能可按现行国家标准《住宅建筑规范》的规定执行。

民用建筑的耐火等级应根据其建筑高度、使用功能、重要性和火灾扑救难度等确定，并应符合下列规定：

（1）地下或半地下建筑（室）和一类高层建筑的耐火等级不应低于一级。

（2）单、多层重要公共建筑和二类高层建筑的耐火等级不应低于二级。

（3）考虑到高层民用建筑与裙房，在重要性和扑救、疏散难度等方面虽有所差别，但裙房的耐火能力也应与主体相当。

（4）建筑高度大于 100 m 的民用建筑，其楼板的耐火极限不应低于 2.00 h。一、二级耐火等级建筑的上人平屋顶，其屋面板的耐火极限分别不应低于 1.50 h 和 1.00 h。

（5）一、二级耐火等级建筑的屋面板应采用不燃材料。屋面防水层宜采用不燃、难燃材料；当采用可燃防水材料且铺设在可燃、难燃保温材料上时，防水材料或可燃、难燃保温材料应采用不燃材料作防护层。

二级耐火等级建筑内采用难燃性墙体的房间隔墙，其耐火极限不应低于 0.75 h；当房间的建筑面积不大于 100 m² 时，房间隔墙可采用耐火极限不低于 0.50 h 的难燃性墙体或耐火极限不低于 0.30 h 的不燃性墙体。

二级耐火等级多层住宅建筑内采用预应力混凝土的楼板，其耐火极限不应低于 0.75 h。

（6）为了防止吊顶因受火作用塌落而影响人员疏散，避免火灾通过吊顶蔓延，二级耐火等级建筑内采用不燃材料的吊顶，其耐火极限不限。

（7）三级耐火等级的医疗建筑、中小学校的教学建筑、老年人建筑及托儿所、幼儿园的儿童用房和儿童游乐厅等儿童活动场所的吊顶，应采用不燃材料；当采用难燃材料时，其耐火极限不应低于 0.25 h。

（8）三级耐火等级建筑内门厅、走道的吊顶应采用不燃材料。

三、厂房和仓库的耐火等级

厂房、仓库主要指除炸药厂（库）、花炮厂（库）、炼油厂外的厂房及仓库。厂房和仓库的耐火等级分一、二、三、四级，相应建筑构件的燃烧性能和耐火极限见表 1-2-2。

表 1-2-2　厂房和仓库构件的耐火等级、燃烧性能和耐火极限　单位：h

构件名称		耐火等级			
		一级	二级	三级	四级
墙	防火墙	不燃性 3.00	不燃性 3.00	不燃性 3.00	不燃性 3.00
	承重墙	不燃性 3.00	不燃性 2.50	不燃性 2.00	难燃性 0.50
	楼梯间、前室的墙，电梯井的墙	不燃性 2.00	不燃性 2.00	不燃性 1.50	难燃性 0.50
	疏散走道两侧的隔墙	不燃性 1.00	不燃性 1.00	不燃性 0.50	难燃性 0.25
	非承重外墙 房间隔墙	不燃性 0.75	不燃性 0.50	难燃性 0.50	难燃性 0.25
柱		不燃性 3.00	不燃性 2.50	不燃性 2.00	难燃性 0.50
梁		不燃性 2.00	不燃性 1.50	不燃性 1.00	难燃性 0.50
楼板		不燃性 1.50	不燃性 1.00	不燃性 0.75	难燃性 0.50
屋顶承重构件		不燃性 1.50	不燃性 1.00	难燃性 0.50	可燃性
疏散楼梯		不燃性 1.50	不燃性 1.00	不燃性 0.75	可燃性
吊顶		不燃性 0.25	难燃性 0.25	难燃性 0.15	可燃性

注：二级耐火等级建筑采用不燃烧材料的吊顶，其耐火极限不限。

在设计时，还应注意到以下特殊情况：

（1）考虑到甲、乙类厂房和甲、乙、丙类仓库，一旦着火，其燃烧时间较长和（或）燃烧过程中释放的热量巨大，其防火分区除应采用防火墙进行分隔外，有必要适当提高防火墙的耐火极限。因此，甲、乙类厂房和甲、乙、丙类仓库内的防火墙，其耐火极限不应低于 4.00 h。

（2）一、二级耐火等级单层厂房（仓库）的柱，其耐火等级分别不应低于 2.50 h 和 2.00 h。

（3）采用自动喷水灭火系统全保护的一级耐火等级单、多层厂房（仓库）的屋顶承重构件，其耐火极限不应低于 1.00 h。其中，“屋顶承重构件”是指用于支撑屋面荷载的主结构构件，如组成屋顶网架、网壳、桁架的构件及屋面梁。

（4）除甲、乙类仓库和高层仓库外，一、二级耐火等级建筑的非承重外墙，在采用不燃性墙体时，其耐火极限不应低于 0.25 h；当采用难燃性墙体时，不应低于 0.50 h。4 层及 4 层以下的一、二级耐火等级丁、戊类地上厂房（仓库）的非承重外墙，在采用不燃性墙体时，其耐火极限不限。

（5）二级耐火等级厂房（仓库）内的房间隔墙，在采用难燃性墙体时，其耐火极限应提高 0.25 h。

（6）二级耐火等级多层厂房和多层仓库内采用预应力混凝土的楼板，其耐火极限不应低于 0.75 h。

（7）建筑物的上人平屋顶，可用于火灾时的临时避难场所，符合要求的上人平屋面可作为建筑的室外安全地点。为确保安全，对于一、二级耐火等级的建筑物的上人平屋顶，一、二级耐火等级厂房（仓库）的上人平屋顶，其屋面板的耐火极限分别不应低于 1.50 h 和 1.00 h。

（8）一、二级耐火等级厂房（仓库）的屋面板应采用不燃材料。屋面防水层宜采用不燃、难燃材料；在采用可燃防水材料且铺设在可燃、难燃保温材料上时，防水材料或可燃、难燃保温材料应采用不燃材料作防护层。

项目三　建筑消防设施的作用与分类

建筑消防设施是指依照国家、行业或者地方消防技术标准的要求，在建筑物、构筑物和堆场中设置的用于火灾报警、灭火、人员疏散、防火分隔、灭火救援行动等防范和扑救建筑火灾的设备设施的总称。

一、建筑消防设施的作用

不同建筑根据其使用性质、体积、高度、耐火极限和火灾危险性的大小，需要有相应类别、功能的建筑消防设施作为保障。建筑消防设施的主要作用是及时发现和扑救火灾，限制火灾蔓延的范围，为有效地扑救火灾和人员疏散创造有利条件，从而减少由于火灾造成的财产损失和人员伤亡。

具体的作用大致包括：防火分隔、火灾自动（手动）报警、电气与可燃气体火灾监控、自动（手动）灭火、防烟与排烟、应急照明、消防通信以及安全疏散、消防电源保障等方面。建筑消防设施是保证建（构）筑物消防安全和人员疏散安全的重要设施，是现代建筑的重要组成部分。

二、建筑消防设施的分类

1. 建筑防火分隔设施

建筑防火分隔设施是指能在一定时间内把火势控制在一定空间内，有效阻止其蔓延扩大的一系列分隔设施。各类防火分隔设施一般在耐火稳定性、完整性和隔热性等方面具有不同要求。常用的防火分隔设施有防火墙、防火隔墙、防火门窗、防火卷帘、防火阀、阻火圈和防火玻璃墙等。

2. 安全疏散设施

常用的安全疏散设施包括：安全出口、疏散门、疏散楼梯、疏散（避难）走道、消防电梯、屋顶直升机停机坪、消防应急照明和安全疏散指示标志等。

3. 消防给水设施

消防给水设施是建筑消防给水系统的重要组成部分，其主要功能是为建筑消防给水系统储存并提供足够的消防水量和水压，确保消防给水系统的供水安全可靠。

消防给水设施通常包括消防供水管道、消防水池、消防水箱、消防水泵、稳压泵、消防水泵接合器等。

4. 防烟与排烟设施

建筑的排烟设施分为机械排烟设施和可开启外窗的自然排烟设施。建筑机械防烟排烟设施由送排风管道、管井、排烟防火阀、排烟阀、送风口、排烟口、送排风机等组件组成。

5. 消防供配电设施

消防供配电系统主要包括：消防电源、消防配电箱、线路等。消防配电箱是从消防电源到消防用电设备的中间环节。

6. 火灾自动报警系统

火灾自动报警系统包括：火灾探测报警系统、消防联动控制系统、可燃气体探测报警系统、火灾警报装置以及具有其他辅助功能的装置组成。

火灾自动报警系统按应用范围可分为：区域报警系统、集中报警系统和控制中心报警系统三类。

7．自动喷水灭火系统

自动喷水灭火系统是由洒水喷头、报警阀组、水流报警装置（水流指示器、压力开关）等组件以及管道、供水设施组成的，能在火灾发生时做出响应并实施喷水的自动灭火系统。

按喷头类型分为两类：使用闭式洒水喷头的为闭式系统，包括湿式系统、干式系统、预作用系统、防护冷却系统、简易自动喷水系统等；使用开式洒水喷头的为开式系统，包括雨淋系统、水幕系统。

8．水喷雾灭火系统

水喷雾灭火系统是利用专门设计的水雾喷头，在水雾喷头的工作压力下将水流分解成粒径不超过 1mm 的细小水滴进行灭火或防护冷却的一种固定灭火系统。

按启动方式可分为电动启动和传动管启动两种类型。

按应用方式可分为固定式水喷雾灭火系统、自动喷水-水喷雾混合配置系统、泡沫-水喷雾联用系统三种类型。

9．细水雾灭火系统

细水雾灭火系统是由供水装置、过滤装置、控制阀、细水雾喷头等组件和供水管道组成的，能自动和手动启动并喷放细水雾进行灭火或控火的固定灭火系统。

按工作压力可分为低压系统、中压系统和高压系统。

按应用方式可分为全淹没系统和局部应用系统。

按动作方式可分为开式系统和闭式系统。

按雾化介质可分为单流体系统和双流体系统。

按供水方式可分为泵组式系统、瓶组式系统、瓶组与泵组结合式系统。

10．泡沫灭火系统

泡沫灭火系统是由消防泵、泡沫储罐、比例混合器、泡沫产生装置、阀门及管道、电气控制装置组成。

按泡沫液发泡倍数的不同可分为低倍数泡沫灭火系统、中倍数泡沫灭火系统和高倍数泡沫灭火系统。

按设备安装使用方式可分为固定式泡沫灭火系统、半固定式泡沫灭火系统和移动式泡沫灭火系统。

11．干粉灭火系统

干粉灭火系统由启动装置、氮气瓶组、减压阀、干粉罐、干粉喷头、干粉枪、干粉炮、电控柜、阀门和管道等组成，一般为火灾自动探测系统与干粉灭火系统联动。

12．气体灭火系统

气体灭火系统是指平时灭火剂以液体、液化气体或气体状态存储于压力容器内，灭火时以气体（包括蒸气、气雾）状态喷射灭火介质的灭火系统。气体灭火系统能在防护区空间内形成各方向均一的气体浓度，而且至少能保持该灭火浓度达到规范规定的浸渍时间，从而扑灭该防护区的火灾。

按照使用的灭火剂不同，分为二氧化碳灭火系统、七氟丙烷灭火系统、惰性气体灭火系统和热气溶胶灭火系统。

按装配形式的不同，气体灭火系统分为管网灭火系统和预制灭火系统（亦称无管网灭火装置）。

按应用方式的不同，气体灭火系统分为全淹没气体灭火系统和局部应用气体灭火系统。

按结构特点的不同，气体灭火系统分为单元独立灭火系统和组合分配灭火系统。

按加压方式的不同，气体灭火系统分为自压式、内贮压式和外贮压式气体灭火系统。

按其结构特点可分为：管网灭火系统（工程系统）和无管网灭火系统（预制系统）。

按防护区的特征和灭火方式可分为全淹没灭火系统和局部应用灭火系统。

按一套灭火剂储存装置保护的防护区的多少，可分为单元独立系统和组合分配系统。

13．消防通信设施

消防通信设施是指专门用于消防检查、演练、火灾报警、接警、安全疏散、消防救援力量调度以及与医疗、消防等防灾部门之间进行联络的系统设施。

其主要包括：火灾事故广播系统、消防专用电话系统、消防电话插孔以及无线通信设备等。

14．移动式灭火器材

移动式灭火器材是相对固定式灭火设施而言的，即可以人为移动的各类灭火器具，如灭火器、灭火毯、消防梯、消防钩、消防斧、安全锤、消防桶等。

除此以外，一些其他器材和工具也能够起到灭火和辅助逃生等作用，如防毒面具、消防手电、消防绳、消防沙、蓄水缸等。

项目四　建筑消防设施的设置与管理

按照国家有关法律、法规和国家工程建设消防技术标准设置的建筑消防设施，是预防火灾、及时扑救初期火灾的有效措施。对建筑消防设施定期实施检查、检测及维护管理，确保其完好有效，是各级政府与部门和广大社会单位的法定责任。

一、建筑消防设施设置要求

所有建筑物都应当按照消防法律、法规和国家工程建设消防技术标准设置建筑消防设施，基本设置要求如下：

（1）按照消防法律、法规和消防技术标准规定需要进行消防设计的建设工程，应当进行消防专项设计，并依法由住房和城乡建设主管部门进行消防设计审查、消防验收或者备案抽查。

（2）建筑消防设施的安装单位应具备相应等级的专业施工资质，并按图施工，确保工程质量符合相关技术标准要求。

（3）建筑消防设施产品应当符合国家标准或者行业标准，且应符合国家市场准入制度的要求，如3C认证和检测等。禁止生产、销售、配置不合格或者国家明令淘汰的建筑消防设施产品。产品质量监督部门、工商行政管理部门、消防救援机构应当按照各自职责加强对消防产品质量的监督检查。

（4）建筑物的建设单位、工程监理单位和建筑消防设施的设计单位、施工单位、设计审查单位、竣工验收单位，应依法对建筑消防设施工程的质量负责。

（5）配置火灾自动报警系统的单位应当与城市火灾自动报警信息系统联网，并确保其正常运行。

二、建筑消防设施管理职责

建筑消防设施管理是一项社会责任，各单位对本单位建筑消防设施负有自主管理责任，各级政府与部门负有领导和行业管理责任。任何单位和个人都有依法维护消防安全、保护建筑消防设施的义务，不得损坏、圈占、挪用或者擅自改造、停用建筑消防设施。

1．各级政府及相关部门职责

各级人民政府应当加强对消防工作的领导，加大建筑消防设施的公共资金投入力度，逐步消除历史遗留问题，组织开展对建筑消防设施重大安全隐患的整治工作。住房和城乡建设、交通运输、自然资源、应急管理、市场监督管理、民政、教育等相关行政管理部门应当按照各自职责，共同做好建筑消防设施的行业监管工作。各级消防救援机构则负有行政监督管理责任。

2．单位自主管理职责

建筑消防设施的产权单位或者受其委托管理的单位应当履行日常管理责任。当建筑使用权全部或局部转让、租赁时，应明确建筑消防设施的日常管理责任。两个或者两个以上产权人共用建筑消防设施的，建筑消防设施产权人应当共同协商，订立协议，明确各方的建筑消防设施管理责任，确定责任人或者委托一个管理单位进行统一管理，并将协议报送当地消防救援机构备案。建筑消防设施的使用、管理单位应当依法履行下列管理职责：

（1）贯彻执行国家有关建筑消防设施使用、维护保养的法律、法规、技术标准和地方规章。

（2）明确专门部门和专人负责建筑消防设施的操作、检查和维护保养工作。

（3）制定建筑消防设施的管理制度和操作规程。

（4）落实建筑消防设施的日常维护保养制度，及时整改设置与运行中存在的问题。

（5）定期组织对建筑消防设施进行检查测试。

（6）建立建筑消防设施配置、运行等情况的管理档案。

（7）对员工进行建筑消防设施使用常识教育，定期组织消防演练。

（8）履行法律、法规、规章规定的其他责任。

3. 消防监督管理职责

消防救援机构依法对建筑消防设施的管理情况实施监督，监督管理的内容包括以下几个方面：

（1）建筑消防设施的配置情况。

（2）建筑消防设施的运行状况。

（3）建筑消防设施的操作规程和管理制度。

（4）建筑消防设施操作、管理人员的消防安全培训情况。

（5）消防控制室值班情况。

（6）建筑消防设施的维修、保养和检测情况。

（7）建筑消防设施管理档案的建立情况。

（8）其他需要监督检查的情况。

4. 地方对公共消防设施的管理

2021年11月9日，《四川省公共消防设施条例》（以下简称《条例》）正式实施。其目的是针对城镇化水平提高，新城区开发、旧城区和城中村改造等城市建设实际需要，适应当前消防工作新形势、新要求，提高公共消防设施建设和维护管理水平。

新《条例》将公共消防设施的范围进行了明确。公共消防设施主要是满足城乡居民普惠性公共消防安全服务需求的城市基础设施，其服务保障的对象为不特定、无差别的全体社会公民。根据《条例》规定，其主要包括消防站、消防训练基地、消防通信指挥中心、灭火救援装备储备基地，也包括市政消火栓、消防水池、消防取水码头、取水平台、消防供水管网等消防供水设施，以及消防车通道和消防通信设施等。

《条例》细化县级以上地方人民政府、供水单位以及政府确定的责任主体在城乡供水管道的安装改造，保证市政消防给水设施的建设维护、保持消防供水设施水量水压等方面的权责任务；规定县级以上地方人民政府及其有关部门应当将公共消防设施同步纳入智慧城市管理范畴，建立信息共享机制；明确各级消防救援机构和其他相关行政主管部门应当依法采取动态抽检等形式，对公共消防设施的建设管理情况进行监督、检查，发现公共消防设施未保持完好有效的，应当及时通知、指导相关部门和单位采取有效措施予以整改。

《条例》围绕满足公共消防设施正常使用、消防通信随时畅通、消防车辆正常通行保障等现实要求，规定禁止在城市道路和县、乡公路及村主要道路上堆放杂物，占用、堵塞或者封闭消防车通道或者妨碍消防车通行以及在其净空四米以下设置广告牌、管线等障碍物；禁止占用消防车登高操作场地或者在消防车登高操作场地设置障碍物；明确任何单位和个人不得干扰消防通信，不得损坏、挪用或者擅自拆除、停用公共消防设施，不得埋压、圈占、遮挡市政消火栓等。

目前市政消防用水主要以城镇自来水为主,下一步住建系统将根据消防用水特征，多渠道拓展消防供水水源，强化节水工作与保障消防用水安全的有机结合，通过建设蓄水系统，将雨水、再生水等非常规水列为消防用水水源之一，确保市政消防供水水源充足。此外，还将加强市政消防供水设施的建设运行管理的全过程监管，指导全省供水企业加大市政消防供水设施设备的检查力度，确保消防供水设施随时保持正常状态。

思考题

1. 建筑的分类方式有哪些?
2. 建筑消防设施的分类有哪些?
3. 建筑消防设施的管理职责有哪几个方面?

模块一 课件与微课

模块二 消防给水

● **教学目标**

知识目标：1. 了解消防水源的种类，掌握消防水池的设置要求。

2. 掌握供水设施的类别，重点掌握消防水泵的选用及设置要求。

3. 掌握消防管网的设置参数及各种阀门、管件的安装位置。

4. 了解分区供水的含义及四种实现方式。

能力目标：1. 能够根据建筑物的体量设置消防水池、消防水泵。

2. 具备设计简单的消防给水系统的能力。

素质目标：1. 具有正确使用规范的能力。

2. 培养认真做事、细心做事的科学态度。

● **思政目标**

发扬我国优秀的传统文化，并将优秀的文化运用到工程实践中。以理论指导实践，促使学生能够胸有成竹地处理各种工程中遇到的问题。

案例导入

2016 年 7 月，某写字楼发生火灾，但消防水泵迟迟未启动，造成了火势的扩大。当消防官兵利用消防车和移动手台泵将火扑灭时，已造成 2 人死亡，16 人受伤。

据调查，该火灾事故是由于写字楼商业区域装修时，工人操作不慎，切割机火花引燃塑料围栏所致。但消防水泵在发生火灾时未启动，造成火势蔓延。在调查该车站消防控制室值班人员后得出真相。

在 2016 年 6 月期间，消防水泵频繁自动启动，在消防控制室内显示消防水泵一级报警。报维保单位后，维保单位工作人员立即赶赴现场进行维修。通过分析，确认是消火栓控制回路绝缘降低造成控制继电器动作，由于重新布线难度较大（暗埋施工），更换不同型号的 KA4 继电器即可解决该问题，但是订货周期较长。维保人员在没有保证消防用水的措施下，停止了该消防水泵的控制信号，从而造成了发生火灾时，消防水泵未启动的现象。

消防泵是大多数建筑必备消防设施，它不同于一般的独立设备，其控制线路分布较长，有可能布线时绝缘处理不规范，也可能受天气和环境温差较大因素老化程度高，所以维保的重点应在线路的绝缘性能上。消防水泵一般处于比较特殊的地下环境，线路及内部部件很容易受到潮气的侵蚀，所以保证消防设施的完好有效才能保障人民的生命财产安全，不会造成群死群伤事故。

无论是维修还是保养，消防供水设备在停用前一定要做好备用措施。保证在维修和保养期间，发生火灾时，各种消防设备能发挥作用，在火灾初期就能将其控制。

在本模块中介绍了各类消防水源，各种消防供水设施及管网，以及分区供水的形式。

项目一　消防水源

水是消防之本，是自然界中最普遍、最经济，也是最容易获取的物质。水能从燃烧物中吸收很多热量，使燃烧物的温度迅速下降，使燃烧终止。水在受热汽化时，体积迅速膨胀，当大量水蒸气笼罩于燃烧物的周围时，可以阻止空气进入燃烧区，从而大大减少氧气的含量，使燃烧因缺氧而窒息熄灭。因而水灭火剂是使用最为广泛的一种灭火方式，在所有以水为灭火剂的消防设施中显得至关重要。消防用水的来源就称为消防水源。消防水源按照供水来源分为：市政给水、消防水池、天然水源及其他。

一、对于水质及防冻的要求

市政给水、消防水池、天然水源等可作为消防水源，并宜采用市政给水。消防水源水质应满足水灭火设施的功能要求。不同的灭火设施要求不同的水质。例如：消火栓系统、消防炮灭火系统可以按国家有关水质标准执行；自动喷水灭火系统、泡沫灭火系统的水质要求比消火栓要高一些；水喷雾、细水雾灭火系统对于水质的要求接近直饮水。室外消防给水其水质可以差一些，如河水、海水、池塘水等，并允许一定的颗粒物存在，但是室内消防给水如室内消火栓、自动喷水灭火系统等对水质要求较严格，颗粒物不能堵塞水枪或喷头，且不能有腐蚀性，其 pH 值应为 6.0 ~ 9.0，呈中性，不会影响消防管道、设备、建筑物正常使用。

雨水清水池、中水清水池、水景和游泳池可作为备用消防水源，当必须作为消防水源时，应有保证在任何情况下均能满足消防给水系统所需的水量和水质的技术措施且应设置专用的吸水井。由于游泳池、池塘、水景等受维修和季节的影响间歇性供水的可能性大，所以只能作为备用水源。

我国有很多工程水池水箱没采用保温而被冰冻，且因平时水不流动，补水极少更加容易被冻成冰；水在管道中被冻住会造成水管破损，有些管理者为了保护管道，采取放空措施，火灾时无水可用导致灭火失败。所以在严寒、寒冷等冬季结冰地区的消防水池、水塔和高位消防水池等应采取防冻措施。具体措施可采用保温、采暖、蒸汽余热伴热或深埋在冰冻线以下。（严寒地区：累年最冷月平均温度≤ －10 °C 或日平均≤5 °C 的天数一般在 145 天以上的地区，冻土层深度一般为 1.5 ~ 2.5 m；寒冷地区：最冷月平均温度 0 ~ －10 °C，日平均温度≤5 °C 的天数为 90 ~ 145 天，冻土层深度一般为 0.7 ~ 1.5 m。）

防冻措施分为：被动保温法和主动保温法两种。

被动保温法是指采用传统的物理保温材料，按绝热保温规范做法施工；主动保温法是指在被动保温法基础上，在有采暖条件的建筑物内保证环境温度不低于 4 °C。

二、市政给水

所谓市政给水就是来自城市自来水管网的水。在城乡规划区域范围内，市政消防给水应与市政给水管网做到三同时（同时规划、同时设计、同时实施）。城乡规划区范围外应充分利用自然水源和地下水源，合理解决好消防用水。如图 2-1-1 所示为市政的环状管网。

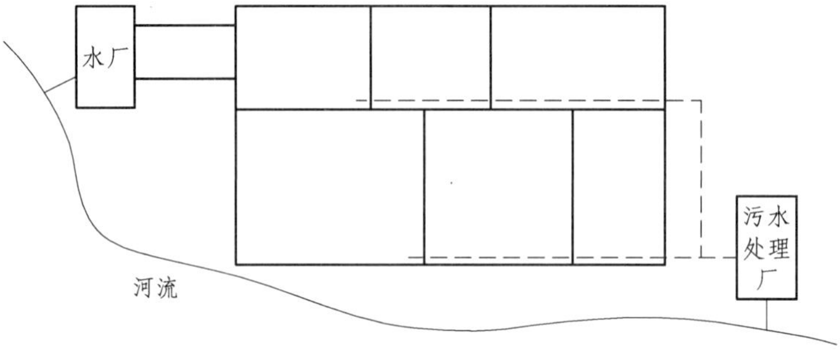

图注：——市政给水；－－－ 市政排水。

图 2-1-1　市政环状管网

因为火灾发生是随机的，并没有固定时间，市政给水管网连续供水时，消防给水系统可采用市政给水管网直接供水；当间断供水时，应采取有效措施保证供水的连续性。

两路供水才是可靠供水，那么符合下列条件的市政管网才属于两路供水：

（1）市政给水厂至少有两条输水干管向市政给水管网输水。

（2）市政给水管网应为环状管网。

（3）应至少有两条不同的市政给水干管上不少于两条引入管向消防给水系统供水。

这三条为两路供水的三条准则，缺一不可。应注意“不同的市政给水干管”并非“不同市政给水道路上的给水干管”，同一道路上的不同市政给水干管也算。市政给水干管应成环状布置。如图 2-1-2 所示为两路供水示意图。

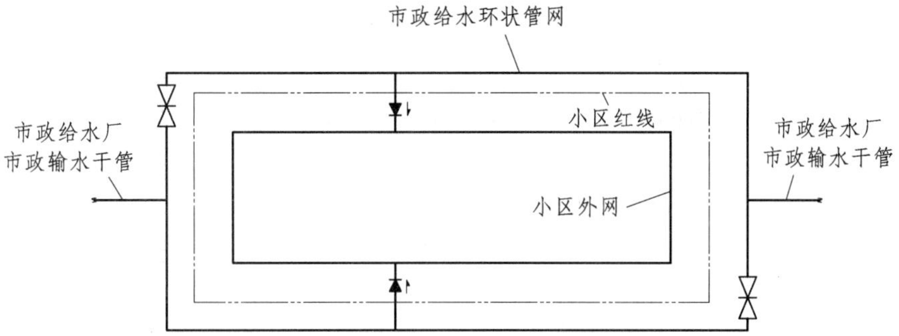

图 2-1-2　两路供水示意图

三、消防水池

消防水池的储水量应满足一次火灾发生时的灭火需求，由于储水量大，则视为消防水源。

1．消防水池的设置条件

当市政供水无法满足消防供水的必要条件时，就必须设置消防水池。符合下列规定之一时，应设置消防水池：

（1）当生产、生活用水量达到最大时，市政给水管网或入户引入管不能满足室内、室外消防给水设计流量。

（2）当采用一路消防供水或只有一条入户引入管，且室外消火栓设计流量大于 20 L/s 或建筑高度大于 50 m 时（大于 50 m 的公共建筑为一类高层建筑，火灾危险等级高，危害大，影响范围广，消防设施多，用水量大，仅消火栓用水量已达到 40 L/s，还有自动喷水灭火系统、消防水炮、水幕、雨淋等消防设施，一路供水很难满足室内消防用水的需求。大于 54 m 的住宅为一类高层住宅，消火栓用水只有 20 L/s，一路供水一般能满足室内用水的需求，但要同时满足室外 15 L/s 就难以满足需求了）。

（3）市政消防给水设计流量小于建筑室内外消防给水设计流量。

2．设置要求

（1）当市政给水管网能保证室外消防给水设计流量时，消防水池的有效容积应满足在火灾延续时间内室内消防用水量的要求。

（2）当市政给水管网不能保证室外消防给水设计流量时，消防水池的有效容积应满足在火灾延续时间内室内消防用水量和室外消防用水不足部分之和的要求。

（3）消防水池进水管应根据消防水池有效容积和补水时间确定，补水时间不宜大于 48 h，但当消防水池有效总容积大于 2 000 m^3 时，补水时间不应大于 96 h。消防水池进水管管径应经计算确定，且不应小于 DN100。当从不同的给水干管上引出补水管时，应按其中较小管径的补水管进行计算，宜采用水力浮球阀控制，不应采用直接作用式的浮球阀。

（4）火灾时消防水池连续补水应符合下列规定：

① 消防水池应采用两路消防给水。

② 火灾延续时间内的连续补水流量应按消防水池最不利进水管供水量计算，并可按下式计算：

$$q_f = 3\,600Av \tag{2-1-1}$$

式中：q_f 为火灾时的补水量（m^3/h）；A 为进水管截面面积（m^2）；v 为水流平均流速（m/s）。

③ 消防水池进水管管径和流量应根据市政给水管网或其他给水管网的压力、入户引入管管径、消防水池进水管管径，以及火灾时其他用水量等经水力计算确定，当计算条件不具备时，给水管的平均流速不宜大于 1.5 m/s。

（5）当消防水池采用两路供水且在火灾情况下连续补水能满足消防要求时，消防水池的有效容积应根据计算确定，但不应小于 100 m^3，当仅设有消火栓系统时不应小于 50 m^3。火灾时，两路供水且能保证连续补水就能满足消防用水量，是不用设置消防水池的；但是由于消防水泵不允许从市政管网直接吸水，所以必须设置容积较小的消防水池作为缓冲。

（6）消防水池的总蓄水有效容积大于 500 m^3 时，宜设两格能独立使用的消防水池；当大于 1 000 m^3 时，应设置能独立使用的两座消防水池，见图 2-1-3。两格是指共用分隔墙，两座是指有独立的维护结构且两相邻墙之间有不小于 1.2 m 的间隙。消防水池容量过大分成 2 个，以便水池检修和清洗时仍能保证消防用水的供给。每格（或座）消防水池应设置独立的出水管，并应设置满足最低有效水位的连通管，且其管径应能满足消防给水设计流量的要求。

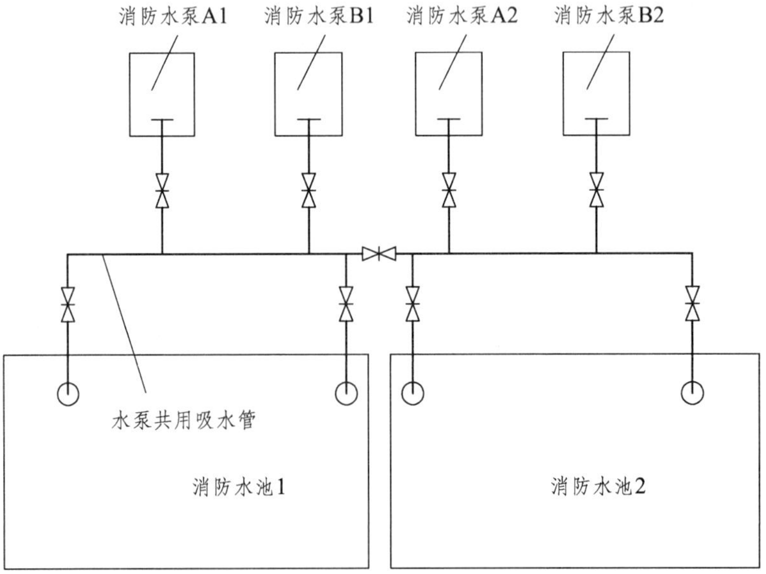

图 2-1-3　独立使用两座消防水池

（7）对于消防水池，当消防用水与其他用水合用时，应有保证消防用水不作他用的技术措施。如图 2-1-4 所示，真空破坏孔为保证消防水不被他用的技术措施。

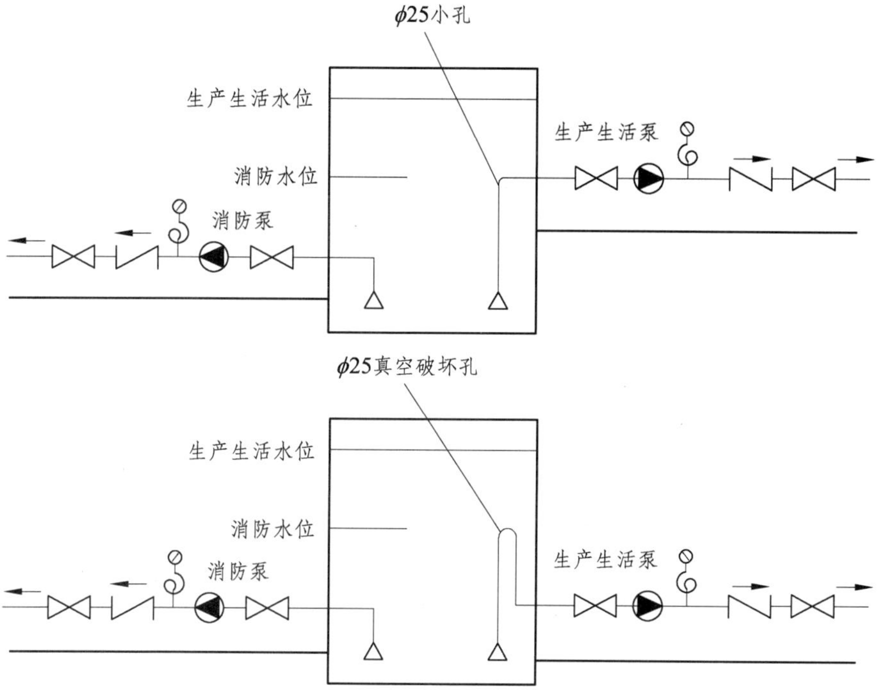

图 2-1-4 保证消防用水不作他用的措施

（8）消防水池应设置就地水位显示装置，并应在消防控制中心或值班室等地点设置显示消防水池水位的装置，同时应有最高和最低报警水位。最低有效水位是消防水泵吸水管喇叭口或出水管喇叭口以上 0.6 m 水位；当消防水泵吸水管或消防水箱出水管设置防止旋流器时，最低有效水位为防止旋流器顶部以上 0.2 m。设置水位报警的目的是保证消防水池不因放空或漏水而造成有效灭火水源不足的技术措施。如图 2-1-5 所示。

（9）消防水池的出水管应保证消防水池的有效容积能被全部利用，提高水池利用率，实现节地的要求。应设置溢流水管和排水设施，并应采用间接排水，其目的是防止污水倒灌污染消防水池内的水。

（10）储存室外消防用水的供消防车取水的消防水池，应设供消防车取水的取水口或取水井，吸水高度不应大于 6 m；取水口或取水井与被保护建筑物（水泵房除外）的外墙距离不宜小于 15 m，与甲、乙、丙类液体储罐的距离不宜小于 40 m，与液化石油气储罐的距离不宜小于 60 m（当采取防止辐射热的保护措施时可减小为 40 m）。

（11）消防水池的通气管和呼吸管等应符合下列规定：

① 消防水池应设置通气管；通气管一般有弯管型和罩型两种，其制作材料又分为钢制和复合材料两种。为了维持气压平衡，其型号应满足进水容量等于排除气体的体积空间。通气管的高度一般为 300 ~ 500 mm。

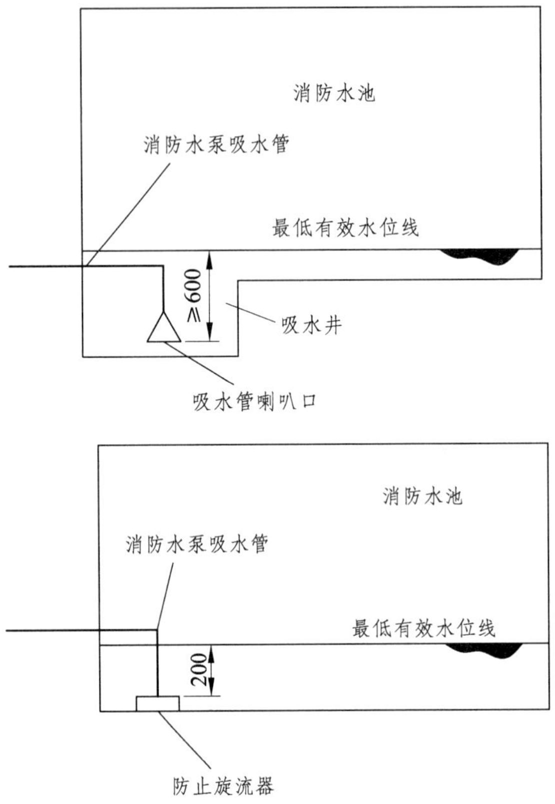

图 2-1-5　消防水池吸水水位示意图

② 消防水池通气管、呼吸管和溢流水管等应采取防止虫鼠等进入消防水池的技术措施。如图 2-1-6 所示。

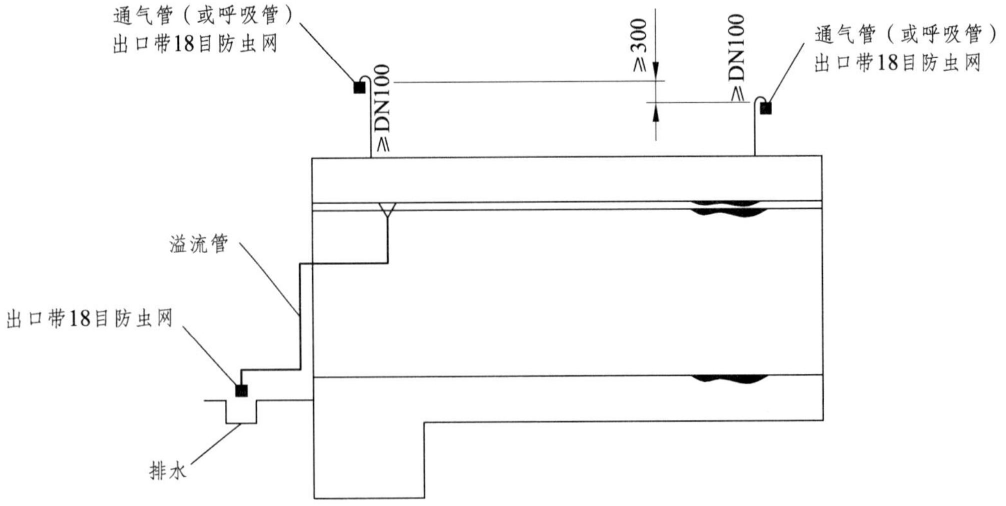

图 2-1-6　消防水池防止虫鼠措施

3．容积计算

水池的容积分为有效容积（储水容积）和无效容积（附加容积），总容积为有效容积与无效容积之和。

（1）消防水池有效容积的计算式为：

$$V = 3.6(\sum q_i t_i - q_b t_{ij}) \tag{2-1-2}$$

式中：V 为消防水池有效容积（m^3）；q_i 为第 i 种消防设施的设计秒流量（L/s）；t_i 为第 i 种消防设施的火灾延续时间（h）；q_b 为火灾延续时间内有效的连续补水量（L/s）；t_{ij} 为 t_i 中最大者。

火灾延续时间是指从消防车到达火场后开始出水时起，至火灾被基本扑灭的时间段。不同场所消火栓系统和固定冷却水系统的火灾延续时间不应小于表 2-1-1 的规定。

表 2-1-1　不同场所的火灾延续时间

<table>
<tr><th colspan="3">建　筑</th><th>场所与火灾危险性</th><th>火灾延续时间/h</th></tr>
<tr><td rowspan="10">建筑物</td><td rowspan="4">工业建筑</td><td rowspan="2">仓库</td><td>甲、乙、丙类仓库</td><td>3</td></tr>
<tr><td>丁、戊类仓库</td><td>2</td></tr>
<tr><td rowspan="2">厂房</td><td>甲、乙、丙类厂房</td><td>3</td></tr>
<tr><td>丁、戊类厂房</td><td>2</td></tr>
<tr><td rowspan="3">民用建筑</td><td rowspan="2">公共建筑</td><td>高层建筑中的商业楼、展览楼、综合楼，建筑高度大于 50 m 的财贸金融楼、图书馆、书库、重要的档案楼、科研楼和高级宾馆等</td><td>3</td></tr>
<tr><td>其他公共建筑</td><td rowspan="2">2</td></tr>
<tr><td>住宅</td><td></td></tr>
<tr><td colspan="2" rowspan="2">人防工程</td><td>建筑面积小于 3 000 m^2</td><td>1</td></tr>
<tr><td>建筑面积大于或等于 3 000 m^2</td><td rowspan="2">2</td></tr>
<tr><td colspan="3">地下建筑、地铁车站</td></tr>
</table>

自动喷水灭火系统、泡沫灭火系统、水喷雾灭火系统、固定消防炮灭火系统、自动跟踪定位射流灭火系统等水灭火系统的火灾延续时间，应分别按《自动喷水灭火系统设计规范》（GB 50084—2017）、《泡沫灭火系统技术标准》（GB 50151—2021）、《水喷雾灭火系统技术规范》（GB 50219—2014）、《固定消防炮灭火系统设计规范》（GB 50338—2003）和《自动跟踪定位射流灭火系统技术标准》（GB 51427—2021）的有关规定执行。

（2）建筑内用于防火分隔的防火分隔水幕和防护冷却水幕的火灾延续时间，不应小于防火分隔水幕和防护冷却水幕设置部位墙体的耐火极限。

（3）城市交通隧道的火灾延续时间不应小于表 2-1-2 的规定，一类城市交通隧道的火灾延续时间应根据火灾危险性分析确定，确有困难时，可按不小于 3 h 计。

表 2-1-2　城市交通隧道的火灾延续时间

用　途	类别	长度/m	火灾延续时间/h
可通行危险化学品等	二	$500<L\leqslant 1\ 500$	3
机动车	三	$L\leqslant 500$	2
仅限通行非危险化学	二	$1\ 500<L\leqslant 3\ 000$	3
品等机动车	三	$500<L\leqslant 1\ 500$	2

（4）当建筑群共用消防水池时，消防水池的容积应按消防用水量最大的一幢建筑物的用水量计算确定。

（5）在计算消防水池容量时，应考虑补水。

4．高位消防水池

高位消防水池有两种设置方式：一种是利用自然地形的高位消防水池，另一种是设置在建筑物高处的消防水池。该种做法是利用较大的水力势能形成较高水压用于灭火。

高位消防水池的有效容积：高位消防水池的最低有效水位应能满足其所服务的水灭火设施所需的工作压力和流量，且其有效容积应满足火灾延续时间内所需的消防用水量，并应符合下列规定：

（1）高位消防水池的有效容积、出水、排水和水位等应符合《消防给水及消火栓系统技术规范》（GB 50974—2014）的有关消防水池规定。

（2）高位消防水池的通气管和呼吸管等应采取防止鼠虫等进入的技术措施。

（3）除可一路消防供水的建筑物外，向高位消防水池供水的给水管不应少于两条。

（4）当高层民用建筑采用高位消防水池供水的高压消防给水系统时，高位消防水池储存室内消防用水量确有困难，但火灾发生时补水可靠，其总有效容积不应小于室内消防用水量的 50%。

（5）高层民用建筑高压消防给水系统的高位消防水池总有效容积大于 200 m^3 时，宜设置蓄水有效容积相等且可独立使用的两格；当建筑高度大于 100 m 时应设置独立的两座。每格（或座）应有一条独立的出水管向消防给水系统供水。

（6）高位消防水池设置在建筑物内时，应采用耐火极限不低于 2.00 h 的隔墙和耐火极限不低于 1.50 h 的楼板与其他部位隔开，并应设甲级防火门，且消防水池及其支承框架与建筑构件应连接牢固。

5．天然水源及其他水源

（1）井水等地下水源可作为消防水源。当井水作为消防水源向消防给水系统直接供水时，其最不利水位应满足水泵吸水要求，其最小出流量和水泵扬程应满足消防要求，且当需要两路消防供水时，水井不应少于两眼，每眼井的深井泵的供电均应采用一级供电负荷，还应设置探测水井水位的显示装置。

（2）江、河、湖、海、水库等天然水源的设计枯水流量保证率，应根据城乡规模和工业项目的重要性、火灾危险性和经济合理性等综合因素确定，宜为 90%～97%。但村镇的室外消防给水水源的设计枯水流量保证率可根据当地水源情况适当降低。

（3）取水时应符合下列规定：

① 对于地表水源应采取防止冰凌、漂浮物、悬浮物等物质堵塞消防水泵的技术措施，并应采取确保安全取水的措施。

② 当地表水作为室外消防水源时，应采取确保消防车、固定和移动消防水泵在枯水位取水的技术措施；当消防车取水时，最大吸水高度不应超过 6.0 m。

③ 天然水源消防车取水口的设置位置和设施，应符合现行国家标准《室外给水设计规范》GB 50013 中有关地表水取水的规定，且取水头部宜设置格栅，其栅条间距不宜小于 50 mm，也可采用过滤管。

④ 设有消防车取水口的天然水源，应设置消防车到达取水口的消防车道和消防车回车场或回车道。单台车停放面积不应小于 15 m × 15 m，大型消防车停放面积不应小于 18 m × 18 m。

项目二　供水设施及管网

一、消防给水系统的形式

消防给水系统分为高压消防给水系统、临时高压消防给水系统和低压消防给水系统三种形式。

1. 高压消防给水系统

高压消防给水系统始终能满足水灭火系统所需要的工作压力和流量，火灾发生时无须开启消防水泵。其判定标准为：无消防水泵增压。该系统可向任何水灭火系统供水。

其具体应用有：地下建筑和低层建筑，当市政供水可以始终满足室内外消防水量和水压时；城市或者工矿企业在地势较高处设置消防水池来满足消防用水的水量和水压。但此做法条件较为苛刻，一般难以做到，所以较为少见。

2. 临时高压消防给水系统

临时高压消防给水系统平时不能满足水灭火系统所需要的工作压力和流量，火灾发生时需启动消防水泵。该系统也可向任何水灭火系统供水。

临时高压消防给水系统是目前应用最为普遍的系统。其有多种分类方式：

（1）按服务范围分为：室内临时高压给水系统、室外临时高压给水系统和室内外临时高压给水系统。

（2）按是否配有稳压装置分为：有稳压泵的临时高压给水系统和无稳压泵的临时

高压给水系统。

（3）按吸水方式分为：消防水池吸水的临时高压给水系统和从市政管网直接抽水的临时高压给水系统。

3．低压消防给水系统

低压消防给水系统能满足车载或手抬移动消防水泵等取水所需要的工作压力和流量，管网内的压力较低，当火灾发生后，消防救援人员打开最近的室外消火栓，将消防车与室外消火栓连接，从室外管网内吸水加入消防车内，然后利用消防车直接加压灭火，或者由消防车通过水泵接合器向室内管网内加压供水。建筑物室外宜采用低压消防给水系统，当采用市政给水管网供水时，应采用两路消防供水，除建筑高度超过54 m 的住宅外，室外消火栓设计流量小于或等于 20 L/s 时，可采用一路消防供水，且室外消火栓应由市政给水管网直接供水。

消防给水设备包括消防水泵、消防供水管道、增（稳）压设备、水泵接合器和消防水箱。

二、消防水泵

消防水泵是通过叶轮的旋转将能量传递给水，从而增加水的动能和压力能，并将其输送到灭火设备处，以满足各种灭火设备的水量和水压要求，它是消防给水系统的心脏。目前，消防给水系统中使用的水泵多为离心泵，因为该类水泵具有适用范围广、型号多、供水连续、可随意调节流量等优点。

消防水泵按照安装位置分为卧式和立式，见图 2-2-1、图 2-2-2。

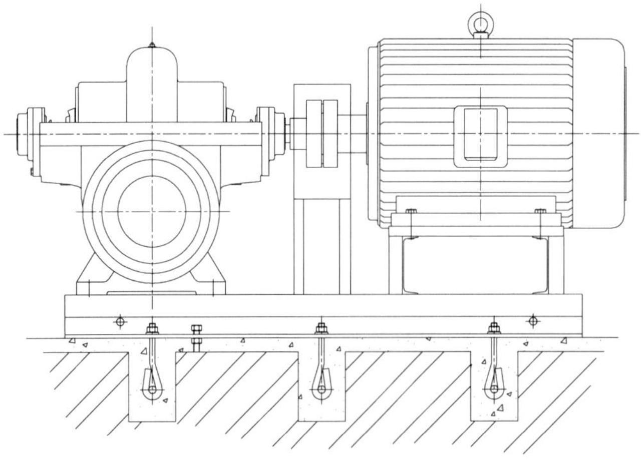

图 2-2-1　卧式水泵安装

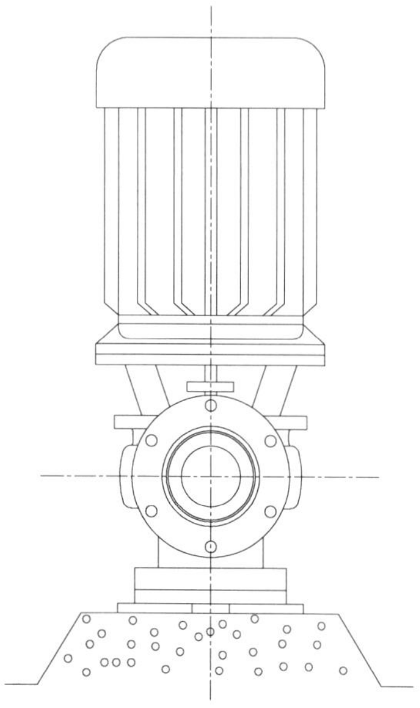

图 2-2-2　立式水泵安装

1．水泵分类及设置要求

（1）消防泵组可以按以下规则进行分类：

① 按动力源形式分类：电动机消防泵组、柴油机消防泵组、汽油机消防泵组和燃气轮机消防泵组。

② 按用途分类：供水消防泵组、稳压消防泵组和手抬消防泵组。

③ 按泵组的辅助特征分类：普通消防泵组、深井消防泵组和潜水消防泵组。

④ 按安装方式分类：立式安装、卧式安装。

（2）设置要求：

在临时高压消防给水系统、高压消防给水系统中均需设置消防水泵。在串联消防给水系统和重力消防给水系统中，除需设置消防水泵外，还需设置消防转输泵，用于提升水源至中间水箱或消防高位水箱。消火栓给水系统与自动喷水灭火系统宜分别设置消防水泵，当两者合用消防水泵时，系统管道应在报警阀前分开。

设置消防水泵和消防转输泵时均应设置备用泵，其性能应与工作泵性能一致。自动喷水灭火系统可按用一备一或用二备一的比例设置备用泵。如图 2-2-3 为消火栓泵和自动喷水系统水泵的设置方式。

根据《消防给水及消火栓系统技术规范》（GB 50974—2014）的规定，下列情况下可不设置备用泵：

① 建筑高度小于 54 m 的住宅和室外消防给水设计流量小于或等于 25 L/s 的建筑。

② 室内消防给水设计流量小于或等于 10 L/s 的建筑。

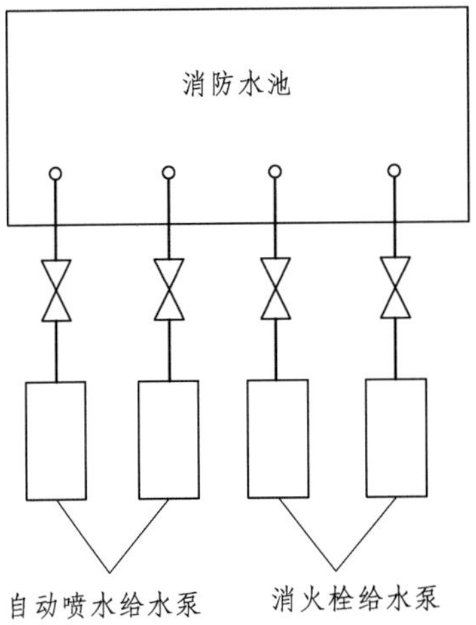

（a）

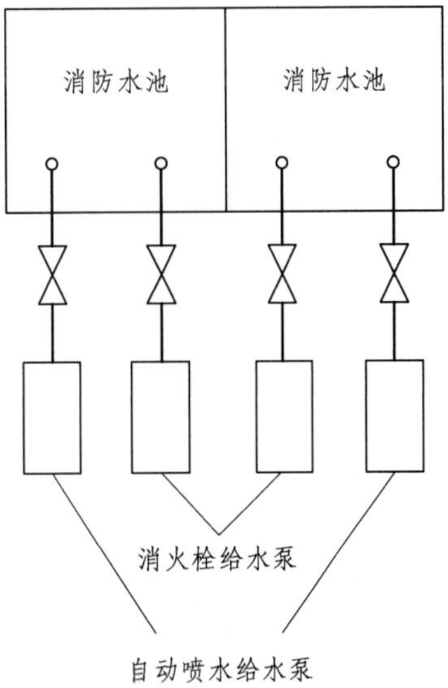

（b）

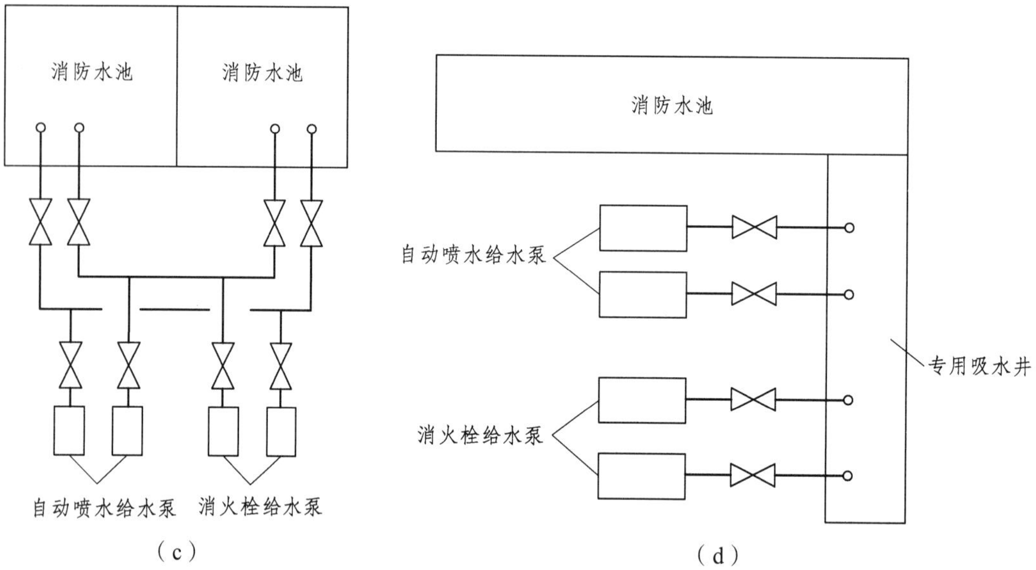

图 2-2-3　消火栓泵和自动喷水系统水泵的设置方式

2．消防水泵的选用

所选消防水泵产品应符合《消防泵》(GB 6245—2006)的规定，并通过国家消防装备质量监督检验中心的检测。

(1)消防水泵流量、扬程的有关要求：

① 消防水泵的性能应满足消防给水系统所需流量和压力的要求。单台水泵的额定流量应为 10 ~ 320 L/s。

② 消防水泵所配驱动器的功率应满足所选水泵流量扬程性能曲线上任何一点运行所需功率的要求。

③ 当采用电动机驱动的消防水泵时，应选择电动机干式安装的消防水泵。

④ 流量扬程性能曲线应为无驼峰、无拐点的光滑曲线，零流量时的压力不应大于设计工作压力的 140%，且宜大于设计工作压力的 120%。

⑤ 当出流量为设计流量的 150% 时，出口压力不应低于设计工作压力的 65%。消防水泵流量扬程曲线见图 2-2-4。

⑥ 泵轴的密封方式和材料应满足消防水泵在低流量运转时的要求。

⑦ 消防给水同一泵组的消防水泵型号宜一致，且工作泵不宜超过 3 台。

⑧ 多台消防水泵并联时，应校核流量叠加对消防水泵出口压力的影响。

(2)消防水泵主要材质的有关规定：

① 水泵外壳宜为球墨铸铁。

② 叶轮宜为青铜或不锈钢。

(3)柴油机消防水泵的有关规定：

① 柴油机消防水泵应采用压缩式点火型柴油机。

② 柴油机的额定功率应校核海拔和环境温度对柴油机功率的影响。

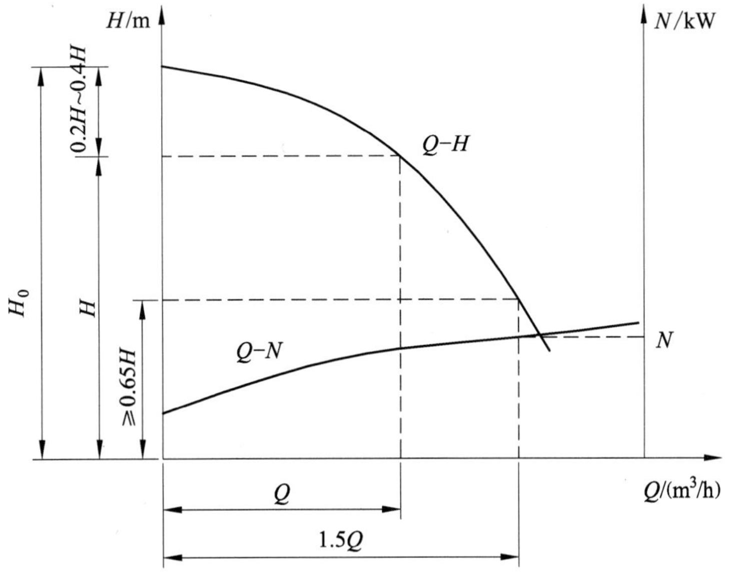

图中 H 为扬程，Q 为流量。

图 2-2-4　消防水泵流量扬程曲线

③ 柴油机消防水泵应具备连续工作性能，试验运行时间不应小于 24 h。

④ 柴油机消防水泵的蓄电池应保证消防水泵随时自动启泵的要求。

⑤ 柴油机消防水泵的供油箱应根据火灾延续时间确定，且油箱最小有效容积应按 1.5 L/kW 配置，柴油机消防水泵油箱内储存的燃料不应小于 50% 的储量。

（4）轴流深井泵安装的有关规定：

① 轴流深井泵安装于水井时，其淹没深度应满足其可靠运行的要求，在水泵出流量为 150% 设计流量时，其最低淹没深度应是第一个水泵叶轮底部水位线以上不少于 3.2 m，且海拔每增加 300 m，深井泵最低淹没深度应至少增加 0.3 m。

② 轴流深井泵安装在消防水池等消防水源上时，其第一个水泵叶轮底部应低于消防水池的最低有效水位线，且淹没深度应根据水力条件经计算确定，并应满足消防水池等消防水源有效储水量或有效水位能全部被利用的要求；当水泵设计流量大于 125 L/s 时，应根据水泵性能确定淹没深度，并应满足水泵气蚀余量的要求。轴流深井泵的安装如图 2-2-5 所示。

③ 轴流深井泵的出水管与消防给水管网连接应符合《消防给水及消火栓系统技术规范》（GB 50974—2014）的有关规定。

④ 轴流深井泵出水管的阀门设置应符合《消防给水及消火栓系统技术规范》（GB 50974—2014）的有关规定。

⑤ 当消防水池最低水位低于离心水泵出水管中心线或水源水位不能保证离心水泵吸水时，可采用轴流深井泵，并应采用湿式深坑的安装方式安装于消防水池等消防水源上。

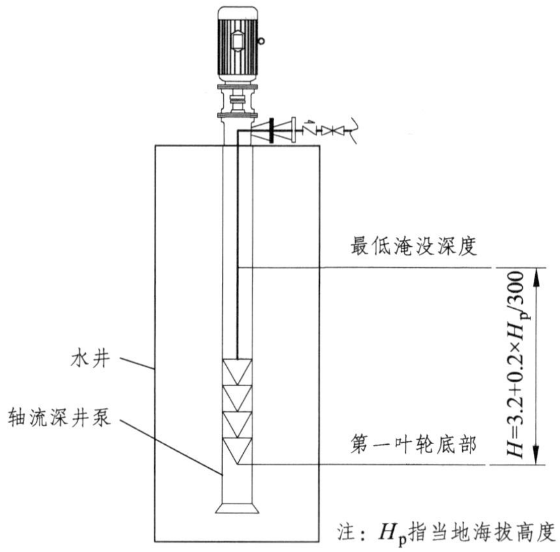

（a）

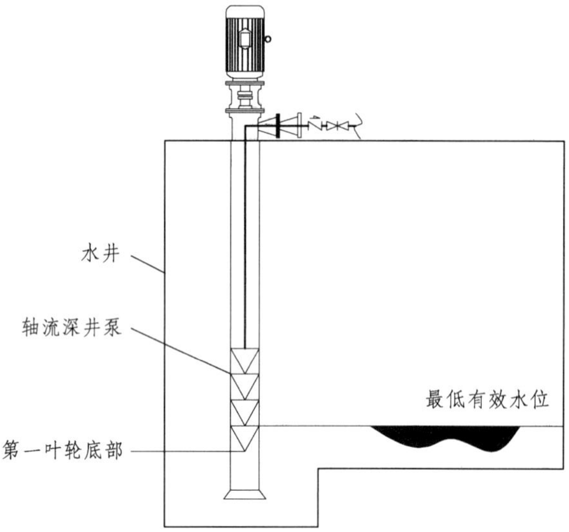

（b）

图 2-2-5　轴流深井泵的安装方式

⑥ 当轴流深井泵的电动机露天设置时，应有防雨功能。

⑦ 其他应符合《室外给水设计标准》（GB 50013—2018）的有关规定。

（5）多出口泵：

多出口泵是针对具有竖向分区的消火栓给水系统而开发的产品，属于多级分段离心泵，可以是立式泵或卧式泵，通过增减级数产生不同的出口压力，以适应不同分区的压力要求。任一出口单独工作时，水力特性与相应级数的单出口泵相同；两个出口同时工作时，其流量之和等于水泵的额定流量，各出口的压力随流量的分配不同而变化，可以满足同时供水的要求。

3．消防水泵的吸水

根据离心泵的特性，水泵启动时其叶轮必须浸没在水中。为保证消防水泵及时、可靠地启动，吸水管应采用自灌式吸水，即泵轴的高程要低于水源的最低可用水位。自灌式吸水时，吸水管上应装设阀门，以便于检修。

（1）消防水泵应采取自灌式吸水；对于卧式消防水泵，满足自灌式启泵的最低水位应高于泵壳顶部放气孔；对于立式水泵，满足自灌式启泵的最低水位应高于水泵出水管中心线。如图 2-2-6 所示。

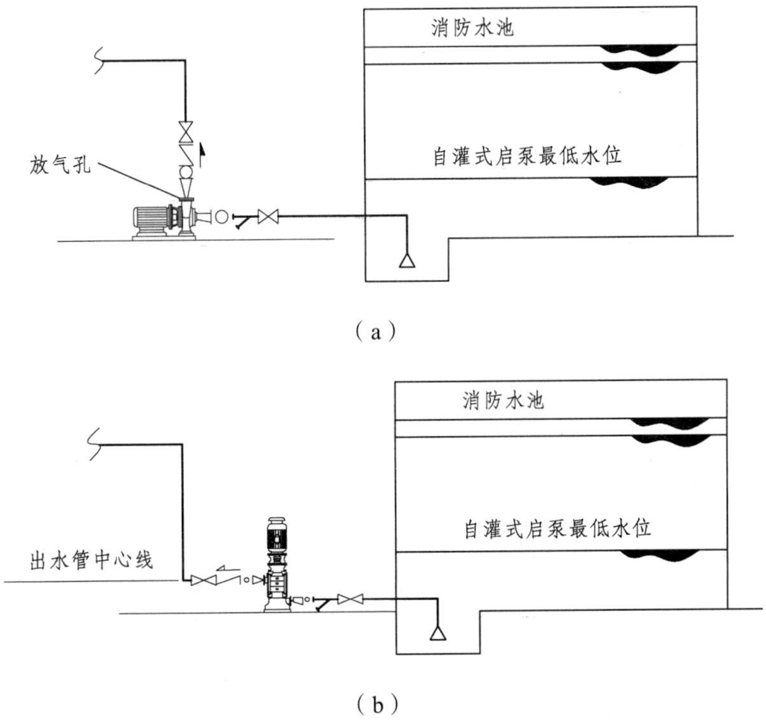

图 2-2-6　消防水泵吸水示意图

（2）消防水泵从市政管网直接抽水时，应在消防水泵出水管上设置有空气隔断的倒流防止器。

（3）当吸水口处无吸水井时，吸水口处应设置旋流防止器。

4．消防水泵管路的布置要求

（1）消防水泵吸水管的布置，要求消防水泵吸水管应保证不漏气，且在布置时应注意以下几点：

① 一组消防水泵，吸水管不应少于两条；当其中一条损坏或检修时，其余吸水管应仍能通过全部消防给水设计流量。

② 消防水泵吸水管布置应避免形成气囊。

③ 消防水泵吸水口的淹没深度应满足消防水泵在最低水位运行安全的要求，吸水管喇叭口在消防水池最低有效水位下的淹没深度应根据吸水管喇叭口的水流速度和水力条件确定，但不应小于 600 mm，当采用旋流防止器时，淹没深度不应于 200 mm。如图 2-2-7 所示。

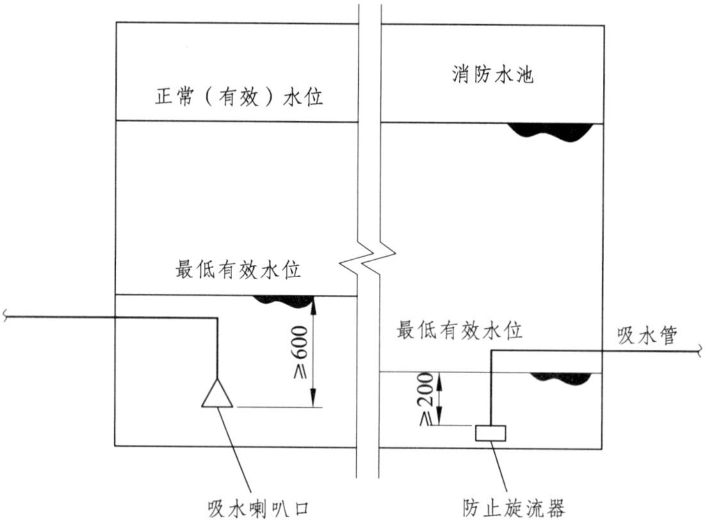

图 2-2-7 消防水泵吸水口设置

④ 消防水泵的吸水管上应设置明杆闸阀或带自锁装置的蝶阀，但当设置暗杆阀门时，应设有开启刻度和标志；当管径超过 DN300 时，宜设置电动阀门。如图 2-2-8 所示。

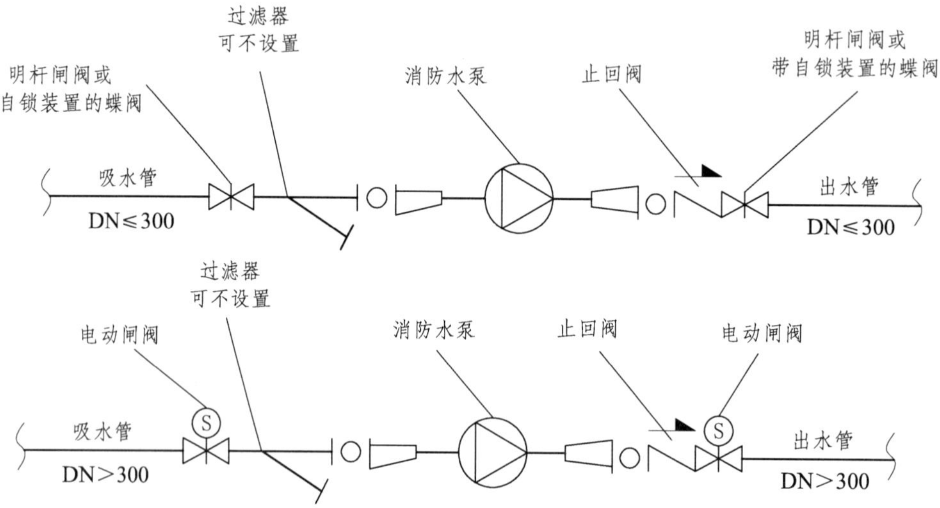

图 2-2-8 消防水泵吸水管、出水管阀门设置

⑤ 消防水泵吸水管的直径小于 DN250 时，其流速宜为 1 ~ 1.2 m/s；直径大于 DN250 时，其流速宜为 1.2 ~ 1.6 m/s。

⑥ 吸水井的布置应满足井内水流顺畅、流速均匀、不产生涡旋的要求，并应便于安装施工。

⑦ 消防水泵的吸水管穿越消防水池时，应采用柔性套管；采用刚性防水套管时，应在水泵吸水管上设置柔性接头，且管径不应大于 DN150。

⑧ 消防水泵吸水管可设置管道过滤器，管道过滤器的过水面积应大于管道过水面积的 4 倍，且孔径不宜小于 3 mm。

⑨ 消防水泵吸水管水平管段上不应有气囊和漏气现象。变径连接时，应采用偏心异径管件并应采用管顶平接。如图 2-2-9 所示。

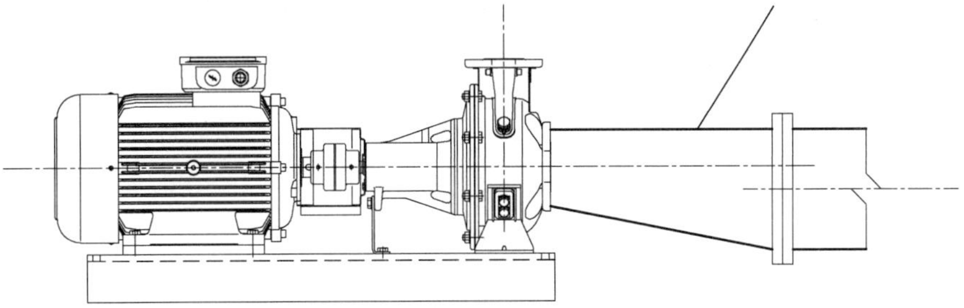

图 2-2-9 吸水管变径使用偏心异径管

（2）消防水泵出水管的布置，要求消防水泵出水管路应能承受一定的压力，保证不漏水，布置上应注意以下几点：

① 一组消防水泵应设不少于两条的输水干管与消防给水环状管网连接，当其中一条输水管检修时，其余输水管应仍能供应全部消防给水设计流量。

② 消防水泵的出水管上应设止回阀、明杆闸阀；当采用蝶阀时，应带有自锁装置；当管径大于 DN300 时，宜设置电动阀门。如图 2-2-8 所示。

③ 消防水泵出水管的直径小于 DN250 时，其流速宜为 1.5 ~ 2 m/s；直径大于 DN250 时，其流速宜为 2 ~ 2.5 m/s。

④ 消防水泵出水管上应安装消声止回阀、控制阀和压力表；系统的总出水管上还应安装压力表和压力开关；安装压力表时应加设缓冲装置。压力表和缓冲装置之间应安装旋塞；压力表量程在没有设计要求时，应为系统工作压力的 2 ~ 2.5 倍。

消防水泵吸水管与出水管的布置如图 2-2-10 所示。

（3）消防水泵吸水管和出水管上压力表的设置要求：

① 消防水泵出水管压力表的最大量程不应低于其设计工作压力的 2 倍，且不应低于 1.6 MPa。

② 消防水泵吸水管宜设置真空表、压力表或真空压力表。压力表的最大量程应根据工程具体情况确定，但不应低于 0.7 MPa，真空表的最大量程宜为 – 0.1 MPa。

③ 压力表的直径不应小于 100 mm，应采用直径不小于 6 mm 的管道与消防水泵进出口管相接，并应设置关断阀门。

（4）流量和压力测试装置：一组消防水泵应在消防水泵房内设置流量和压力测试装置，如图 2-2-11 所示，并应符合下列规定。

① 单台消防水泵的流量不大于 20 L/s、设计工作压力不大于 0.5 MPa 时，泵组应预留测量用流量计和压力计接口，其他泵组宜设置泵组流量和压力测试装置。

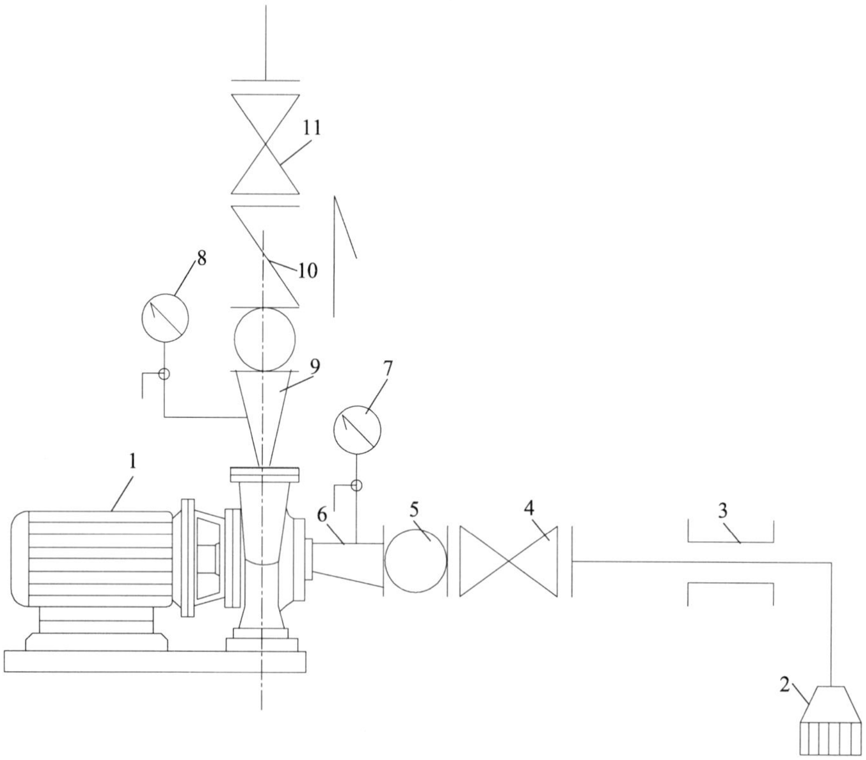

1—消防水泵；2—过滤器；3—防水套管；4—闸阀；5—柔性接头；6—偏心异径管；
7—吸水管压力表；8—出水管压力表；9—同心异径管；
10—止回阀；11—闸阀。

图 2-2-10　消防水泵吸水管与出水管

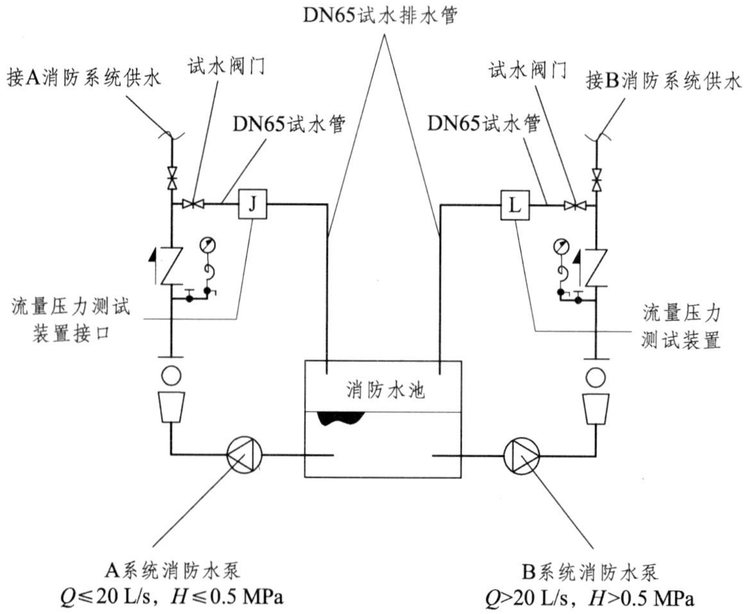

图 2-2-11　消防水泵流量和压力测试装置

② 消防水泵流量检测装置的计量精度应为 0.4 级，最大量程的 75% 应大于最大一台消防水泵设计流量值的 175%。

③ 消防水泵压力检测装置的计量精度应为 0.5 级，最大量程的 75% 应大于最大一台消防水泵设计压力值的 165%。

④ 每台消防水泵出水管上应设置 DN65 的试水管，并应采取排水措施。

5．消防水泵的启动装置及动力装置

（1）消防水泵的启动装置：

① 消防水泵应能手动启停和自动启动，且应确保从接到启泵信号到水泵正常运转的自动启动时间不大于 2 min。消防水泵不应设置自动停泵的控制功能，停泵应由具有管理权限的工作人员根据火灾扑救情况确定。

② 消防水泵应由消防水泵出水干管上设置的压力开关、高位消防水箱出水管上的流量开关或报警阀压力开关等开关信号直接自动启动。消防水泵房内的压力开关宜引入消防水泵控制柜内。

③ 消火栓按钮不宜作为直接启动消防水泵的开关，但可作为发出报警信号的开关或启动干式消火栓系统的快速启闭装置等。如图 2-2-12 所示。

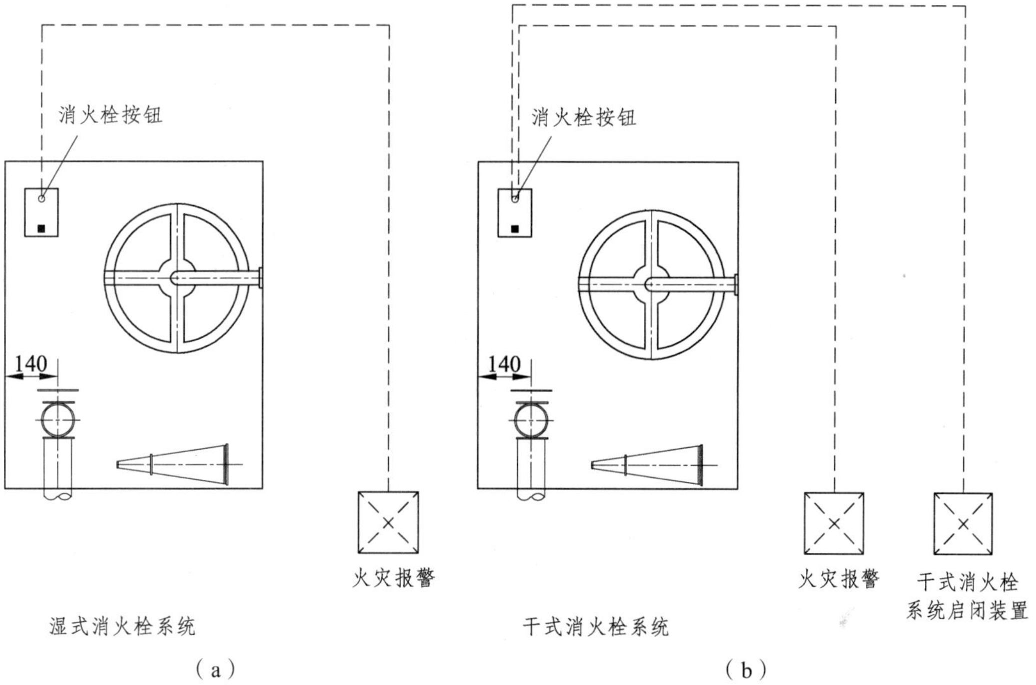

图 2-2-12　消火栓按钮

④ 稳压泵应由消防给水管网或气压水罐上设置的稳压泵自动启停泵压力开关或压力变送器控制。

（2）消防水泵控制柜的设置，应设置在消防水泵房或专用消防水泵控制室内，并应符合下列要求：

① 消防水泵控制柜在平时应使消防水泵处于自动启泵状态。

② 当自动水灭火系统为开式系统，且设置自动启动确有困难时，经论证后消防水泵可设置在手动启动状态，并应确保 24 h 有人值班。

③ 消防水泵控制柜设置在专用消防水泵控制室时，其防护等级不应低于 IP30；与消防水泵设置在同一空间时，其防护等级不应低于 IP55。

④ 消防水泵控制柜应采取防止被水淹没的措施。在高温潮湿环境下，消防水泵控制柜内应设置自动防潮除湿的装置。

⑤ 消防水泵控制柜应设置机械应急启泵功能，并应保证在控制柜内的控制线路发生故障时由具有管理权限的人员在紧急时启动消防水泵。机械应急启动时，应确保消防水泵在报警后 5 min 内正常工作。

⑥ 消防水泵控制柜前面板的明显部位应设置紧急时打开柜门的装置。

⑦ 消防水泵控制柜应有显示消防水泵工作状态和故障状态的输出端子及远程控制消防水泵启动的输入端子。控制柜对话界面应有汉语语言，图标应便于识别和操作。

（3）消防水泵的动力装置：

① 消防水泵的供电应按《供配电系统设计规范》（GB 50052—2009）的规定进行设计。消防转输泵的供电应符合消防水泵的供电要求。消防水泵、消防稳压泵及消防转输泵应有不间断的动力供应，也可采用内燃机作为动力装置。

② 消防水泵的双电源自动切换时间不应大于 2 s，一路电源与内燃机动力的切换时间不应大于 15 s。

6．通信报警设备

消防水泵房应设有直通本单位消防控制中心或消防救援机构的联络通信设备，以便在发生火灾后及时与消防控制中心或消防救援机构取得联系。

三、消防常用阀门

1．闸　阀

闸阀的作用是主要用于截断或接通介质流，一般安装在消防水泵吸水管和出水管段上。闸阀按中间阀杆在转动手轮时是否升起分为明杆闸阀和暗杆闸阀，如图 2-2-13，2-2-14 所示。

闸阀的工作原理为：阀体内部有闸板启闭件，闸板的运动方向与流体方向相垂直，所以可以像水闸一样将水阻断。

明杆闸阀的适用范围：消防水泵出水管、吸水管；稳压泵的出水管、吸水管；消防给水管网。特点是：旋杆外露，开闭程度比较直观，但旋杆亦被腐蚀。

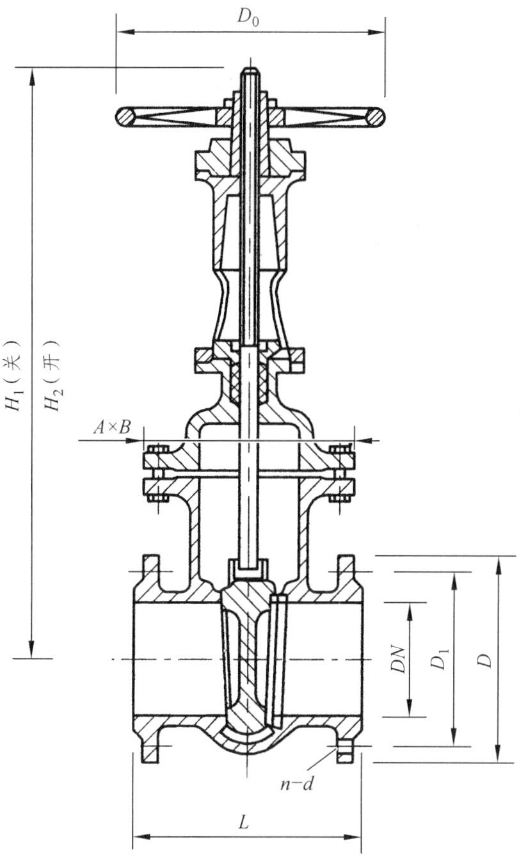

图 2-2-13 明杆闸阀

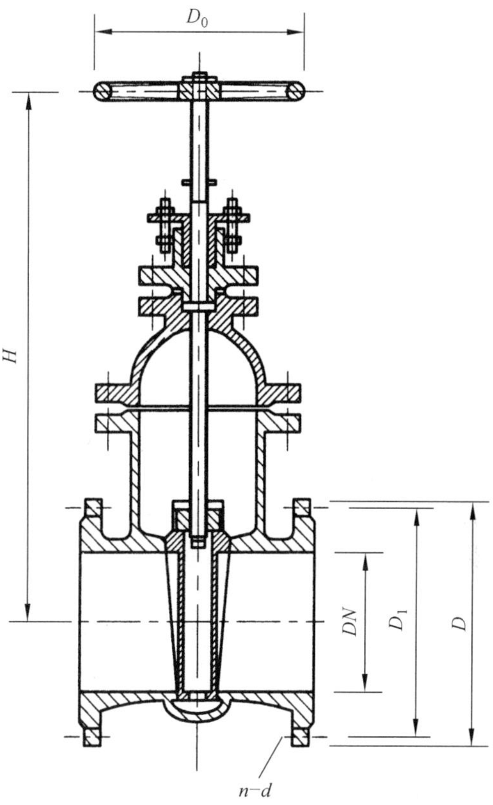

图 2-2-14 暗杆闸阀

暗杆闸阀的适用范围：消防水泵吸水管；消防给水管网。特点是：相对于明杆闸阀，暗杆闸阀旋杆不外露，开闭程度不直观，适用于隐蔽工程。

2．截止阀

截止阀又称截门阀，属于强制密封式阀门，所以在阀门关闭时，必须向阀瓣施加压力，以强制密封面不泄漏。当介质由阀瓣下方进入阀门时，操作力所需要克服的阻力，是阀杆和填料的摩擦力与由介质的压力所产生的推力，关阀门的力比开阀门的力大，所以阀杆的直径要大，否则会发生阀杆顶弯的故障。如图 2-2-15、图 2-2-16 所示。

截止阀的特点是开闭过程中密封面之间摩擦力小，比较耐用，开启高度不大，制造容易，维修方便，不仅适用于中低压，而且适用于高压。

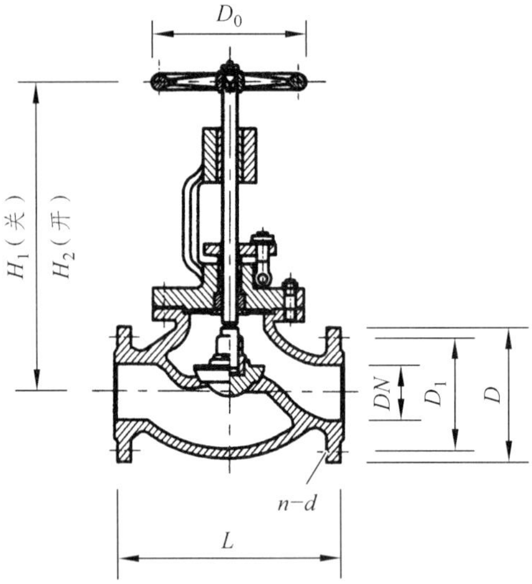

图 2-2-15　手动截止阀

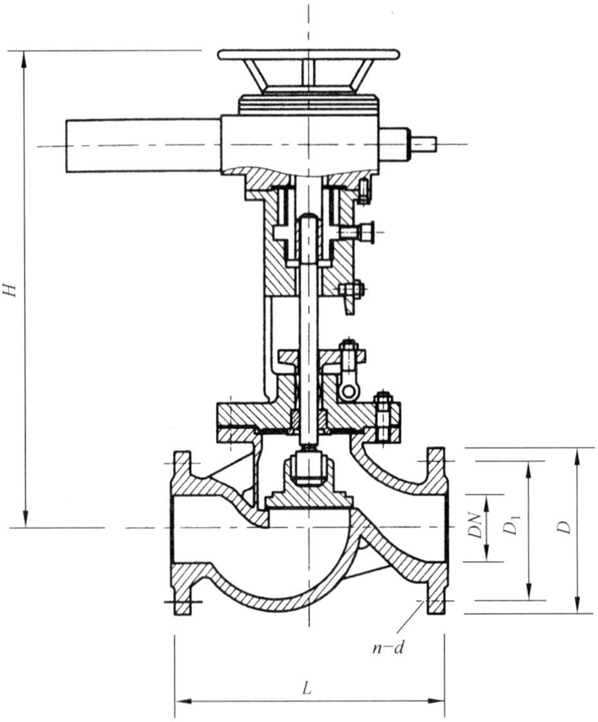

图 2-2-16　电动截止阀

3．蝶　阀

蝶阀的作用也是用于截断或接通介质流。其结构如图 2-2-17 所示。

蝶阀的工作原理：关闭件（阀瓣或蝶板）为圆盘，围绕阀轴旋转来达到开启与关闭的一种阀。其适用范围：消防水泵出水管、吸水管；室内架空管道。蝶阀的适用性与闸阀相似，部分条文对其要求有自锁功能。

4．止回阀

止回阀主要用于阻止介质倒流。其结构如图 2-2-18 所示。

止回阀的工作原理：启闭件为圆形阀瓣并靠自身重量及介质压力产生动作来阻断介质倒流的一种阀门。其适用范围：消防水泵出水管、高位消防水箱出水管、稳压泵出水管、水泵接合器等位置。包括了消声止回阀和水锤消除止回阀，它们是在阀体内部设置了一些减轻阀门关闭时阀瓣撞击的声音的措施以及水锤消除措施。

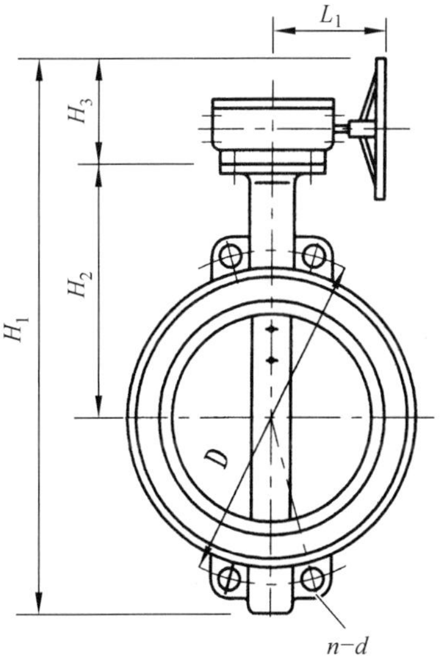

图 2-2-17　蝶　阀

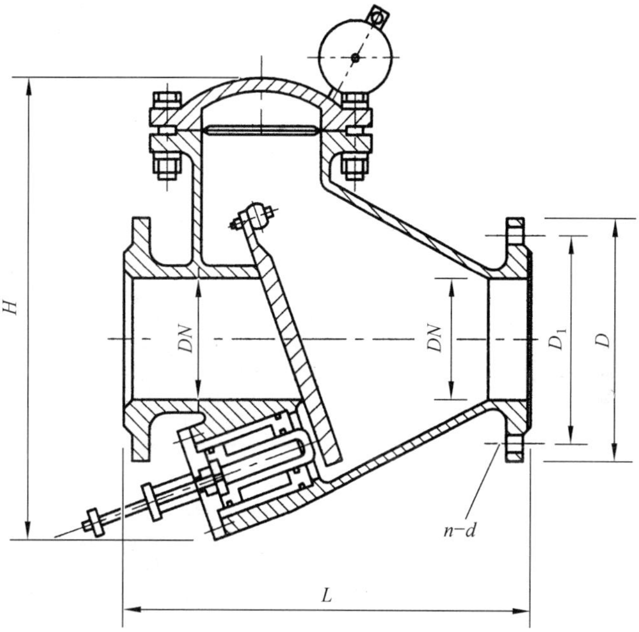

图 2-2-18　止回阀

5．倒流防止器

倒流防止器是一种采用止回部件组成的可防止给水管道水流倒流的装置。其结构如图 2-2-19 所示。

倒流防止器的工作原理：倒流防止器是由两个隔开的止回阀和一个安全泄水阀组合而成的一个阀门装置。其适用范围：从市政管网抽水的消防水泵出水管；分区供水串联水泵出水管；室外消火栓的给水引用管；消防水由生产生活水管网供水时的引入管。倒流防止器可以看成加强型的止回阀，主要作用防止水的倒灌。可以替代止回阀，反之则不可替代。

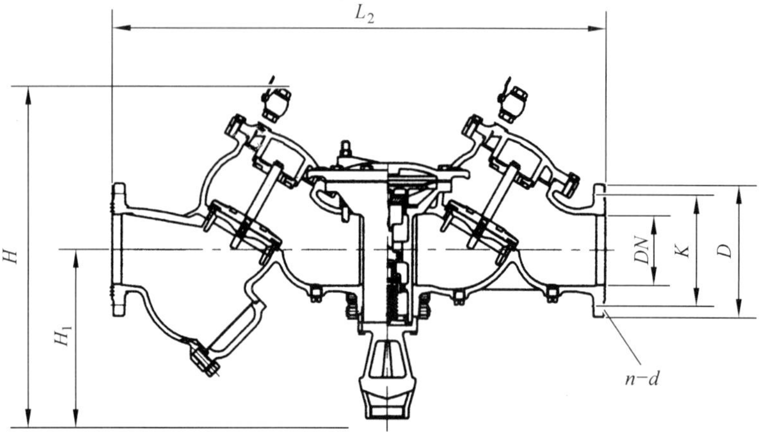

图 2-2-19 倒流防止器

6．减压阀

减压阀主要用于调节介质的压力、流量等，分为比例式和先导式。如图 2-2-20 所示。

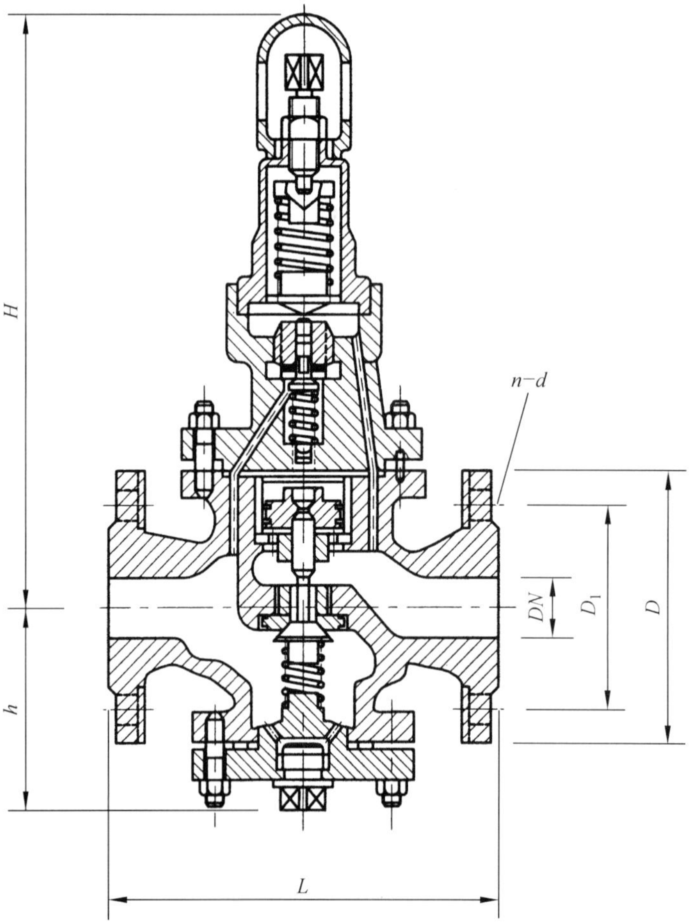

图 2-2-20 减压阀

比例式减压阀的工作原理：通过调节，将进口压力减至某一需要的出口压力，并依靠介质本身的能量，使出口压力自动保持稳定的阀门。比例式是利用阀体内部活塞两端截面积不同产生的压力差，改变阀后的压力达到减压的目的。其适用范围：消火栓栓口超压；减压阀分区供水；串联减压第一级。宜垂直安装。

先导式减压阀的工作原理：采用控制阀体内的启闭件的开度来调节介质的流量，将介质的压力降低，同时借助阀后压力的作用调节启闭件的开度，使阀后压力保持在一定适用范围内。其适用范围：消火栓栓口超压；减压阀分区供水超过 1.20 MPa 时；串联减压第二级，阀前后压力差宜≤0.40 MPa。宜水平安装。

7．排气阀

排气阀主要用于排出管道内的气体。工作原理：当系统中有气体溢出时，气体会顺着管道向上走，最终聚集在系统的最高点，而排气阀一般都安装在系统最高点，当气体进入排气阀阀腔聚集在排气阀的上部，随着阀内气体的增多，压力上升，当气体压力大于系统压力时，气体会使腔内水面下降，浮筒随水位一起下降，打开排气口；气体排尽后，水位上升，浮筒也随之上升，关闭排气口。其适用范围：自动喷水灭火系统；干式消火栓；干式消防竖管。干式系统、预作用系统及干式消火栓系统设置快速排气阀，同时设有相应的电动阀。

8．自动滴水阀

自动滴水阀主要用于排出泄漏水，以免造成系统误报警。工作原理：雨淋报警阀系统侧阀体上安装自动滴水阀（干式报警阀安装在报警管路通过三通与报警管路分流），平时供水侧渗漏到系统侧的水经滴水球阀自动排出，灭火时滴水球阀自动关闭。其适用范围：干式、预作用、雨淋自动喷水灭火系统。与排气阀有类似之处，特点是低压开启排水，高压自动关闭。

9．安全阀

安全阀主要用于系统超压的安全防护。工作原理：安全阀是启闭件受外力作用下处于常闭状态，当设备或管道内的介质压力升高超过规定值时，通过向系统外排放介质来防止管道或设备内介质压力超过规定数值的特殊阀门。其适用范围：分区供水减压阀后；水泵接合器；高压水泵出水管；气体灭火系统、干粉灭火系统、泡沫消防系统中的压力储罐。

10．水锤消除器

水锤消除器能在无须阻止流体流动的情况下，有效地消除各类流体在传输系统可能产生的水锤和浪涌发生的不规则水击波震荡，从而消除具有破坏性的冲击波，起到保护之目的。水锤消除器的内部有一密闭的容气腔，下端为一活塞，当冲击波传入水锤消除器时，水击波作用于活塞上，活塞将往容气腔方向运动。活塞运动的行程与容气腔内的气体压力、水击波大小有关，活塞在一定压力的气体和不规则水击双重作用下，做上下运动，形成一个动态的平衡，这样就有效地消除了不规则的水击波震荡。

四、消防管网

当市政给水管网设有市政消火栓时，应符合下列规定：设有市政消火栓的市政给水管网宜为环状管网，但当城镇人口小于 2.5 万人时，可为枝状管网；接市政消火栓的环状给水管网的管径不应小于 DN150，枝状管网的管径不宜小于 DN200。当城镇人口小于 2.5 万人时，接市政消火栓的给水管网的管径可适当减少，环状管网时不应小于 DN100，枝状管网时不宜小于 DN150；工业园区、商务区和居住区等区域采用两路消防供水，当其中一条引入管发生故障时，其余引入管在保证满足 70% 生产生活给水的最大小时设计流量条件下，应仍能满足本规范规定的消防给水设计流量。

1．室外消防给水管网

（1）室外消防给水管道的布置要求：

① 室外消防给水采用两路消防供水时，应布置成环状，但当采用一路消防供水时（除建筑高度超过 54 m 的住宅外，室外消火栓设计流量小于等于 20 L/s 时），可布置成枝状。

② 向环状管网输水的进水管不应少于两条，当其中一条发生故障时，其余进水管应仍能满足消防用水总量的供给要求。

③ 消防给水管道应采用阀门分成若干独立段，每段内室外消火栓的数量不宜超过 5 个。

④ 管道的直径应根据流量、流速和压力要求经计算确定，但不应小于 DN100，有条件的不应小于 DN150。

⑤ 室外消防给水管道设置的其他要求应符合《室外给水设计标准》（GB 50013—2018）的有关规定。

（2）管材、阀门和敷设：

① 管材。埋地管道宜采用球墨铸铁管、钢丝网骨架塑料复合管和加强防腐的钢管等管材，室内外架空管道应采用热浸镀锌钢管等金属管材，并应考虑系统工作压力、覆土深度、土壤的性质、管道的耐腐蚀能力，可能受到土壤、建筑基础、机动车和铁路等其他附加荷载的影响以及管道穿越伸缩缝和沉降缝等综合影响，合理选择管材和设计管道。

A. 埋地管道。当系统工作压力不大于 1.2 MPa 时，宜采用球墨铸铁管或钢丝网骨架塑料复合管；当系统工作压力大于 1.2 MPa 且小于 1.6 MPa 时，宜采用钢丝网骨架塑料复合管、加厚钢管和无缝钢管；当系统工作压力大于 1.6 MPa 时，宜采用无缝钢管。

B. 架空管道。当系统工作压力小于或等于 1.2 MPa 时，可采用热浸镀锌钢管；当系统工作压力大于 1.2 MPa 且小于 1.6 MPa 时，应采用热浸镀锌加厚钢管或热浸镀锌无缝钢管；当系统工作压力大于 1.6 MPa 时，应采用热浸镀锌无缝钢管。

② 管网所用阀门。

消防给水系统的阀门选择应符合下列规定：a. 埋地管道的阀门宜采用带启闭刻度的暗杆闸阀，当设置在阀门井内时可采用耐腐蚀的明杆闸阀。b. 室内架空管道的阀门宜采用蝶阀、明杆闸阀或带启闭刻度的暗杆闸阀等。c. 室外架空管道宜采用带启闭刻度的暗杆闸阀或耐腐蚀的明杆闸阀。

消防给水系统管道的最高点处宜设置自动排气阀。消防水泵出水管上的止回阀宜采用水锤消除止回阀，当消防水泵供水高度超过 24 m 时，应采用水锤消除器。当消防水泵出水管上设有囊式气压水罐时，可不设水锤消除设施。在寒冷和严寒地区，室外阀门井应采取防冻措施。消防给水系统的室内外消火栓、阀门等设置位置，应设置永久性固定标志。

A. 减压阀的设置应符合下列规定：a. 减压阀应设置在报警阀组入口前，当连接两个及以上报警阀组时，应设置备用减压阀。b. 减压阀的进口处应设置过滤器，过滤器的孔网直径不宜小于 4 ~ 5 目/cm^2，过流面积不应小于管道截面面积的 4 倍。c. 过滤器和减压阀前后应设压力表，压力表的表盘直径不应小于 100 mm，最大量程宜为设计压力的 2 倍。d. 过滤器前和减压阀后应设置控制阀门。e. 减压阀后应设置压力试验排水阀。f. 减压阀应设置流量检测测试接口或流量计。g. 垂直安装的减压阀，水流方向宜向下。h. 比例式减压阀宜垂直安装，可调式减压阀宜水平安装。i. 减压阀和控制阀门宜有保护或锁定调节配件的装置。j. 接减压阀的管段不应有气堵、气阻。

B. 敷设。埋地管道的地基、基础、垫层、回填土压实度等的要求，应根据刚性管或柔性管管材的性质，结合管道埋设处的具体情况，按《给水排水管道工程施工及验收规范》（GB 50268—2008）和《给水排水工程管道结构设计规范》（GB 50332—2002）的有关规定执行。当埋地管直径不小于 DN100 时，应在管道弯头、三通和堵头等位置设置钢筋混凝土支墩。消防给水管道不宜穿越建筑基础，当必须穿越时，应采取防护套管等保护措施。埋地钢管和铸铁管应根据土壤和地下水腐蚀性等因素确定管外壁防腐措施；海边、空气潮湿等空气中含有腐蚀性介质的场所的架空管道外壁应采取相应的防腐措施。

2. 室内消防给水管道

室内消防给水管网是室内消火栓给水系统的重要组成部分，为确保供水安全可靠，其在布置时应符合下列规定：

（1）室内消火栓系统管网应布置成环状，当室外消火栓设计流量不大于 20 L/s，且室内消火栓不超过 10 个时，除以下情况，可布置成枝状。

① 向两栋或两座及以上建筑供水时。

② 向两种及以上水灭火系统供水时。

③ 采用设有高位消防水箱的临时高压消防给水系统时。

④ 向两个及以上报警阀控制的自动水灭火系统供水时。

（2）当由室外生产、生活、消防合用系统直接供水时，合用系统除应满足室外消防给水设计流量以及生产和生活最大小时设计流量的要求外，还应满足室内消防给水系统的设计流量和压力要求。

（3）室内消防管道管径应根据系统设计流量、流速和压力要求经计算确定；室内消火栓竖管管径应根据竖管最低流量经计算确定，但不应小于 DN100。

（4）室内消火栓环状给水管道检修时应符合下列规定：

① 室内消火栓竖管应保证检修管道时关闭停用的竖管不超过 1 根，当竖管超过 4 根时，可关闭不相邻的 2 根。

② 每根竖管与供水横干管相接处应设置阀门。

（5）室内消火栓给水管网宜与自动喷水等其他水灭火系统的管网分开设置；当合用消防水泵时，供水管路沿水流方向应在报警阀前分开设置。

（6）消防给水管道的设计流速不宜大于 2.5 m/s，自动喷水灭火系统管道设计流速应符合《自动喷水灭火系统设计规范》（GB 50084—2017）、《泡沫灭火系统技术标准》（GB 50151—2021）、《水喷雾灭火系统技术规范》（GB 50219—2014）和《固定消防炮灭火系统设计规范》（GB 50338—2003）的有关规定，但任何消防管道的给水流速不应大于 7 m/s。

五、水泵接合器

消防水泵接合器是供消防车向消防给水管网输送消防用水的预留接口。它既可用于补充消防水量，也可用于提高消防给水管网的水压。

在发生火灾的情况下，当建筑物内的消防水泵发生故障或室内消防用水不足时，消防车从室外取水，通过水泵接合器将水送到室内消防给水管网，供灭火使用。

1. 设置要求

（1）高层民用建筑、设有消防给水的住宅、超过 5 层的其他多层民用建筑、超过两层或建筑面积大于 10 000 m^2 的地下或半地下建筑（室）、室内消火栓设计流量大于 10 L/s 平战结合的人防工程、高层工业建筑和超过 4 层的多层工业建筑、城市交通隧道，其室内消火栓给水系统应设水泵接合器；自动喷水灭火系统、水喷雾灭火系统、泡沫灭火系统和固定消防炮灭火系统等水灭火系统，均应设置消防水泵接合器。

（2）消防水泵接合器的给水流量宜按每个 10 ~ 15 L/s 计算。每种水灭火系统的消防水泵接合器设置的数量应按系统设计流量经计算确定，但当计算数量超过 3 个时，可根据供水可靠性适当减少。

（3）临时高压消防给水系统向多座建筑供水时，消防水泵接合器应在每座建筑附近就近设置，如图 2-2-21 所示。消防水泵接合器应悬挂标志牌，如图 2-2-22 所示。

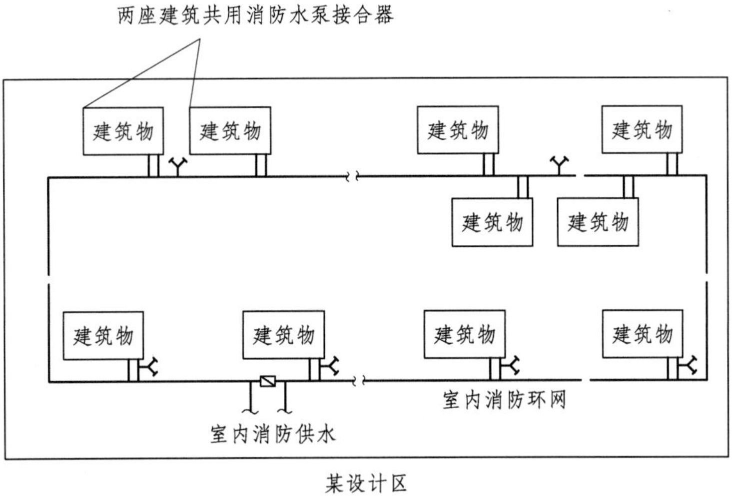

图 2-2-21　消防水泵接合器向多座建筑供水设置

水泵接合器永久性标志铭牌样式示范：

工程名称：×××××××
供水系统：低区消火栓系统
供水范围：地下三层至地上十层
接合器额定压力：1.0 MPa
系统设计流量：30 L/s
系统工作压力：0.92 MPa

图 2-2-22　消防水泵接合器标志牌

（4）消防水泵接合器供水范围，应根据当地消防车的供水流量和压力确定。

（5）消防给水为竖向分区供水时，在消防车供水压力范围内的分区，应分别设置水泵接合器；当建筑高度超过消防车供水高度时，消防给水应在设备层等方便操作的地点设置手抬泵或移动泵接力供水的吸水和加压接口。如图 2-2-23 所示。

（6）水泵接合器应设在室外便于消防车使用的地点，且距室外消火栓或消防水池的距离不宜小于 15 m，并不宜大于 40 m。

（7）墙壁消防水泵接合器的安装高度距地面宜为 0.7 m；与墙面上的门、窗、孔、洞的净距离不应小于 2 m，且不应安装在玻璃幕墙下方；地下消防水泵接合器的安装，应使进水口与井盖底面的距离不大于 0.4 m，且不应小于井盖的半径。

（8）水泵接合器处应标注每个水泵接合器的供水系统名称，设置永久性标志铭牌，并应标明供水系统、供水范围和额定压力。

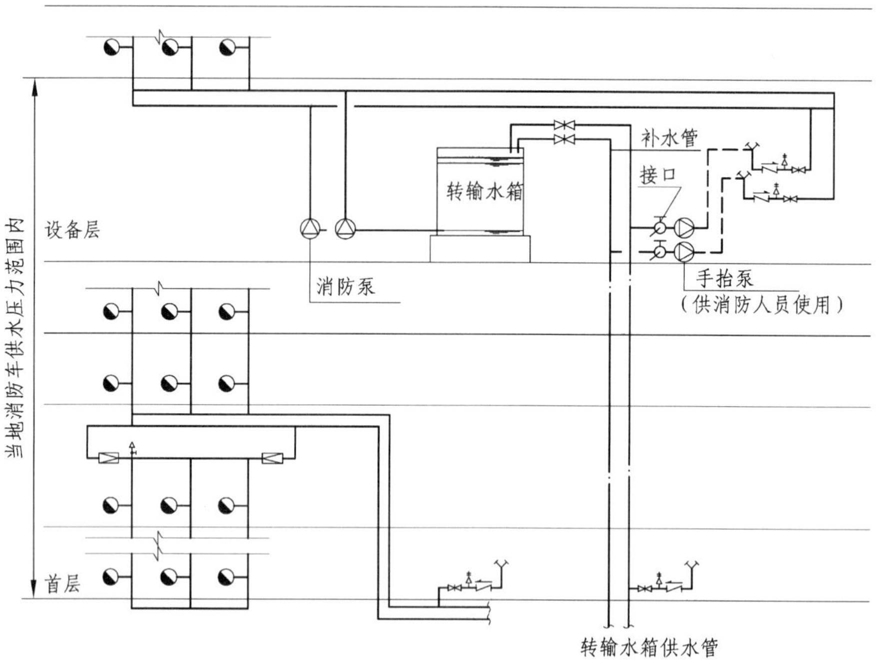

图 2-2-23　高层建筑消防水泵接合器的设置

2．组成部件

水泵接合器是由接口、本体、连接管、止回阀、安全阀、放空阀、闸阀等组成的。在室外从水泵接合器栓口给水时，安全阀起到保护系统的作用，以防补水压力超过系统的额定压力，一般保证水压不大于 1.6 MPa；水泵接合器设有止回阀，以防止系统给水从水泵接合器处流出；为考虑安全阀和止回阀检修的需要，还应设置阀门；放水阀具有泄水的作用，用于防冻。水泵接合器组件的排列次序应合理，按水泵接合器给水的方向，依次是止回阀、安全阀和闸阀。

六、稳压泵与气压罐

对于采用临时高压消防给水系统的高层或多层建筑，当消防水箱设置高度不能满足系统最不利点灭火设备所需的水压要求时，应设置稳压泵。当稳压泵的控制不能实现防止频繁启动时，应增加隔膜式气压罐。

1．稳压泵

稳压泵是在消防给水系统中用于稳定平时最不利点水压的给水泵。通常选用小流量、高扬程的水泵。消防稳压泵也应设置备用泵，通常可按用一备一原则选用，宜采用单吸单级或单吸多级离心泵，泵外壳和叶轮等主要部件的材质宜采用不锈钢。

1）稳压泵的工作原理

稳压泵通过三个压力控制点（P_2、P_3、P_4）分别与压力继电器相连接，用来控制其工作。稳压泵向管网中持续充水时，管网内压力升高，当达到设定的压力值 P_4（稳压上限）时，稳压泵停止工作。若管网存在渗漏或由于其他原因导致管网压力逐渐下降，当降到设定压力值 P_3（稳压下限）时，稳压泵再次启动。如此周而复始，从而使管网压力始终保持在 $P_3 \sim P_4$ 之间。若稳压泵启动并持续给管网补水，但管网压力仍继续下降，则可认为有火灾发生，管网内的消防水正在被使用。因此，当压力继续降到设定压力值 P_2（消防主泵启动压力点）时，将联锁启动消防主泵，同时稳压泵停止工作。

2）稳压泵流量的确定

消防给水系统消防稳压泵的设计流量不应小于消防给水系统管网的正常泄漏量和系统自动启动流量。当没有管网泄漏量数据时，稳压泵的设计流量宜按消防给水设计流量的 1% ~ 3% 计，且不宜小于 1 L/s。消防给水系统所采用报警阀压力开关等自动启动流量应根据产品确定。

3）稳压泵设计压力的确定

稳压泵的设计压力应符合下列要求：

（1）稳压泵的设计压力应满足系统自动启动和管网充满水的要求。

（2）稳压泵的设计压力应保持系统自动启泵压力设置点处的压力在准工作状态时大于系统设置自动启泵压力值，且增加值宜为 0.07 ~ 0.10 MPa。

（3）稳压泵的设计压力应保持系统最不利点处水灭火设施在准工作状态时的静水压力大于 0.15 MPa。

4）稳压泵的供电要求

消防稳压泵的供电要求同消防水泵的供电要求。

2. 气压罐

1）气压罐的工作原理

实际运行中，由于各种原因，稳压泵常常频繁启动，不但泵易损坏，而且对整个管网系统和电网系统不利。因此，稳压泵常与小型气压罐配合使用，当采用气压水罐时，其调节容积应根据稳压泵启泵次数不大于 15 次/h 计算确定，但有效容积不宜小于 150 L。

在气压罐内设定的 P_1、P_2、P_{S1}、P_{S2} 四个压力控制点中，P_1 为气压罐的最小设计工作压力，P_2 为水泵启动压力，P_{S1} 为稳压泵启动压力。当罐内压力为 P_{S2} 时，消防给水管网处于较高工作压力状态，稳压泵和消防水泵均处于停止状态；随着管网渗漏或由于其他原因引起的泄压的出现，当罐内压力从 P_{S2} 降 P_{S1} 时，便自动启动稳压泵，向气压罐补水，直到罐内压力增加到 P_{S2} 时，稳压泵停止工作，从而保证了气压罐内消防储水的常备储存。若建筑发生火灾，随着灭火设备出水，气压罐内储水量减少、压力下降，当压力从 P_{S2} 降至 P_{S1} 时，稳压泵启动，但稳压泵流量较小，其供水全部用于灭火设备，气压罐内的水得不到补充，罐内压力继续下降到力时，消防水泵启动并向管网供水，同时向控制中心报警。此时稳压泵停止运转，消防增（稳）压工作完成。如图 2-2-24（a）所示。

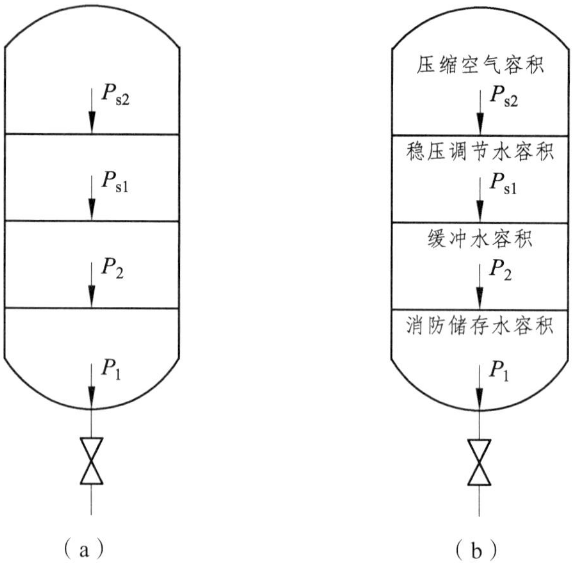

图 2-2-24　稳压泵的压力控制点

2）气压罐的工作压力

气压罐的最小设计工作压力应满足系统最不利点灭火设备所需的水压要求。

3）气压罐的容积

气压罐的容积包括消防储存水容积、缓冲水容积、稳压调节水容积和压缩空气容积。如图 2-2-24（b）所示。

七、消防水箱

采用临时高压消防给水系统的建筑物应设置高位消防水箱。设置消防水箱的目的：一是提供系统启动初期的消防用水量和水压，在消防水泵出现故障的紧急情况下应急供水，确保喷头开放后立即喷水，以及时控制初起火灾，并为外援灭火争取时间；二是利用高位差为系统提供准工作状态下所需的水压，以达到管道内充水并保持一定压力的目的。设置高压消防给水系统并能保证最不利点消火栓和自动喷水灭火系统等的水量和水压的建筑物，或设置干式消防竖管的建筑物，可不设置消防水箱。如图 2-2-25 所示。

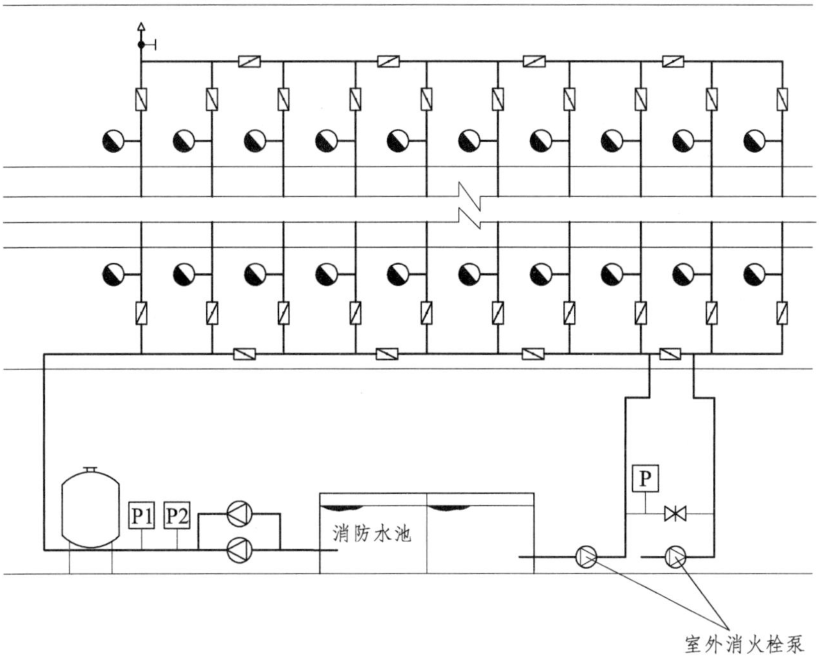

图 2-2-25　可不设高位消防水箱系统示意图

（1）临时高压消防给水系统的高位消防水箱的有效容积应满足初起火灾消防用水量的要求，其具体设置要求如下：

① 一类高层公共建筑，不应小于 36 m^3；但当建筑高度大于 100 m 时，不应小于 50 m^3；当建筑高度大于 150 m 时，不应小于 100 m^3。

② 多层公共建筑、二类高层公共建筑和一类高层住宅，不应小于 18 m^3；当一类高层住宅建筑高度超过 100 m 时，不应小于 36 m^3。

③ 二类高层住宅，不应小于 12 m^3。

④ 建筑高度大于 21 m 的多层住宅，不应小于 6 m^3。

⑤ 工业建筑室内消防给水设计流量小于或等于 25 L/s 时，不应小于 12 m^3；大于 25 L/s 时，不应小于 18 m^3。

⑥ 总建筑面积大于 10 000 m^2 且小于 30 000 m^2 的商店建筑，不应小于 36 m^3；总建筑面积大于 30 000 m^2 的商店建筑，不应小于 50 m^3，当与上述第①条规定不一致时应取其较大值。

（2）高位消防水箱的设置位置应高于其所服务的水灭火设施，且最低有效水位应满足水灭火设施最不利点处的静水压力，其具体设置要求如下：

① 一类高层公共建筑，不应低于 0.1 MPa，当建筑高度超过 100 m 时，不应低于 0.15 MPa。

② 高层住宅、二类高层公共建筑、多层公共建筑，不应低于 0.07 MPa；多层住宅不宜低于 0.07 MPa。

③ 工业建筑，不应低于 0.1 MPa，当建筑体积小于 20 000 m^3 时，不宜低于

0.07 MPa。

④ 自动喷水灭火系统等自动水灭火系统应根据喷头灭火需求压力确定，但最小不应小于 0.1 MPa。

⑤ 当高位消防水箱不能满足上述第① ~ ④条的静压要求时，应设稳压泵。

（3）进水管的管径应满足消防水箱 8 h 充满水的要求，但管径不应小于 DN32，进水管宜设置液位阀或浮球阀。

（4）溢流管的直径不应小于进水管直径的 2 倍，且不应小于 DN100，溢流管的喇叭口直径不应小于溢流管直径的 1.5 ~ 2.5 倍。

（5）高位消防水箱出水管管径应满足消防给水设计流量的出水要求，且不应小于 DN100。

（6）高位消防水箱出水管应位于高位消防水箱最低水位以下，并应设置防止消防水倒流的止回阀。

（7）高位消防水箱的进、出水管应设置带有指示启闭装置的阀门。

（8）高位消防水箱的有效容积、出水、排水和水位等应符合前述有关消防水池设置的要求。

（9）室内采用临时高压消防给水系统时，高位消防水箱的设置应符合下列规定：

① 高层民用建筑、总建筑面积大于 10 000 m^2 且层数超过 2 层的公共建筑和其他重要建筑，必须设置高位消防水箱。

② 其他建筑应设置高位消防水箱，但当设置高位消防水箱确有困难，且采用安全可靠的消防给水形式时，可不设高位消防水箱，但应设置稳压泵。

采用临时高压消防给水系统的自动喷水灭火系统，当按《消防给水及消火栓系统技术规范》（GB 50974—2014）的规定可不设置高位消防水箱时，系统应设气压供水设备。气压供水设备的有效水容积，应按系统最不利处 4 只喷头在最低工作压力下的 5 min 用水量确定。干式系统、预作用系统设置的气压供水设备，应同时满足配水管道的充水要求。

项目三　分区供水

一、消防水泵的串联和并联

消防水泵的串联是将一台泵的出水口与另一台泵的吸水管直接连接，且两台泵同时运行。消防水泵的串联在流量不变时可增加扬程，故当单台消防水泵的扬程不能满足最不利点喷头的水压要求时，系统可采用串联消防给水系统。消防水泵的串联宜采用相同型号、相同规格的消防水泵。在控制上，应先开启前面的消防水泵，后开启后面（按水流方向）的消防水泵。在有条件的情况下，应尽量选用多级泵。

消防水泵的并联是指由两台或两台以上的消防水泵同时向消防给水系统供水。消防水泵并联的作用主要在于增大流量，但在流量叠加时，系统的流量会有所下降，选泵时应考虑这种因素。也就是说，并联工作的总流量增加了，但单台消防水泵的流量却有所下降，故应适当加大单台消防水泵的流量。并联时也宜选用相同型号和规格的消防水泵，以使消防水泵的出水压力相等、工作状态稳定。

二、分区供水形式

在消防给水系统中，由于配水管道的工作压力要求，系统可有不同的给水方式。系统给水方式的划分原则可根据管材、设备等确定。当高层建筑最低消火栓栓口的静水压力大于 1.0 MPa 或系统工作压力大于 2.4 MPa 时，应采用分区消防给水系统。分区供水形式应根据系统压力、建筑特征，综合技术经济和安全可靠性等因素确定，可采用消防水泵并行或串联、减压水箱和减压阀减压的形式，但当系统的工作压力大于 2.4 MPa 时，应采用消防水泵串联或减压水箱分区供水形式。

（1）采用消防水泵串联分区供水时，宜采用消防水泵转输水箱串联供水方式，并符合下列规定：

① 当采用消防水泵转输水箱串联时，转输水箱的有效储水容积不应小于 60 m^3，转输水箱可作为高位消防水箱。

② 串联转输水箱的溢流管宜连接到消防水池。如图 2-3-1 所示。

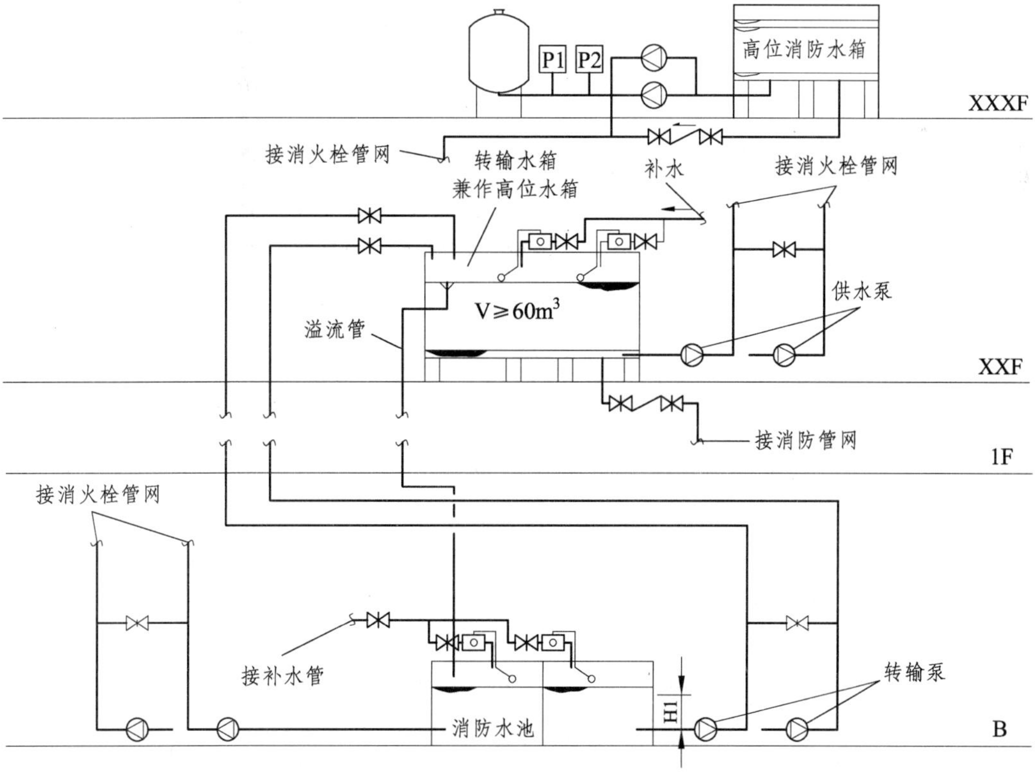

图 2-3-1　消防水泵、转输水箱串联分区供水

③ 当采用消防水泵直接串联时，应采取确保供水可靠性的措施，且消防水泵从低区到高区应能依次顺序启动。

④ 当采用消防水泵直接串联时，应校核系统供水压力，并在串联消防水泵出水管上设置减压型倒流防止器。如图 2-3-2 所示。

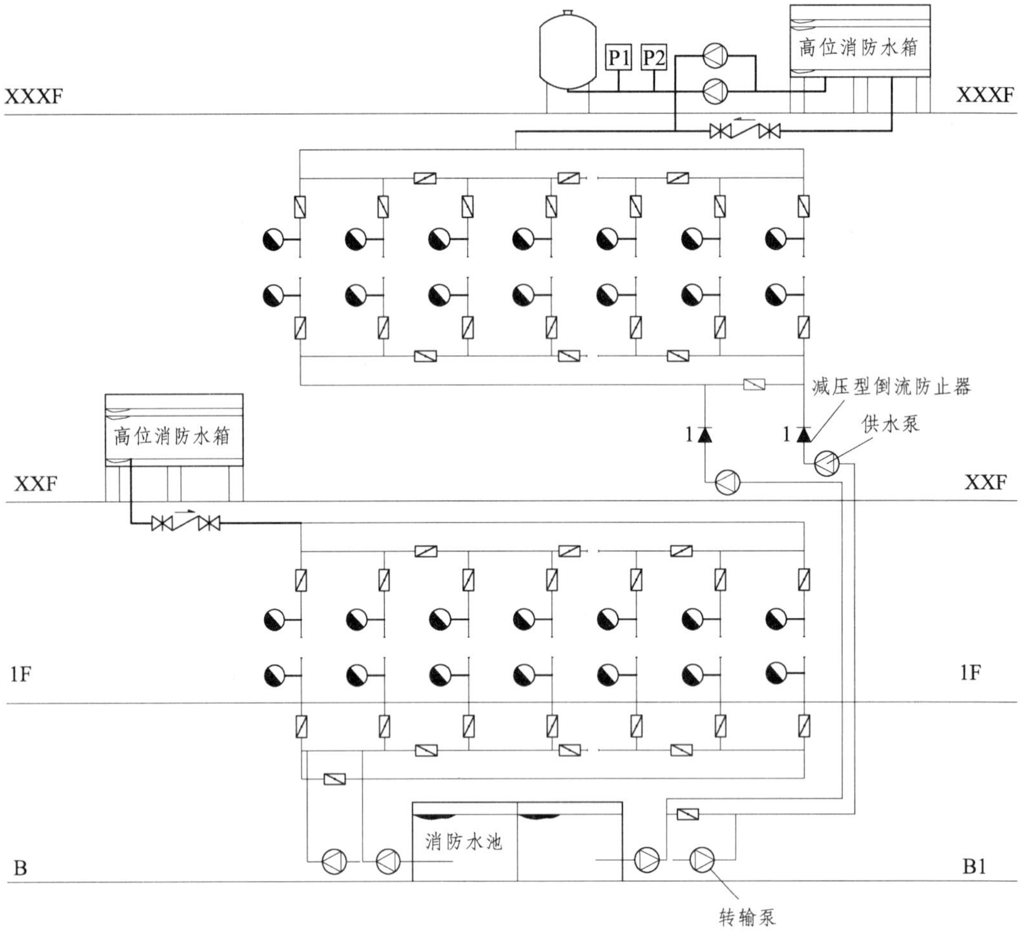

图 2-3-2　消防水泵直接串联分区供水

（2）采用减压阀减压分区供水时应符合下列规定：

① 消防给水所采用的减压阀性能应安全可靠，并应满足消防给水的要求。

② 减压阀应根据消防给水设计流量和压力选择，且设计流量应在减压阀流量压力特性曲线的有效段内，并校核在 150% 设计流量时，减压阀的出口动压不应小于设计值的 65%。

③ 每一供水分区应设不少于两组减压阀组，每组减压阀组宜设置备用减压阀。

④ 减压阀仅应设置在单向流动的供水管上，不应设置在双向流动的输水干管上。

⑤ 减压阀宜采用比例式减压阀，当超过 1.2 MPa 时，宜采用先导式减压阀。

⑥ 减压阀的阀前阀后压力比值不宜大于 3：1，当一级减压阀减压不能满足要求

时，可采用减压阀串联减压，但串联减压不应大于两级，第二级减压阀宜采用先导式减压阀，阀前后压力差不宜超过 0.4 MPa。

⑦ 减压阀后应设置安全阀，安全阀的开启压力应能保证系统安全，且不应影响系统的供水安全性。如图 2-3-3 所示。

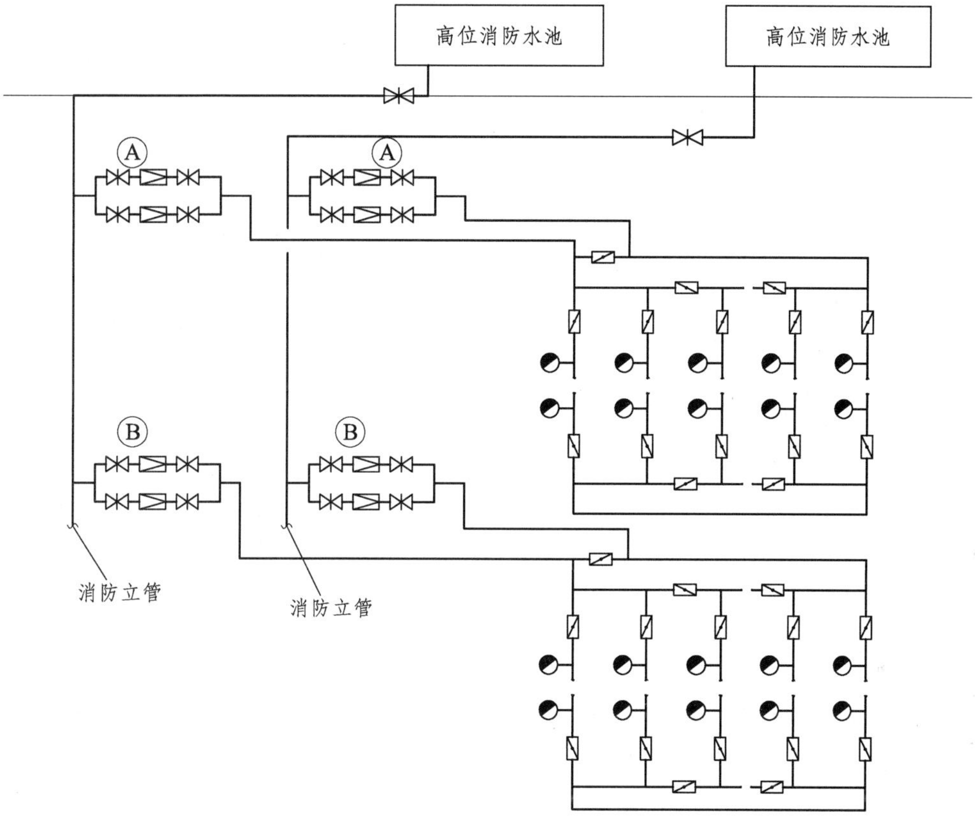

图 2-3-3　减压阀分区系统

（3）采用减压水箱减压分区供水时应符合下列规定：

① 减压水箱应符合《消防给水及消火栓系统技术规范》（GB 50974—2014）第 4.3.8 条、第 4.3.9 条、第 5.2.5 条和第 5.2.6 条等的有关规定。

② 减压水箱应符合《消防给水及消火栓系统技术规范》（GB 50974—2014）第 4.3.10 条和第 5.2.6 条等的有关规定。

③ 减压水箱的有效容积不应小于 18 m，且宜分为两格。

④ 减压水箱应有两条进出水管，且每条进出水管均应满足消防给水系统所需消防用水量的要求。

⑤ 减压水箱进水管的水位控制应可靠，宜采用水位控制阀。

⑥ 减压水箱进水管应设置防冲击和溢水的技术措施，并宜在进水管上设置紧急关闭阀门，溢流水宜回流到消防水池。如图 2-3-4 所示。

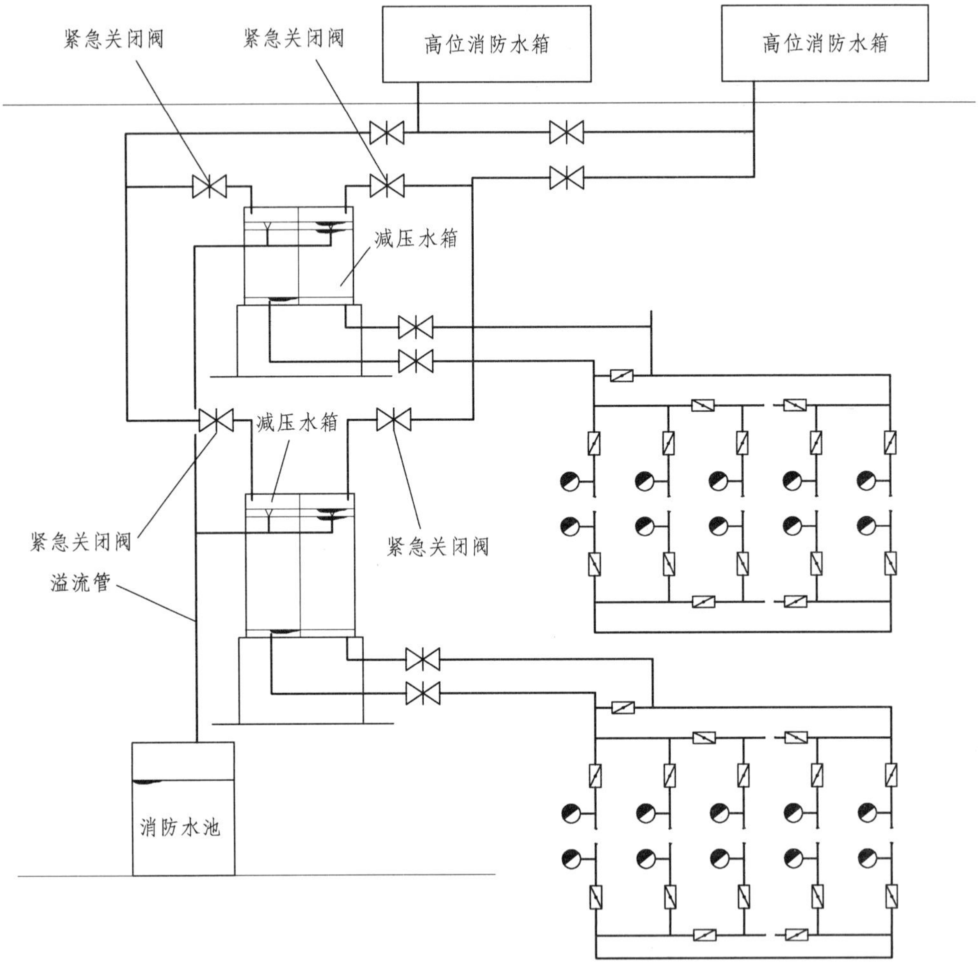

图 2-3-4　减压水箱分区系统

思 考 题

1. 消防水池与高位消防水箱的区别是什么？
2. 消防给水的形式有哪几种？
3. 在哪种情况下可以不设备用消防水泵？
4. 消防工程中常用的阀门有哪些？
5. 墙壁式水泵接合器的设置要求是什么？

模块二 课件与微课

模块三 消火栓系统

- **教学目标**

知识目标：1. 了解市政消火栓的设置要求。

2. 掌握室内外消火栓的工作原理及设置要求。

3. 掌握不同类型建筑室内外消火栓的流量及压力。

4. 熟练掌握一次消防用水量及消防水池容积的计算。

能力目标：1. 能够根据建筑物的性质设置室内外消火栓。

2. 能够根据建筑物的体量设计消防水池的大小。

素质目标：1. 能够理论联系实际地对不同的建筑物设置室内外消火栓。

2. 培养学生的自主学习能力、认真负责的态度、责任心。

- **思政目标**

树立正确的人生观，积极提高个人竞争力来适应环境，同时也不要悲观失望，努力改造环境，提高自身抗挫折能力。

案例导入

消火栓作为城市建设的基础设施之一，平时看似闲置无用，但在火灾险情面前却是最重要的救命工具之一，但是在我国因消火栓被损坏，发生火灾时无栓可用，造成火势蔓延的例子却很多。

2018 年 11 月 13 日，长沙一家眼镜店突发火灾，过火面积约 43 m^2。火灾烧毁了店铺内装修、验光及打磨设备等全部物品，更不幸的是，唐先生妻子被困店铺之内，因窒息加一氧化碳中毒不幸身亡。为了救妻子，被烧伤的唐先生数次冲入火场，后因伤重抢救无效死亡，留下年仅 5 岁的孩子和年迈的双亲。

法院对这起案件作出二审判决，判决书里写道，2018 年 11 月 13 日，长沙市天心区的一家“雪亮”眼镜店发生火灾，现场门口的消防水管是破裂的，火灾发生时消防栓里面没有水，消防栓内也没有配置水枪，事故现场附近的消防水管也是破裂的，严重耽误了救火时间。法院二审判决物业公司对这对夫妻的死亡担责 30%，赔偿 28.8 万元。

在法院判决书中提到，在此次火灾发生前，因市政提质改造施工需要用水，长沙凯程物业管理有限公司让市政建设单位使用了消防用水并提供了破损的消防水带，导致消防设施存在运行不正常等问题，致使救火初期消防水枪不能及时有效出水。物业管理有限公司因管理不善的情况延缓了本案火灾的救援，一审法院确定物业管理有限公司承担 10% 的赔偿责任过低，酌情调整为长沙凯程物业管理有限公司承担 30% 的赔偿责任。

物业公司对管理区域内的共用消防设施、器材及消防安全标志进行维护管理，确保完好有效。像以上案例，如果将人民的生命财产安全当作儿戏，必将会受到法律的严惩。

在本模块中介绍了市政消火、室内外消火栓的设置要求，消防水池容积的计算。

项目一　市政消火栓

一、市政消火栓的定义

市政消火栓是指在市政规划道路边上的消火栓。所有市政消火栓必须统一登记、建档，要求“一栓一档”，“一栓一人”，即对每个消火栓进行登记编号，纳入数字化城管系统和网格化管理。

二、市政消火栓与室外消火栓的区别与关系

两者区别在于所安放的位置不同：（1）市政消火栓安放在市政规划道路边。（2）室外消火栓是设置在建筑物外面或不是市政道路如小区道路，公园内部道路两侧的。

室外消火栓的布置数量应根据消火栓的保护半径和室外消火栓消防用水量等综合计算确定，每个室外消火栓的出流量宜按 15 L/s 计算，与保护对象的距离在 5 ~ 40 m 范围内的市政消火栓，可计入室外消火栓的数量内。

只有当上述情况下，市政消火栓才能等同于室外消火栓，否则不能。

三、市政消火栓设置要求

（1）市政消火栓宜采用地上式室外消火栓；在严寒、寒冷等冬季结冰地区宜采用干式地上式室外消火栓，严寒地区宜增设消防水鹤。消防水鹤是一种快速加水的消防产品，适用于大、中型城市消防使用，能为迅速扑救特大火灾及时提供水源。消防水鹤能在各种天气条件下，尤其在北方寒冷或严寒地区有效地为消防车补水，其设置数量和保护范围可根据需要确定，但只是市政消火栓的补充。当采用地下式室外消火栓

时，地下消火栓井的直径不宜小于 1.5 m，且当地下式室外消火栓的取水口在冰冻线以上时，应采取保温措施。地下式市政消火栓应有明显的永久性标志。

（2）市政消火栓宜采用直径 DN150 的室外消火栓，并应符合下列要求：

① 室外地上式消火栓应有一个直径为 150 mm 或 100 mm 和两个直径为 65 mm 的栓口。

② 室外地下式消火栓应有直径为 100 mm 和 65 mm 的栓口各 1 个。

（3）市政消火栓宜在道路的一侧设置，并宜靠近十字路口，但当市政道路宽度超过 60 m 时，应在道路的两侧交叉错落设置市政消火栓；市政桥桥头和城市交通隧道出入口等市政公用设施处，应设置市政消火栓，其保护半径不应超过 150 m，间距不应大于 120 m。

（4）市政消火栓应布置在消防车易于接近的人行道和绿地等地点，且不应妨碍交通。应避免设置在易撞击的地点，确有困难时，应采取防撞措施。距路边不宜小于 0.5 m，并不应大于 2 m，距建筑外墙或外墙边缘不宜小于 5 m。目的是保护市政消火栓的自身安全，以及使用时的人员安全，且平时不妨碍公共交通等。

（5）当市政给水管网设有市政消火栓时，其平时运行工作压力不应小于 0.14 MPa，火灾发生时水力最不利市政消火栓的出流量不应小于 15 L/s，且供水压力从地面算起不应小于 0.1 MPa。

（6）严寒地区在城市主要干道上设置消防水鹤的布置间距宜为 1 000 m，连接消防水鹤的市政给水管的管径不宜小于 DN200，发生火灾时消防水鹤的出流量不宜低于 30 L/s，且供水压力从地面算起不应小于 0.1 MPa。

（7）地下式市政消火栓应有明显的永久性标志，以便于消防队员查找使用。

项目二　室外消火栓

一、室外消火栓的定义

室外消火栓是设置在建筑物外面消防给水管网上的供水设施，主要供消防车从市政给水管网或室外消防给水管网取水实施灭火，也可以直接连接水带、水枪出水灭火，是扑救火灾的重要消防设施之一。

室外消火栓分为地上式和地下式两种。地上式消火栓部分露出地面，目标明显、易于寻找、操作方便，但容易在冬季结冰；地下式消火栓隐蔽性强，不容易被车辆意外撞坏，但目标不明显，寻找、操作和维修都不方便，适用于较寒冷地区。

室外消防给水系统应满足扑救火灾时各种消防用水设备对水量、水压和水质的基本要求。

室外消火栓给水系统由消防水源、消防供水设备、室外消防给水管网和室外消火栓灭火设施组成。

二、室外消火栓的设置范围

我国《建筑设计防火规范》（GB 50016—2014）规定，在下列场所应设置室外消火栓：

（1）民用建筑、厂房、仓库、储罐（区）和堆场周围应设置室外消火栓系统。

（2）用于消防救援和消防车停靠的屋面上，应设置室外消火栓系统。

（3）耐火等级不低于二级且建筑物体积小于等于 3 000 m^3 的戊类厂房，居住区人数不超过 500 人且建筑物层数不超过两层的居住区，可不设置室外消火栓系统。

三、室外消火栓的设置要求

（1）建筑室外消火栓的布置数量应根据室外消火栓设计流量、保护半径和每个室外消火栓的给水量经计算确定。

（2）建筑室外消火栓的保护半径不应大于 150 m，每个室外消火栓的出流量宜按 10 ~ 15 L/s 计算，室外消火栓宜沿建筑周围均匀布置，且不宜集中布置在建筑一侧。因高层建筑裙房的原因，高层部分均设有便于消防车操作的扑救面，为利于消防队火灾扑救，规定消防扑救面一侧室外消火栓不宜少于 2 个。

（3）某些室外消火栓相当于建筑物消防电梯前室的消火栓，消防队员来时作为首先进攻、火灾侦查和自我保护用的。人防工程、地下工程等建筑应在出入口附近设置室外消火栓，距出入口的距离不宜小于 5 m，并不宜大于 40 m。停车场的室外消火栓宜沿停车场周边设置，与最近一排汽车的距离不宜小于 7 m，距加油站或油库不宜小于 15 m。

（4）甲、乙、丙类液体和液化石油气等罐区发生火灾，火场温度高，人员很难接近，同时还有可能发生泄漏和爆炸。因此，要求室外消火栓设置在防火堤或防护墙外的安全地点。数量应根据每个罐的设计流量经计算确定，距罐壁 15 m 范围内的室外消火栓火灾发生时因辐射热而难以使用，不应计算在该罐可使用的数量内。

（5）工艺装置区等采用高压或临时高压消防给水系统的场所，其周围应设置室外消火栓，数量应根据设计流量经计算确定，且间距不应大于 60 m。其室外消火栓处宜配置消防水带和消防水枪；工艺装置区等需要设置室内消火栓的场所，应设置在工艺装置区休息平台处。当工艺装置区宽度大于 120 m 时，宜在该装置区内的路边设置室外消火栓。当工艺装置区、罐区、堆场、可燃气体和液体码头等构筑物的面积较大或高度较高，室外消火栓的充实水柱无法完全覆盖时，宜在适当部位设置室外固定消防炮。

（6）当室外消防给水引入管设有倒流防止器，且发生火灾因其水头损失导致室外消火栓不能满足火灾时出流量不应小于 15 L/s，且供水压力从地面算起不应小于 0.10 MPa 的要求时，应在该倒流防止器前设置一个室外消火栓。

项目三　室内消火栓

一、室内消火栓的定义

室内消火栓给水系统是建筑物应用最广泛的一种消防设施。它既可供火灾现场人员使用消火栓箱内的消防水喉、水枪扑救初起火灾，又可供消防救援人员扑救建筑物的大火。室内消火栓实际上是室内消防给水管网向火场供水的，带有专用接口的阀门，其进水端与消防管道相连，出水端与水带相连。

二、系统组成

室内消火栓给水系统由消防给水、管网、室内消火栓及系统附件等组成，如图 3-3-1 所示。

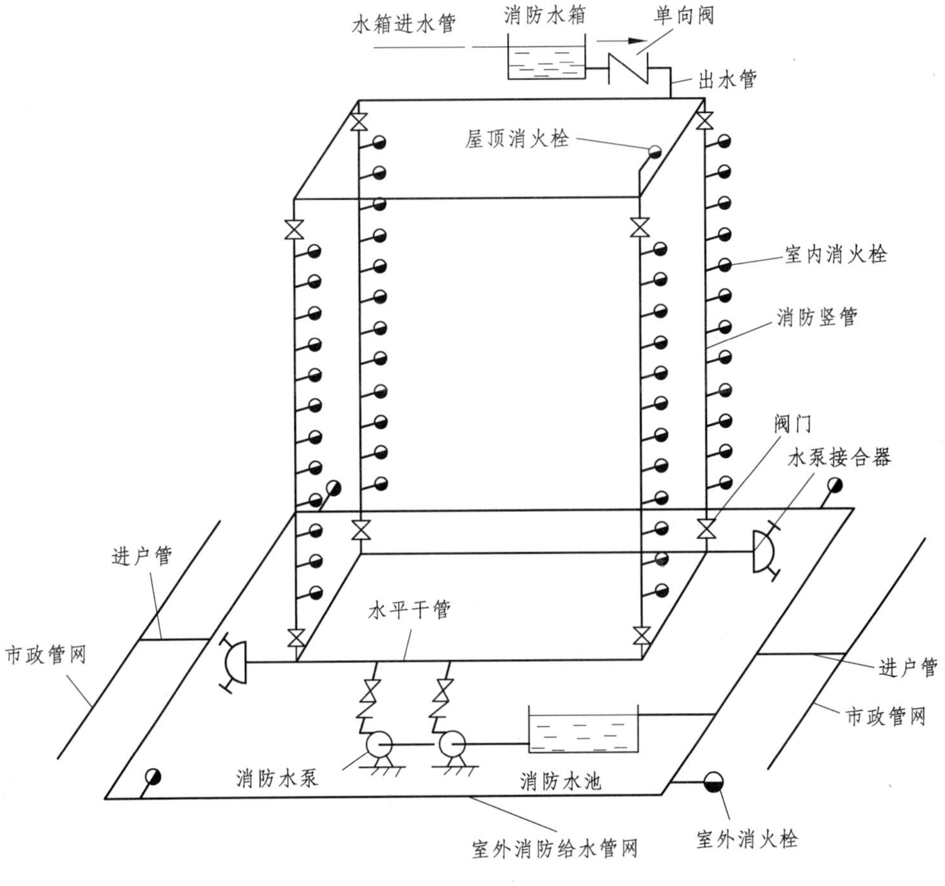

图 3-3-1　消火栓给水系统组成示意图

其中，消防给水基础设施包括市政管网、室外消防给水管网、室外消火栓、消防水池、消防水泵、消防水箱、稳压泵、水泵接合器等，该设施的主要任务是为系统储存并提供灭火用水。消防给水管网包括进水管、水平干管、消防竖管等，其任务是向室内消火栓设备输送灭火用水。室内消火栓设备包括水带、水枪、水喉等，是供消防救援人员灭火使用的主要工具。系统附件包括各种阀门、屋顶消火栓等。报警控制设备用于启动消防水泵。

1. 室内消火栓

室内消火栓是安装在给水管网上，向火场供水的带有阀门的标准接口。一般，室内消火栓都是安装于消火栓箱内。

消火栓箱集消火栓、消防水枪、消防水带、消防软管卷盘及消火栓按钮于一体，具有给水、灭火、控制、报警等功能。其安装方式有明装、暗装、半明装 3 类，制造材料有铝合金、冷轧板、不锈钢 3 种。

2. 消防水枪

消防水枪的功能是把水带内的均匀水流转换成所需流态， 喷射到火场物体上，达到灭火、冷却或防护的目的。消防水枪按出水水流状态可分为直流水枪、喷雾水枪、开花水枪 3 类；按水流是否能够调节可分为普通水枪、开关水枪、多功能水枪 3 类。

直流水枪用来喷射柱状密集充实水流，具有射程远、水量大等优点，适用于远距离扑救一般固体物质火灾。开花水枪可以根据灭火的需要喷射开花水流，使压力水流形成一个伞形水屏障，用来冷却容器外壁、阻隔辐射热，阻止火势蔓延、扩散、减少灾情损失，掩护灭火人员靠近着火地点。喷雾水枪利用离心力使压力水流变成水雾，水雾粒子与烟尘中的碳粒子结合可沉降从而消烟，可有效减少火场水渍损失、高温辐射和烟熏危害。

室内消火栓箱内一般只配置直流水枪，喷嘴直径规格有 13 mm、16 mm 和 19 mm 三种。13 mm 和 16 mm 水枪可与 DN50 消火栓及消防水带配套使用，16 mm 和 19 mm 可与 DN65 消火栓及消防水带配套使用。

3. 消防水带

消防水带指两端均带有消防接口，可与消火栓、消防车水泵配套，用于输送水或其他灭火剂。消防水带按材料分为有衬里水带和无衬里水带两类。

无衬里水带一般采用平纹组织，有经线和纬线交叉编织而成，特点是重量轻、体积小、使用方便，缺点是不耐高压、内壁粗糙、水流阻力大、容易漏水、使用寿命短，现已逐渐被淘汰。有衬里的消防水带由编织层和胶层组成，特点是耐高压、耐磨损、耐霉腐、经久耐用、水流阻力小、可任意弯曲折叠。

水带的长度一般不大于 25 m，直径由 50 mm 和 60 mm 两种，其接口与室内消火栓接口配套使用。

三、系统工作原理

室内消火栓给水系统的工作原理与系统采用的给水方式有关，通常建筑消防给水系统采用的是临时高压消防给水系统。

在临时高压消防给水系统中，系统设有消防水泵和高位消防水箱。当火灾发生后，现场人员可以打开消火栓箱，将水带与消火栓栓口连接，打开消火栓的阀门，消火栓即可投入使用。按下消火栓箱内的按钮向消防控制中心报警，同时设在高位水箱出水管上的流量开关和设在消防水泵出水干管上的压力开关信号应能直接启动消防水泵。在供水初期，由于消火栓泵的启动需要一定的时间，其初期供水由高位消防水箱来供给。对于消火栓泵的启动，还可由火灾现场、消防控制中心控制。消火栓泵一旦启动便不得自动停泵，其停泵只能由有权限操作的人员手动控制。

四、系统设置场所

我国《建筑设计防火规范》（GB 50016—2014）规定下列建筑或场所应设置室内消火栓系统：

（1）建筑占地面积大于 300 m^2 的厂房和仓库。

（2）高层公共建筑和建筑高度大于 21 m 的住宅建筑。对于建筑高度不大于 27 m 的住宅建筑，设置室内消火栓系统确有困难时，可设置干式消防竖管和不带消火栓箱的 DN65 的室内消火栓。

（3）体积大于 5 000 m^3 的车站、码头、机场的候车（船、机）建筑、展览建筑、商店建筑、旅馆建筑、医疗建筑和图书馆建筑等单、多层建筑。

（4）特等、甲等剧场，超过 800 个座位的其他等级的剧场和电影院等，超过 1 200 个座位的礼堂、体育馆等单、多层建筑。

（5）建筑高度大于 15 m 或体积大于 10 000 m^3 的办公建筑、教学建筑和其他单、多层民用建筑。

同时《建筑设计防火规范》（GB 50016—2014）规定下列建筑或场所可不设置室内消火栓系统，但宜设置消防软卷盘或轻便消防水龙：

① 耐火等级为一、二级且可燃物较少的单、多层丁、戊类厂房（仓库）。

② 耐火等级为三、四级且建筑体积不大于 3 000 m^3 的丁类厂房；耐火等级为三、四级且建筑体积不大于 5 000 m^3 的戊类厂房（仓库）。

③ 粮食仓库、金库、远离城镇并无人值班的独立建筑。

④ 存有与水接触能引起燃烧爆炸的物品的建筑。

⑤ 室内没有生产、生活给水管道，室外消防用水取自储水池且建筑体积不大于 5 000 m^3 的其他建筑。

国家级文物保护单位的重点砖木或木结构的古建筑，宜设置室内消火栓系统。人员密集的公共建筑，建筑高度大于 100 m 的建筑和建筑面积大于 200 m^2 的商业服务网点内应设置消防软管卷盘或轻便消防水龙。高层住宅建筑的户内宜配置轻便消防水龙。

一般建筑物或厂房内，消防给水常常与生活或生产给水共用一个给水系统。只在建筑物防火要求高，不宜采用共用系统，或共用系统不经济时，才采用独立的消防给水系统。

五、系统类型和设置要求

1. 系统类型

室内消火栓系统按建筑类型不同，可分为低层建筑室内消火栓给水系统和高层建筑室内消火栓给水系统。同时，根据低层建筑和高层建筑给水方式的不同，又可再进行细分。（给水方式是指建筑物消火栓给水系统的供水方案。）

1）低层建筑室内消火栓给水系统及其给水方式

低层建筑室内消火栓给水系统是指设置在低层建筑物内的消火栓给水系统。低层建筑发生火灾时，既可利用其室内消火栓设备接上水带、水枪灭火，又可利用消防车从室外水源抽水直接灭火。

低层建筑室内消火栓给水系统的给水方式分为以下三种类型。

（1）直接给水方式。直接给水方式无加压水泵和水箱，室内消防用水直接由室外消防给水管网提供，其构造简单、投资少，可充分利用外网水压，节省能源。但由于其内部无储存水量，外网一旦停水，则内部立即断水，可靠性差。当室外给水管网所供水量和水压在全天任何时候均能满足系统最不利点消火栓设备所需水量和水压时，可采用这种给水方式。

采用这种给水方式，当生产、生活、消防合用管网时，其进水管上设置的水表应考虑消防流量；当只有一条进水管时，可在水表节点处设置旁通管。

（2）设有消防水箱的给水方式。该室内给水管网与室外管网直接相连，利用市政管网的压力供水，同时设有高位消防水箱调节流量和压力，其供水较可靠。当全天内大部分时间市政管网的压力能够满足室内消火栓压力要求，在用水高峰时市政管网压力较低，满足不了室内消火栓压力要求时，可采用这种给水方式。

（3）设有消防水泵和消防水箱的给水方式。这种给水方式同时设有消防水泵和消防水箱，是最常用的给水方式。系统中的消防用水平时由屋顶水箱提供，生产、生活水泵定时向水箱补水，火灾发生时可启动消防水泵向系统供水。当室外消防给水管网的水压经常不能满足室内消火栓给水系统所需水压时，宜采用这种给水方式。

高位消防水箱的设置高度应满足室内最不利点消火栓的水压要求，水泵启动后，消防用水不应进入消防水箱。

2）高层建筑室内消火栓给水系统及其给水方式

设置在高层建筑物内的消火栓给水系统称为高层建筑室内消火栓给水系统。高层建筑一旦发生火灾，其火势猛、蔓延快、救援及疏散困难、极易造成人员伤亡和重大经济损失。因此，高层建筑必须依靠建筑物内设置的消防设施进行自救。高层建筑的室内消火栓给水系统应采用独立的消防给水系统。

当高层建筑最低消火栓栓口处的静水压力不大于 1.0 MPa，且系统工作压力不大于 2.4 MPa 时，可采用不分区消防给水方式，此种给水方式整栋大楼采用一个区供水，系统简单、设备少。

当高层建筑最低消火栓栓口处的静水压力大于 1.0 MPa，或系统工作压力大于 2.4 MPa 时，应采用分区给水方式，分区供水形式应根据系统压力、建筑特征，综合技术经济和安全可靠等因素确定，可采用消防水泵并行或串联、减压水箱或减压阀等形式。

2．设置要求

1）室内消火栓的设置

室内消火栓的选型应根据使用者、火灾危险性、火灾类型和不同灭火功能等因素综合确定。其设置应符合下列要求：

（1）应采用 DN65 的室内消火栓，并可与消防软管卷盘或轻便水龙设置在同一箱体内。配置 DN65 有内衬里的消防水带，长度不宜超过 25 m；宜配置喷嘴当量直径 16 mm 或 19 mm 的消防水枪，但当消火栓设计流量为 2.5 L/s 时，宜配置喷嘴当量直径 11 mm 或 13 mm 的消防水枪。

（2）设置室内消火栓的建筑，包括设备层在内的各层均应设置消火栓。因工程的不确定性，设备层是否有可燃物难以判断，另外设备层设置消火栓对扑救建筑物整体火灾有利。

（3）公共建筑屋顶直升机停机坪目的是消防救援，在直升机停机坪出入口处设置消火栓便于火灾时对于火灾扑救自我保护，考虑到安全因素规定距停机坪距离不小于 5 m 是为了使用安全。

（4）消防电梯前室是消防队员进入室内扑救火灾的进攻桥头堡，为方便消防队员向火场发起进攻或开辟通路，消防电梯前室应设置室内消火栓，并应计入消火栓使用数量。

（5）据统计，在火场出 1 支水枪时的灭火控制率为 40%，同时出 2 支水枪时的灭火控制率可达 65%。室内消火栓的布置应满足同一平面有 2 支消防水枪的 2 股充实水柱同时达到任何部位的要求，但建筑高度小于或等于 24 m 且体积小于或等于 5 000 m^3 的多层仓库、建筑高度小于或等于 54 m 且每单元设置一部疏散楼梯的住宅，以及《消防给水及消火栓系统技术规范》（GB 50974—2014）第 3.5.2 条中规定可采用 1 支消防水枪的场所，可采用 1 支消防水枪的 1 股充实水柱到达室内任何部位。

（6）建筑室内消火栓的设置位置应满足火灾扑救要求，并应符合下列规定：

① 室内消火栓应设置在楼梯间及其休息平台和前室、走道等明显易于取用以及便

于火灾扑救的位置。

② 住宅的室内消火栓宜设置在楼梯间及其休息平台。

③ 汽车库内消火栓的设置不应影响汽车的通行和车位的设置，并应确保消火栓正常开启。

④ 同一楼梯间及其附近不同层设置的消火栓，其平面位置宜相同，便于消防队员在火灾时找到。

⑤ 冷库的室内消火栓应设置在常温穿堂或楼梯间内。

（7）建筑室内消火栓栓口的安装高度应便于消防水龙带的连接和使用，其距地面高度宜为 1.1 m；其出水方向应便于消防水带的敷设，并宜与设置消火栓的墙面成 90°角或向下，目的是减小局部水头损失。

（8）设有室内消火栓的建筑应设置带有压力表的试验消火栓，对于多层和高层建筑应在其屋顶设置。严寒、寒冷等冬季结冰地区可设置在顶层出口处或水箱间内等便于操作和防冻的位置；对于单层建筑宜设置在水力最不利处，且应靠近出入口。

（9）室内消火栓宜按直线距离计算其布置间距，对于消火栓按 2 支消防水枪的 2 股充实水柱布置的建筑物，消火栓的布置间距不应大于 30 m；对于消火栓按 1 支消防水枪的 1 股充实水柱布置的建筑物，消火栓的布置间距不应大于 50 m。

（10）建筑高度不大于 27 m 的住宅，当设置消火栓系统时，可采用干式消防竖管。干式消防竖管宜设置在楼梯间休息平台，且仅应配置消火栓栓口，干式消防竖管应设置消防车供水接口，消防车供水接口应设置在首层便于消防车接近和安全的地点，竖管顶端应设置自动排气阀。

（11）住宅户内宜在生活给水管道上预留一个接 DN15 消防软管或轻便水龙的接口。跃层住宅和商业服务网点的室内消火栓应至少满足 1 股充实水柱到达室内任何部位，并宜设置在户门附近。

（12）城市交通隧道室内消火栓系统宜设置独立的消防给水系统；管道内的消防供水压力应保证用水量达到最大时，最低压力不应小于 0.30 MPa，但当消火栓栓口处的出水压力超过 0.70 MPa 时，应设置减压设施；消火栓的间距不应大于 50 m，双向同行车道或单行通行但大于 3 车道时，应双面间隔设置；隧道内允许通行危险化学品的机动车，且隧道长度超过 3 000 m 时，应配置水雾或泡沫消防水枪。

2）室内消火栓栓口压力和消防水枪充实水柱

充实水柱是指由水枪喷嘴起至射流 90% 的水柱水量穿过直径为 380 mm 圆孔处的一段射流长度。

（1）消火栓栓口动压不应大于 0.5 MPa，当大于 0.7 MPa 时，必须设置减压装置。

（2）高层建筑、厂房、库房和室内净空高度超过 8 m 的民用建筑等场所，消火栓栓口动压不应小于 0.35 MPa，且消防水枪充实水柱应达到 13 m；其他场所的消火栓栓口动压不应小于 0.25 MPa，且消防水枪充实水柱应达到 10 m。

3）消火栓的减压

高层建筑的室内消火栓由于高程差别很大，为满足最不利消火栓的压力和流量要求，下部的消火栓必然会超压，需要采取减压措施。传统的解决方案是在消火栓前安装减压阀或减压孔板。减压孔板只能减动压，不能减静压。在既减动压又减静压的场合，可以在消火栓前串联设置减压阀，其优点是消火栓所需压力可以根据要求调节，缺点是价格偏高、安装要求的长度较大。

将减压阀置于室内消火栓内，这类消火栓称为减压稳压消火栓，既可以节省安装位置又可节省投资。该消火栓可以根据管道内压力的变化自动调节泄水孔有效断面，保持出口压力稳定。

4）消防软管卷盘和轻便水龙的设置要求

消防软管卷盘由小口径消火栓、输水缠绕软管、小口径水枪等组成。与室内消火栓相比，消防软管卷盘具有操作简便、机动灵活等优点。

（1）消防软管卷盘应配置内径不小于 19 mm 的消防软管，其长度宜为 30 m，轻便水龙应配置 DN25 有内衬里的消防水带，长度宜为 30 m。消防软管卷盘和轻便水龙应配置当量喷嘴直径为 6 mm 的消防水枪。

（2）消防软管卷盘和轻便水龙的用水量可不计入消防用水总量。

（3）剧院、会堂闷顶内的消防软管卷盘应设在马道入口处，以方便工作人员使用。

项目四　设计参数

一、一般规定

（1）工厂、仓库、堆场、储罐区或民用建筑的室外消防用水量，应按同一时间内的火灾起数（见表 3-4-1）和一起火灾灭火所需室外消防用水量确定。

表 3-4-1　工厂、仓库和民用建筑在同一时间内的火灾起数

名称	占地面积/hm^2	附有居住区人数/万人	同一时间内的火灾起数	备　注
工厂	≤100	≤1.5	1	按需水量最大一座建筑物计算
		>1.5	2	工厂、居住区各一起
	>100	不限	2	按需水量最大的两座建筑物之和计算
仓库及民用建筑	不限	不限	1	按需水量最大一座建筑物计算

（2）一起火灾灭火所需消防用水的设计流量应由建筑的室外消火栓系统、室内消火栓系统、自动喷水灭火系统、泡沫灭火系统、水喷雾灭火系统、固定消防炮灭火系统、固定冷却水系统等需要同时作用的各种水灭火系统的设计流量组成，并应符合下列规定：

① 应按需要同时作用的各种水灭火系统最大设计流量之和确定。

② 两座及以上建筑合用消防给水系统，应按其中一座设计流量最大者确定。

③ 当消防给水与生活、生产给水合用时，合用系统的给水设计流量应为消防给水设计流量与生活、生产用水最大小时流量之和。计算生活用水最大小时流量时，淋浴用水量宜按 15% 计，浇洒及洗刷等火灾时能停用的用水量可不计。

（3）自动喷水灭火系统、泡沫灭火系统、水喷雾灭火系统、固定消防炮灭火系统等水灭火系统的消防给水设计流量，应分别按各自的有关规定执行。

二、消防用水量

消火栓用水总量包括室外消火栓用水量和室内消火栓用水量。

室外消火栓的作用是直接扑灭或控制低层建筑、高层建筑低层部分的火灾和保护低层建筑、高层建筑低层部分及邻近建筑物。

室外消火栓的取水点为消防水池或天然水源，其取水设备有消防车和移动泵。用水设备或器材有水带、水枪、消防云梯车、消防曲臂车的带架水枪或通过水泵接合器向室内消防给水管网供水。水泵接合器全部或部分供给室内消防用水量，以扑灭或控制低层建筑和高层建筑火灾。

室内消火栓的作用是直接扑灭或控制低层建筑、高层建筑和超高层建筑或邻近建筑物的火灾。其用水点、用水设备和器材为室内消火栓、水带、水枪。

消防卷盘用于直接扑灭或控制建筑物初起火灾。

消防用水总量按公式计算：

$$V = V_1 + V_2 \qquad (3\text{-}4\text{-}1)$$

式中 V——建筑消防给水一起火灾灭火用水总量（m^3）；

V_1——室外消防给水一起火灾灭火用水量（m^3）；

V_2——室内消防给水一起火灾灭火用水量（m^3）。

计算消火栓用水总量的目的是确定室外（总体）消防给水管的管径。当计算室内消防给水管网用水量时，不需考虑室外消防用水量。

1. 城镇、居住区室外消防用水量

（1）城镇市政消防给水设计流量，应按同一时间内的火灾起数和一起火灾灭火设计流量经计算确定。同一时间内的火灾起数和一起火灾灭火设计流量不应小于表 3-4-2 的规定。

表 3-4-2　城镇同一时间内的火灾起数和一起火灾灭火设计流量

<table>
<tr><th>人数/万人</th><th>同一时间火灾起数</th><th>一起火灾灭火设计流量/（L/s）</th></tr>
<tr><td>$N \leqslant 1$</td><td rowspan="2">1</td><td>15</td></tr>
<tr><td>$1 < N \leqslant 2.5$</td><td>20</td></tr>
<tr><td>$2.5 < N \leqslant 5$</td><td rowspan="5">2</td><td>30</td></tr>
<tr><td>$5 < N \leqslant 10$</td><td>35</td></tr>
<tr><td>$10 < N \leqslant 20$</td><td>45</td></tr>
<tr><td>$20 < N \leqslant 30$</td><td>60</td></tr>
<tr><td>$30 < N \leqslant 40$</td><td rowspan="2">75</td></tr>
<tr><td>$40 < N \leqslant 50$</td><td rowspan="3">3</td></tr>
<tr><td>$50 < N \leqslant 70$</td><td>90</td></tr>
<tr><td>$N > 70$</td><td>100</td></tr>
</table>

（2）工业园区、商务区、居住区等市政消防给水设计流量，宜根据其规划区域的规模和同一时间的火灾起数，以及规划中的各类建筑室内外同时作用的水灭火系统设计流量之和经分析确定。

2．建筑物室外消火栓设计流量

（1）建筑物室外消火栓设计流量，应根据建筑物的用途、功能、体积、耐火等级、火灾危险性等因素综合分析确定。建筑物室外消火栓设计流量不应小于表 3-4-3 的规定。

表 3-4-3　建筑物室外消火栓设计流量　　单位：L/s

<table>
<tr><th rowspan="2">耐火等级</th><th rowspan="2" colspan="3">建筑物名称及类别</th><th colspan="6">建筑体积</th></tr>
<tr><th>$1\ 500\ m^3 \geqslant$</th><th>$1\ 500\ m^3 < V \leqslant 3\ 000\ m^3$</th><th>$3\ 000\ m^3 < V \leqslant 5\ 000\ m^3$</th><th>$5\ 000\ m^3 < V \leqslant 20\ 000\ m^3$</th><th>$20\ 000\ m^3 < V \leqslant 50\ 000\ m^3$</th><th>$V > 50\ 000\ m^3$</th></tr>
<tr><td rowspan="10">一、二级</td><td rowspan="6">工业建筑</td><td rowspan="3">厂房</td><td>甲、乙</td><td colspan="2">15</td><td>20</td><td>25</td><td>30</td><td>35</td></tr>
<tr><td>丙</td><td colspan="2">15</td><td>20</td><td>25</td><td>30</td><td>40</td></tr>
<tr><td>丁、戊</td><td colspan="5">15</td><td>20</td></tr>
<tr><td rowspan="3">仓库</td><td>甲、乙</td><td colspan="2">15</td><td colspan="2">25</td><td colspan="2">—</td></tr>
<tr><td>丙</td><td colspan="2">15</td><td colspan="2">25</td><td>35</td><td>45</td></tr>
<tr><td>丁、戊</td><td colspan="5">15</td><td>20</td></tr>
<tr><td rowspan="3">民用建筑</td><td colspan="2">住宅</td><td colspan="6">15</td></tr>
<tr><td rowspan="2">公共建筑</td><td>单层及多层</td><td colspan="3">15</td><td>25</td><td>30</td><td>40</td></tr>
<tr><td>高层</td><td colspan="3">—</td><td>25</td><td>30</td><td>40</td></tr>
<tr><td colspan="3">地下建筑（包括地铁）、平战结合的人防工程</td><td colspan="3">15</td><td>20</td><td>25</td><td>30</td></tr>
</table>

续表

<table>
<tr><th rowspan="2">耐火等级</th><th rowspan="2" colspan="2">建筑物名称及类别</th><th colspan="6">建筑体积</th></tr>
<tr><th>1 500 m^3 ≥</th><th>1 500 m^3 <V≤ 3 000 m^3</th><th>3 000 m^3 <V≤ 5 000 m^3</th><th>5 000 m^3 <V≤ 20 000 m^3</th><th>20 000 m^3 <V≤ 50 000 m^3</th><th>V>50 000 m^3</th></tr>
<tr><td rowspan="3">三级</td><td rowspan="2">工业建筑</td><td>乙、丙</td><td>15</td><td>20</td><td>30</td><td>40</td><td>45</td><td>—</td></tr>
<tr><td>丁、戊</td><td colspan="3">15</td><td>20</td><td>25</td><td>35</td></tr>
<tr><td colspan="2">单层及多层民用建筑</td><td colspan="2">15</td><td>20</td><td>25</td><td>30</td><td>—</td></tr>
<tr><td rowspan="2">四级</td><td colspan="2">丁、戊类工业建筑</td><td colspan="2">15</td><td>20</td><td>25</td><td colspan="2">—</td></tr>
<tr><td colspan="2">单层及多层民用建筑</td><td colspan="2">15</td><td>20</td><td>25</td><td colspan="2">—</td></tr>
</table>

关于该表的注释：

① 成组布置的建筑物应按消火栓设计流量较大的相邻两座建筑物的体积之和确定。

② 火车站、码头和机场的中转库房，其室外消火栓设计流量应按相应耐火等级的丙类物品库房确定。

③ 国家级文物保护单位的重点砖木、木结构的建筑物室外消火栓设计流量，按三级耐火等级民用建筑物消火栓设计流量确定。

④ 当单座建筑的总建筑面积大于 500 000 m^2 时，建筑物室外消火栓设计流量应按本表规定的最大值增加 1 倍。

⑤ 宿舍、公寓等非住宅类居住建筑的室外消火栓设计流量应按本表中的公共建筑确定。

（2）城市交通隧道洞口外室外消火栓设计流量不应小于表 3-4-4 的规定。

表 3-4-4 城市交通隧道洞口外室外消火栓设计流量

<table>
<tr><th>用 途</th><th>类 别</th><th>长度/m</th><th>室外消火栓设计流量/（L/s）</th></tr>
<tr><td rowspan="2">可通行危险化学品等机动车</td><td>一、二</td><td>L>500</td><td>30</td></tr>
<tr><td>三</td><td>L≤500</td><td>20</td></tr>
<tr><td rowspan="2">仅限通行非危险化学品等机动车</td><td>一、二</td><td>L≥1 000</td><td>30</td></tr>
<tr><td>三</td><td>L<1 000</td><td>20</td></tr>
</table>

3．建筑物室内消火栓设计流量

（1）建筑物室内消火栓设计流量，应根据建筑物的用途、功能、体积、高度、耐火等级、火灾危险性等因素综合确定。建筑物室内消火栓设计流量不应小于表 3-4-5 的规定。

表 3-4-5　建筑物室内消火栓设计流量

建筑物名称			高度 H/m、层数、体积 V/m^3、座位数 n/个、火灾危险性			消火栓设计流量 / (L/s)	同时使用消防水枪数/支	每根竖管最小流量 / (L/s)
工业建筑	厂房		$H\leqslant 24$	甲、乙、丁、戊		10	2	10
				丙	$V\leqslant 5\ 000$	10	2	10
					$V>5\ 000$	20	4	15
			$24<H\leqslant 50$	乙、丁、戊		25	5	15
				丙		30	6	15
			$H>50$	乙、丁、戊		30	6	15
				丙		40	8	15
	仓库		$H\leqslant 24$	甲、乙、丁、戊		10	2	10
				丙	$V\leqslant 5\ 000$	15	3	15
					$V>5\ 000$	25	5	15
			$H>24$	丁、戊		30	6	15
				丙		40	8	15
民用建筑	单层及多层	旅馆	$5\ 000<V\leqslant 10\ 000$			10	2	10
			$10\ 000<V\leqslant 25\ 000$			15	3	10
			$V>25\ 000$			20	4	15
		商店、图书馆、档案馆等	$5\ 000<V\leqslant 10\ 000$			15	3	10
			$10\ 000<V\leqslant 25\ 000$			25	5	15
			$V>25\ 000$			40	8	8
		病房楼、门诊楼	$5\ 000<V\leqslant 25\ 000$			10	2	10
			$V>25\ 000$			15	3	10
		办公楼、教学楼、公寓、宿舍等其他建筑	$H>15$ 或 $V>10\ 000$			15	3	10
		住宅	$21<H\leqslant 27$			5	2	5
	高层	住宅	$27<H\leqslant 54$			10	2	10
			$H>54$			20	4	10
		二类公共建筑	$H\leqslant 50$			20	4	10
		一类公共建筑	$H\leqslant 50$			30	6	15
			$H>50$			40	8	15
地下建筑			$V\leqslant 5\ 000$			10	2	10
			$5\ 000<V\leqslant 10\ 000$			20	4	15
			$10\ 000<V\leqslant 25\ 000$			30	6	15
			$V>25\ 000$			40	8	20

关于该表的注释：

① 丁、戊类高层厂房（仓库）室内消火栓的设计流量可按本表减少 10 L/s，同时使用消防水枪数量可按本表减少 2 支。

② 消防软管卷盘、轻便消防水龙及多层住宅楼梯间中的干式消防竖管，其消火栓设计流量可不计入室内消防给水设计流量。

③ 当一座多层建筑有多种使用功能时，室内消火栓设计流量应分别按本表中不同功能计算，且应取最大值。

④ 当建筑物室内设有自动喷水灭火系统、水喷雾灭火系统、泡沫灭火系统或固定消防炮灭火系统等一种或两种以上自动水灭火系统全保护时，当高层建筑高度不超过 50 m 且室内消火栓设计流量超过 20 L/s 时，其室内消火栓设计流量可按本表减少 5 L/s，多层建筑室内消火栓设计流量可减少 50%，但不应小于 10 L/s。

⑤ 宿舍、公寓等非住宅类居住建筑的室内消火栓设计流量，当为多层建筑时，应按本表中的宿舍、公寓确定；当为高层建筑时，应按本表中的公共建筑确定。

（2）城市交通隧道内室内消火栓。

由于我国城市化进程的不断发展，城市交通建设的规模和数量不断地扩大；在一些大中型城市的建设过程中，城市交通隧道的建设日益增加。目前我国的公路隧道数量和里程数位居世界第一。数量多、里程长的交通隧道虽然能给人民群众带来极大的便利，但是作为其主要灾害的火灾也屡见不鲜。隧道火灾一旦发生，由于其封闭式结构特性，隧道内人员与车辆疏散困难，往往会造成严重的人员伤亡和巨大的社会影响；封闭性还会造成隧道内温度急升，也会损坏其承重结构。因此，城市隧道火灾的预防和初期火灾的扑救是非常重要的。

城市交通隧道按其封闭段长度和交通情况分为一、二、三、四类，第四类仅限人行或非机动车通行。城市交通隧道内室内消火栓设计流量不应小于表 3-4-6 的规定。

表 3-4-6　城市交通隧道内室内消火栓设计流量

用　途	类　别	长度/m	室内消火栓设计流量/（L/s）
可通行危险化学品等	一、二	$L>500$	20
机动车	三	$L\leqslant 500$	10
仅限通行非危险化学品等	一、二	$L\geqslant 1\,000$	20
机动车	三	$L<1\,000$	10

项目五　消防水池的容积计算

一、相关概念

（1）消防用水量：区别于计算消防水池容积，该用水量不管任何情况下，都是包括室内和室外用水量之和。

（2）消防水池容积：可能是室内加室外用水量之和，也可能是只算室内消防用水量，还可能是减去补水量，具体情况要根据建筑物实际情况判断。

（3）室外消防用水量：一般就是指室外消火栓用水量，当然对于罐区还有可能包括一些室外冷却用水量。

（4）室内消防用水量：包括消火栓、自动灭火系统和水幕或冷却分隔之和。

（5）火灾延续时间：根据不同建筑分 3 h 和 2 h，冷却的还有 4 h 和 6 h，自喷 1 h 居多。

（6）成组布置：仅针对于室外消火栓的流量选取，成组布置的建筑物应按消火栓设计流量较大的相邻两座建筑物的体积之和确定。

（7）折减情况：指的都是室内消火栓的折减，但是在设计时慎用折减。

（8）消防设施用水量同类取最大，不同类相加：比如室内有湿式，干式，预作用、水喷雾灭火，自动消防水炮灭火等多种自动灭火系统，那么取三者最大，如果有自动喷水灭火系统、消火栓灭火系统、水幕或冷却分隔三种不同类型的，就是相加。

（9）当一栋建筑室内有多个防护对象或防护区时，需要以各防护对象或防护区为单位分别计算消防用水量，取其中的最大者为建筑物的室内消防用水量。注意这不等同于室内不同防护对象或防护区的消火栓最大用水量、自动灭火最大用水量、防火分隔或冷却最大用水量的叠加。

（10）补水情况：两路环状可以减去补水，其他不能减去补水。补水时间按照最大的火灾延续时间。

（11）系数 3.6 的由来：单位 L/s 转换成 m^3/h。

二、计算举例

（1）一幢 34 m 高层写字楼，室内消火栓流量根据规范设计确定，室内自动喷水设计流量为 30 L/s，求室内消防用水量为多少。

① 该建筑为二类高层公共建筑，消火栓延续时间 2 h，自喷延续时间 1 h。

② 室内消火栓流量查表 3-4-5 为 20 L/s。

③ 室内自动喷水流量已知，为 30 L/s。

④ 室内消防用水量 = $20\times2\times3.6 + 30\times1\times3.6 = 252$（$m^3$）。

（2）一幢 54 m 高层写字楼，室外消火栓设计流量为 40 L/s 且室外消火栓由市政管网供给，室内消火栓流量根据规范设计确定，室内自喷设计流量为 30 L/s，求该建筑消防用水量及消防水池容积。

① 该建筑为一类高层公共建筑，消火栓延续时间 2 h，自喷延续时间 1 h。

② 室内消火栓查表 3-4-5 为 40 L/s。

③ 室内自动喷水流量已知，为 30 L/s。

④ 由题已知室外消火栓设计流量为 40 L/s 且室外消火栓由市政管网供给。

⑤ 消防用水量 = $40\times2\times3.6 + 40\times2\times3.6 + 30\times1\times3.6 = 684$（$m^3$）。

⑥ 消防水池容积 $=40\times2\times3.6+30\times1\times3.6=396$（$m^3$）。

（3）一个工业园区内布置了 4 栋建筑，各项消防设计参数如表 3-5-1 所示。

表 3-5-1　4 栋建筑设计参数

建筑类型	室外消火栓设计流量	室内消火栓设计流量	室内自喷设计流量
造纸仓库（高度 6 m，货架 4 m）	40 L/s	30 L/s	35 L/s
辅助办公楼 15 m	20 L/s	30 L/s	25 L/s
造纸厂房	40 L/s	25 L/s	30 L/s
辅助汽车库	40 L/s	35 L/s	30 L/s

该建筑不考虑补水，有一套水泵房系统给 4 栋建筑供水，计算消防水池容积。

① 对于造纸仓库，丙类，消火栓延续时间 3 h，货架大于 3.5 m 高度，自喷延续时间 2 h，则用水量 $V_1=40\times3\times3.6+30\times3\times3.6+35\times2\times3.6=1\,008$（$m^3$）。

② 对于辅助办公楼，消火栓延续时间 2 h，自喷延续时间 1 h，则用水量 $V_2=20\times2\times3.6+30\times2\times3.6+25\times1\times3.6=450$（$m^3$）。

③ 对于造纸厂房，消火栓延续时间 3 h，自喷延续时间 1 h，则用水量 $V_3=40\times3\times3.6+25\times3\times3.6+30\times1\times3.6=810$（$m^3$）。

④ 对于汽车库，消火栓延续时间 2 h，自喷延续时间 1 h，则用水量 $V_4=40\times2\times3.6+35\times2\times3.6+30\times1\times3.6=648$（$m^3$）。

⑤ 多建筑共用一套消防水系统，其用水量取的是消防用水量最大的建筑各消防设施用水之和。则 4 幢建筑中，造纸仓库的消防用水量最大，则该工业园区的消防水池容积为 1 008 m^3。

（4）一幢 67 m 的住宅，仅设室内消火栓系统，流量根据规范选取，消防水池仅储存室内用水量，两路连续补水，每路均为 50 m^3/h，计算消防水池的容积。

① 住宅消火栓延续时间为 2 h，一类高层住宅室内消火栓设计流量 20 L/s。

② 由题已知有两路且连续补水，每路均为 50 m^3/h。

③ 消防水池容积 $=20\times2\times3.6-50\times2=44$（$m^3$）。

④ 考虑到仅设室内消火栓，不设自喷，消防水池容积不能小于 50 m^3。

⑤ 所以消防水池容积为 50 m^3。

思考题

1. 寒冷、严寒地区的室外消火栓应如何设置？
2. 低层建筑室内消火栓的给水有哪几种类型？
3. 消防水池储水容积的计算，主要由哪几项构成？

模块三 课件与微课

模块四 自动喷水灭火系统

● **教学目标**

知识目标：1. 掌握自动喷水灭火系统的分类及适用范围。

2. 重点掌握湿式、干式、预作用自动喷水灭火系统的组成及工作原理。

3. 掌握自动喷水灭火系统中主要组件及设置要求。

能力目标：1. 能够根据温度和建筑具体性质选用自动喷水灭火系统。

2. 能利用专业书籍、图纸资料获得帮助信息。

素质目标：1. 能够在团队活动与社会交往中培养与人交往和与人合作的精神。

2. 培养学生的精益求精、坚持不懈、抗挫败的素质。

● **思政目标**

作为消防行业的工作者，切身感受到自己肩头重担，体会到自己强则国家安的过程。以保卫人民群众的生命、财产安全为己任，努力学好知识，做最美的逆行者。

案例导入

自动喷水灭火系统是目前应用最广的系统，是扑灭初期火灾的利器，是守护人民生命财产安全的门神。该系统可以在无人值守的情况下感知火灾，扑救初期火灾。自从它被发明的那天起，就挽救了无数人的生命。

2020 年 7 月，某市一商场发生火灾，由于自动喷水灭火系统未启动造成了火势的迅速蔓延。事故造成了 2 人死亡，直接经济损失达 560 万元人民币。

经调查，起火原因是商场内的弱电间由于平时未上锁，拾荒者将废旧包装纸盒集中在弱电间，线路短路引燃纸盒导致。

那么初期火灾发生后应立即启动自动喷水灭火系统进行灭火，但是未启动。其原因是商场在一周前邀请维保单位对不小心撞坏的洒水喷头进行更换，维保单位在关闭该层的闸阀后，进行更换作业，但完成后并未及时打开该层闸阀，从而导致喷头被烧破后管道内无水的情况。

该问题也有该建筑消防设施管理者的责任。每层自动喷水灭火管道应采用信号阀，其开闭状态能在消防控制室显示，不能采用普通的闸阀。日常的消防检查、巡查人员玩忽职守，没有指出存在的问题，也没有督促整改，将检查、巡查视为走走过场，没有将责任重于泰山、生命重于一切放在心上，从而导致悲剧一再上演。

因此，维护保养好自动喷水灭火系统是每个消防设施管理者的重要职责。

在本模块中，介绍了自动喷水灭火系统的组成及工作原理，主要参数及设置要求。

项目一　系统概述

一、自动喷水灭火系统的概念及分类

自动喷水灭火系统是由洒水喷头、报警阀组、水流报警装置（水流指示器或压力开关）等组件，以及管道、供水设施等组成，能在发生火灾时喷水的自动灭火系统。

自动喷水灭火系统根据所使用喷头的型式，可分为闭式自动喷水灭火系统和开式自动喷水灭火系统两大类；根据系统的用途和配置状况，自动喷水灭火系统又分为湿式系统、干式系统、预作用系统、防护冷却系统、雨淋系统、水幕系统（防火分隔水幕和防护冷却水幕系统）、自动喷水-泡沫联用系统等。自动喷水灭火系统的分类如图 4-1-1 所示。

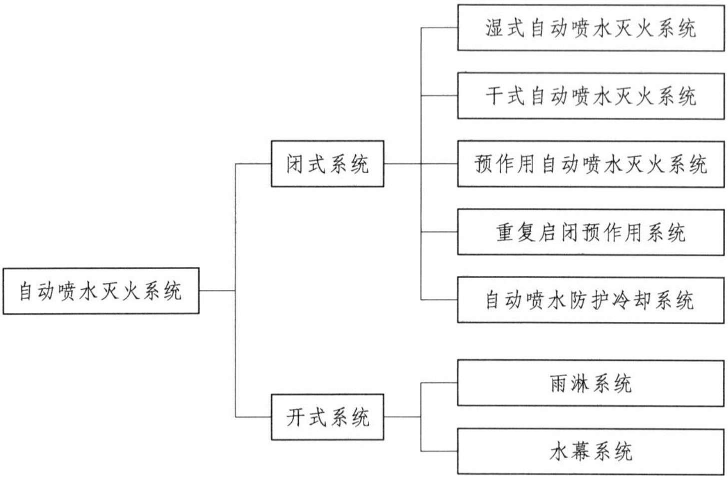

图 4-1-1　自动喷水灭火系统的分类

自动喷水灭火系统的设计准则：

（1）自动喷水灭火系统的设计，应密切结合保护对象的功能和火灾特点，积极采用新技术、新设备、新材料，做到安全可靠、技术先进、经济合理。

（2）设计采用的系统组件，必须符合国家现行的相关标准，并应符合消防产品市场准入制度的要求。

（3）当设置自动喷水灭火系统的建筑或建筑内场所变更用途时，应校核原有系统的适用性。当不适用时，应按规范重新设计。

（4）自动喷水灭火系统的设计，除应符合《自动喷水灭火系统设计规范》（GB 50084—2017）的规定外，尚应符合国家现行有关标准的规定

二、术　语

（1）闭式系统：采用闭式洒水喷头的自动喷水灭火系统。

（2）开式系统：采用开式洒水喷头的自动喷水灭火系统。

（3）湿式系统：准工作状态时配水管道内充满用于启动系统的有压水的闭式系统。

（4）干式系统：准工作状态时配水管道内充满用于启动系统的有压气体的闭式系统。

（5）预作用系统：准工作状态时配水管道内不充水，发生火灾时由火灾自动报警系统、充气管道上的压力开关联锁控制预作用装置和启动消防水泵，向配水管道供水的闭式系统。

（6）重复启闭预作用系统：能在扑灭火灾后自动关阀、复燃时再次开阀喷水的预作用系统。重复启闭预作用系统与常规预作用系统的不同之处，在于其采用了一种特殊的感温探测器。当其感应到环境温度超出预定值时，报警并启动消防水泵和打开具有复位功能的雨淋报警阀，为配水管道充水，并在喷头动作后喷水灭火。喷水过程中，当火场温度恢复至常温时，探测器发出关停系统的信号，在按设定条件延迟喷水一段时间后，关闭雨淋报警阀停止喷水。若火灾复燃、温度再次升高时，系统则再次启动，直至彻底灭火。

（7）雨淋系统：由开式洒水喷头、雨淋报警阀组等组成，发生火灾时由火灾自动报警系统或传动管控制，自动开启雨淋报警阀组和启动消防水泵，用于灭火的开式系统。

（8）水幕系统：由开式洒水喷头或水幕喷头、雨淋报警阀组或感温雨淋报警阀等组成，用于防火分隔或防护冷却的开式系统。

（9）防火分隔水幕：由开式洒水喷头或水幕喷头、雨淋报警阀组或感温雨淋报警阀等组成，发生火灾时密集喷洒形成水墙或水帘的水幕系统。

（10）防护冷却水幕：由水幕喷头、雨淋报警阀组或感温雨淋报警阀等组成，发生火灾时用于冷却防火卷帘、防火玻璃墙等防火分隔设施的水幕系统。

（11）防护冷却系统：由闭式洒水喷头、湿式报警阀组等组成，发生火灾时用于冷却防火卷帘、防火玻璃墙等防火分隔设施的闭式系统。该系统在系统组成上与湿式系统基本一致，但其主要与防火卷帘、防火玻璃墙等防火分隔设施配合使用，通过对防

火分隔设施的防护冷却，起到防火分隔功能。

（12）作用面积：一次火灾中系统按喷水强度保护的最大面积。

（13）响应时间指数：闭式洒水喷头的热敏性能指标。（RTI）

（14）快速响应洒水喷头：响应时间指数 RTI≤50（m·s）$^{0.5}$ 的闭式洒水喷头。

（15）特殊响应洒水喷头：响应时间指数 50（m·s）$^{0.5}$ < RTI≤80（m·s）$^{0.5}$ 的闭式洒水喷头。

（16）标准响应洒水喷头：响应时间指数 80（m·s）$^{0.5}$ < RTI≤350（m·s）$^{0.5}$ 的闭式洒水喷头。

（17）一只喷头的保护面积：同一根配水支管上相邻洒水喷头的距离与相邻配水支管之间距离的乘积。

（18）标准覆盖面积洒水喷头：流量系数 K≥80，一只喷头的最大保护面积不超过 20 m^2 的直立型、下垂型洒水喷头及一只喷头的最大保护面积不超过 18 m^2 的边墙型洒水喷头。

（19）扩大覆盖面积洒水喷头：流量系数 K≥80，一只喷头的最大保护面积大于标准覆盖面积洒水喷头的保护面积，且不超过 36 m^2 的洒水喷头，包括直立型、下垂型和边墙型扩大覆盖面积洒水喷头。

（20）标准流量洒水喷头：流量系数 K = 80 的标准覆盖面积洒水喷头。

（21）早期抑制快速响应喷头（ESFR）：流量系数 K≥161，响应时间指数 RTI≤（28 ± 8）（m·s）$^{0.5}$，用于保护堆垛与高架仓库的标准覆盖面积洒水喷头。

（22）特殊应用喷头：流量系数 K≥161，具有较大水滴粒径，在通过标准试验验证后，可用于民用建筑和厂房高大空间场所以及仓库的标准覆盖面积洒水喷头，包括非仓库型特殊应用喷头和仓库型特殊应用喷头。该喷头的考核指标主要有：特定的灭火试验、喷头的洒水分布性能试验以及喷头的热敏感性能试验等。

非仓库型特殊应用喷头用于民用建筑和厂房高大空间场所，国内外的试验研究表明，在民用建筑和厂房高大空间场所内设置合理的自动喷水灭火系统，能提供可靠、有效的保护，但并非所有喷头均适用于此类场所，只有在给定的火灾试验模型下能够有效控、灭火的喷头才能应用。试验表明，适用于该类场所的喷头应具有流量系数大和工作压力低等特点，且喷洒的水滴粒径较大。

仓库型特殊应用喷头是用于高堆垛或高货架仓库的大流量特种洒水喷头，与 ESFR 喷头相比，其以控制火灾蔓延为目的，喷头最低工作压力较 ESFR 喷头低，且障碍物对喷头洒水的影响较小。

（23）家用喷头：适用于住宅建筑和非住宅类居住建筑的一种快速响应洒水喷头。其作用是在火灾初期迅速启动喷洒，降低起火部位周围的火场温度及烟密度，并控制居所内火灾的扩大及蔓延。与其他类型喷头相比，家用喷头更有利于保护人员疏散。美国消防协会标准《自动喷水灭火系统安装标准》（NFPA 13）规定，家用喷头可用于住宅单元及相邻的走道内，并规定住宅单元除普通住宅外，还包括宾馆客房、宿舍、用于寄宿和出租的房间、护理房（供需要有人照顾的体弱人员居住，有医疗设施）及类似的居住单元等。并且规定，家用喷头具有 3 个特征：① 适用于居住场所；② 用于保护人员逃生；③ 具有快速响应功能。

三、设置场所

《建筑设计防火规范》（GB 50016—2014）对生产建筑，仓储建筑，单层、多层民用建筑，高层民用建筑是否设置自动喷水灭火系统做了规定。

（1）除规范另有规定和不宜用水保护或灭火的场所外，下列厂房或生产部位应设置自动灭火系统，并宜采用自动喷水灭火系统：

① 不小于 50 000 纱锭的棉纺厂的开包、清花车间，不小于 5 000 锭的麻纺厂的分级、梳麻车间，火柴厂的烤梗、筛选部位。

② 占地面积大于 1 500 m^2 或总建筑面积大于 3 000 m^2 的单、多层制鞋、制衣、玩具及电子等类似生产的厂房。

③ 占地面积大于 1 500 m^2 的木器厂房。

④ 泡沫塑料厂的预发、成型、切片、压花部位。

⑤ 高层乙、丙类厂房。

⑥ 建筑面积大于 500 m^2 的地下或半地下丙类厂房。

（2）除规范另有规定和不宜用水保护或灭火的仓库外，下列仓库应设置自动灭火系统，并宜采用自动喷水灭火系统：

① 每座占地面积大于 1 000 m^2 的棉、毛、丝、麻、化纤、毛皮及其制品的仓库（注：单层占地面积≤2 000 m^2 的棉花库房，可不设自动喷水灭火系统）。

② 每座占地面积大于 600 m^2 的火柴仓库。

③ 邮政建筑内建筑面积大于 500 m^2 的空邮袋库。

④ 可燃、难燃物品的高架仓库和高层仓库。

⑤ 设计温度高于 0 °C 的高架冷库，设计温度高于 0 °C 且每个防火分区建筑面积大于 1 500 m^2 的非高架冷库。

⑥ 总建筑面积大于 500 m^2 的可燃物品地下仓库。

⑦ 每座占地面积大于 1 500 m^2 或总建筑面积大于 3 000 m^2 的其他单层或多层丙类物品仓库。

（3）除规范另有规定和不宜用水保护或灭火的场所外，下列高层民用建筑或场所应设置自动灭火系统，并宜采用自动喷水灭火系统：

① 一类高层公共建筑（除游泳池、溜冰场外）及其地下、半地下室。

② 二类高层公共建筑及其地下、半地下室的公共活动用房、走道、办公室和旅馆的客房、可燃物品库房、自动扶梯底部。

③ 高层民用建筑内的歌舞娱乐放映游艺场所。

④ 建筑高度大于 100m 的住宅建筑。

（4）除规范另有规定和不适用水保护或灭火的场所外，下列单、多层民用建筑或场所应设置自动灭火系统，并宜采用自动喷水灭火系统：

① 特等、甲等剧场，超过 1 500 个座位的其他等级的剧场，超过 2 000 个座位的会堂或礼堂，超过 3 000 个座位的体育馆，超过 5 000 人的体育场的室内人员休息室与器材间等。

② 任一层建筑面积大于 1 500 m^2 或总建筑面积大于 3 000 m^2 的展览、商店、餐饮和旅馆建筑以及医院中同样建筑规模的病房楼、门诊楼和手术部。

③ 设置送回风道（管）的集中空气调节系统且总建筑面积大于 3 000 m^2 的办公建筑等。

④ 藏书量超过 50 万册的图书馆。

⑤ 大、中型幼儿园，老年人照料设施。

⑥ 总建筑面积大于 500 m^2 的地下或半地下商店。

⑦ 设置在地下或半地下或地上四层及以上楼层的歌舞娱乐放映游艺场所(除游泳场所外)，设置在首层、二层和三层且任一层建筑面积大于 300 m^2 的地上歌舞娱乐放映游艺场所（除游泳场所外）。

（5）我国现行的《自动喷水灭火系统设计规范》（GB 50084—2017）规定自动喷水灭火系统不适用于存在较多下列物品的场所：

① 遇水发生爆炸或加速燃烧的物品。

② 遇水发生剧烈化学反应或产生有毒有害物质的物品。

③ 洒水将导致喷溅或沸溢的液体。

（6）根据现行的《汽车库、修车库、停车场设计防火规范》，除敞开式汽车库、屋面停车场外，下列汽车库、修车库应设置自动喷水灭火系统：

① Ⅰ、Ⅱ、Ⅲ类地上汽车库。

② 停车数量大于 10 辆的地下、半地下汽车库。

③ 机械式汽车库。

④ 采用汽车专用升降机作为汽车疏散出口的汽车库。

⑤ Ⅰ类修车库。

项目二　系统组成与工作原理

一、湿式自动喷水灭火系统

1. 系统组成

湿式自动喷水灭火系统（以下简称湿式系统）由闭式喷头、湿式报警阀组、水流报警装置（水流指示器、流量开关、压力开关）、末端试水装置、供水与配水管道以及供水设施等组成，在准工作状态时，配水管道内充满用于启动系统的有压水。在已安装的自动喷水灭火系统中用量最多的是湿式系统。湿式系统的组成如图 4-2-1 所示，部件表如表 4-2-1 所示。

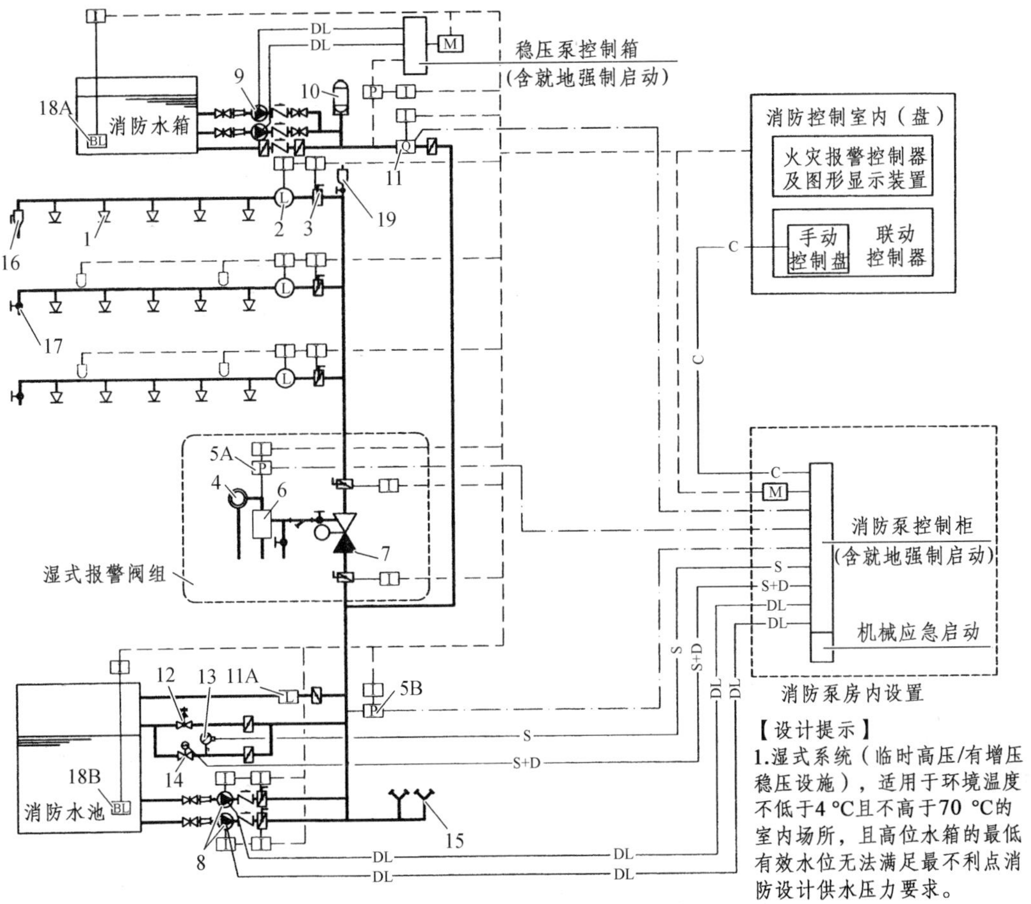

图 4-2-1　湿式系统示意图

表 4-2-1　湿式系统部件表

编号	名　称	用　途	备　注
1	闭式喷头	感知火灾，出水灭火	—
2	水流指示器	输出电信号，指示火灾区域	—
3	信号阀	供水控制阀，阀门关闭时输出电信号	—
4	水力警铃	发出音响报警信号	—
5A	压力开关	根据压力变化输出电信号（报警、启动消防泵）	报警阀组处
5B	压力开关	根据压力变化输出电信号（报警、启动消防泵）	消防泵出水干管处
6	延迟器	克服水压波动引起的误报警	—

续表

编号	名　称	用　途	备　注
7	湿式报警阀	系统控制阀，输出报警水流	—
8	消防泵	提供消防压力水	—
9	消防稳压泵	提供最不利点处喷头足够的静水压力	—
10	消防气压罐	缓冲压力波动及部分给水，避免稳压泵频繁启动	—
11	流量开关	根据流量变化输出电信号（报警、启动消防泵）（流量≥1个喷头流量+系统泄露量时启泵）	水箱间或气压罐出水干管处
11A	流量检测装置	测试消防泵输出流量（管径应根据流速≤5 m/s 情况下满足消防水量选择）	—
12	持压泄压阀	根据系统的工作压力能自动启闭，保护系统安全	12 与 13+14 均为持压泄压作用，可仅设 1 组
13	电接电压力表	根据压力变化输出电信号	
14	电动超压泄水阀	根据 13（电接点压力表）输出的电信号控制阀门启动并对其进行调节	
15	水泵接合器	接入消防车供水	—
16	末端试水装置（含压力表）	试验末端水压、分区放水及模拟喷头喷水测试系统联动功能	—
17	试水阀	分区放水及模拟喷头喷水测试系统联动功能	—
18A	液位传感器	根据液位高度，输出电信号	高位水箱
18B	液位传感器	根据液位高度，输出电信号	消防水池
19	自动排气阀	系统排气	—

2．工作原理

系统平时由消防水箱、稳压泵或气压给水设备等稳压设施维持管道内水的压力。发生火灾时，在火灾温度的作用下，闭式喷头的热敏元件动作，喷头开启并开始喷水。此时，管网中的水由静止变为流动，水流指示器动作送出电信号，在火灾报警控制器上显示某一区域喷水的信息。由于持续喷水泄压造成湿式报警阀的上部水压低于下部水压，在压力差的作用下，原来处于关闭状态的湿式报警阀自动开启。此时，压力水通过湿式报警阀流向管网，同时打开通向水力警铃的通道，延迟器充满水后，水力警铃发出声响警报，报警阀压力开关、高位消防水箱流量开关或系统管网压力开关动作并输出信号直接启动消防水泵。消防水泵投入运行后，完成系统的启动过程。湿式系统的工作原理如图 4-2-2 所示。

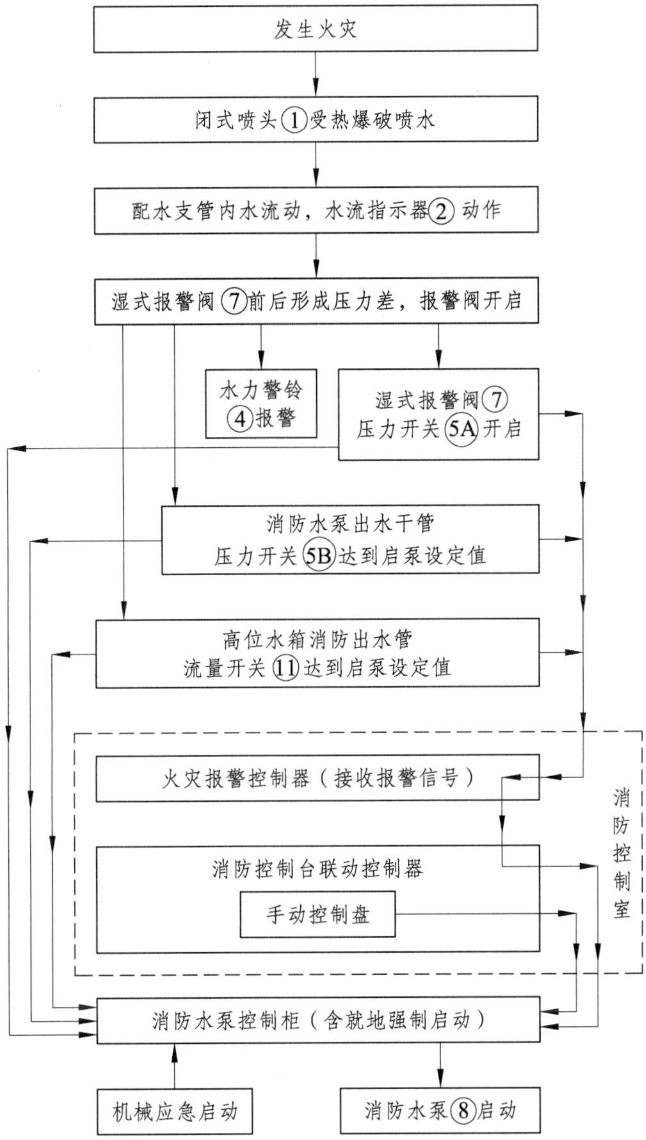

图 4-2-2　湿式系统控制原理图

3．适用范围

湿式系统是应用最为广泛的自动喷水灭火系统之一，适用于环境温度不低于 4 °C 且不高于 70 °C 的场所。绝大多数的常温场所采用此类系统，在温度低于 4 °C 的场所使用湿式系统，存在系统管道和组件内充水冰冻的危险；在温度高于 70 °C 的场所使用湿式系统，存在系统管道和组件内充水蒸汽压力升高而破坏管道的危险。

二、干式自动喷水灭火系统

1. 系统组成

干式自动喷水灭火系统（以下简称干式系统）由闭式喷头、干式报警阀组、水流报警装置（水流指示器、流量开关、压力开关）、末端试水装置、供水与配水管道、充气设备以及供水设施等组成，在准工作状态时，配水管道内充满用于启动系统的有压气体，因此使用场所不受环境温度的限制。干式系统的启动原理与湿式系统相似，只是将传输喷头开放信号的介质由有压水改为有压气体。与湿式系统的区别在于，干式系统采用干式报警阀组，并设置保持配水管道内气压的充气设施。该系统适用于有冰冻危险或环境温度有可能超过 70 °C、使管道内的充水汽化升压的场所。干式系统的缺点是发生火灾时，配水管道必须经过排气充水过程，因此延迟了开始喷水的时间，对于可能发生蔓延速度较快火灾的场所，不适合采用此种系统。干式系统的组成如图 4-2-3 所示，部件表如表 4-2-2 所示。

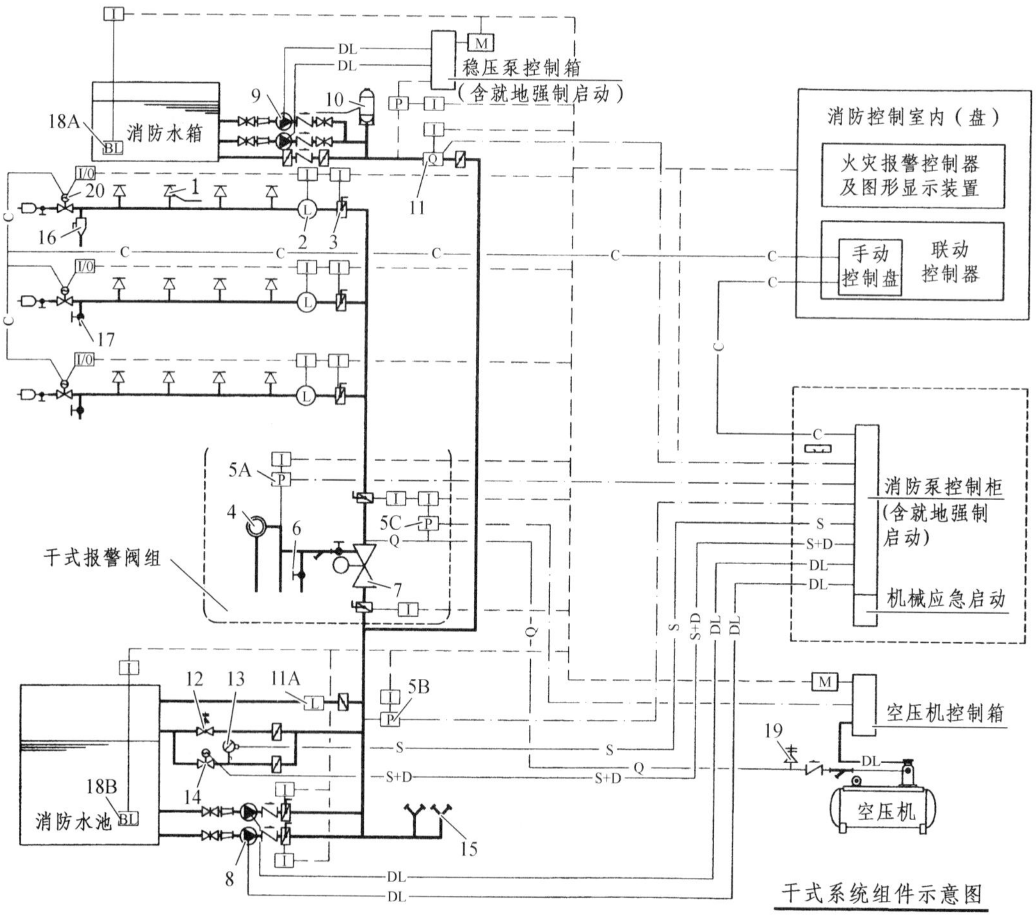

图 4-2-3 干式系统示意图

表 4-2-2　干式系统部件表

编号	名　称	用　途	备　注
1	闭式喷头	感知火灾，出水灭火	—
2	水流指示器	输出电信号，指示火灾区域	—
3	信号阀	供水控制阀，阀门关闭时输出电信号	—
4	水力警铃	发出音响报警信号	—
5A	压力开关	根据压力变化输出电信号（报警、启动消防泵）	报警阀组处
5B	压力开关	根据压力变化输出电信号（报警、启动消防泵）	消防泵出水干管处
5C	压力开关	根据压力变化输出电信号（启闭空压机）	有压气体管道上
6	试验阀门	测试报警阀功能	—
7	干式报警阀	系统控制阀，输出报警水流	—
8	消防泵	提供消防压力水	—
9	消防稳压泵	提供最不利点处喷头足够的静水压力	—
10	消防气压罐	缓冲压力波动及部分给水，避免稳压泵频繁启动	—
11	流量开关	根据流量变化输出电信号（报警、启动消防泵）（流量≥1 个喷头流量+系统泄露量时启泵）	水箱间出水干管处
11A	流量检测装置	测试消防泵输出流量（管径应根据流速≤5m/s 情况下满足消防水量选择）	—
12	持压泄压阀	根据系统的工作压力能自动启闭，保护系统安全	12 与 13+14 均为持压泄压作用，可仅设 1 组
13	电接点压力表	根据压力变化输出电信号	
14	电动超压泄水阀	根据 13（电接点压力表）输出的电信号控制阀门启动并对其进行调节	
15	水泵接合器	接入消防车供水	—
16	末端试水装置（含压力表）	试验末端水压、分区放水及模拟喷头喷水测试系统联动功能	—
17	试水阀	分区放水及模拟喷头喷水测试系统联动功能	—
18A	液位传感器	根据液位高度，输出电信号	高位水箱
18B	液位传感器	根据液位高度，输出电信号	消防水池
19	安全阀	超压泄压	—
20	电动阀	启动消防水泵时同时开启	快速排气阀前

2．工作原理

干式系统在准工作状态时，由消防水箱或稳压泵、气压给水设备等稳压设施维持干式报警阀入口前管道内的充水压力。干式报警阀前（水源侧）的管道内充有压力水，干式报警阀后（系统侧）的管道内充有压气体，报警阀处于关闭状态。发生火灾时，闭式喷头受热动作，喷头开启，管道中的有压气体从喷头喷出，干式报警阀系统侧压力下降，造成干式报警阀水源侧压力大于系统侧压力，干式报警阀被动打开，压力水进入供水管道，将剩余压缩空气从系统立管顶端或横干管最高处的快速排气阀和已打开的喷头处喷出，然后喷水灭火。在干式报警阀被打开的同时，通向水力警铃和压力开关的通道也被打开，水流冲击水力警铃和压力开关，压力开关、高位消防水箱流量开关或系统管网压力开关动作并输出信号直接自动启动系统消防水泵供水。从闭式喷头开启至消防泵投入运行前，由消防水箱、气压给水设备或稳压泵等供水设施为系统的配水管道充水。干式系统的工作原理如图 4-2-4 所示。

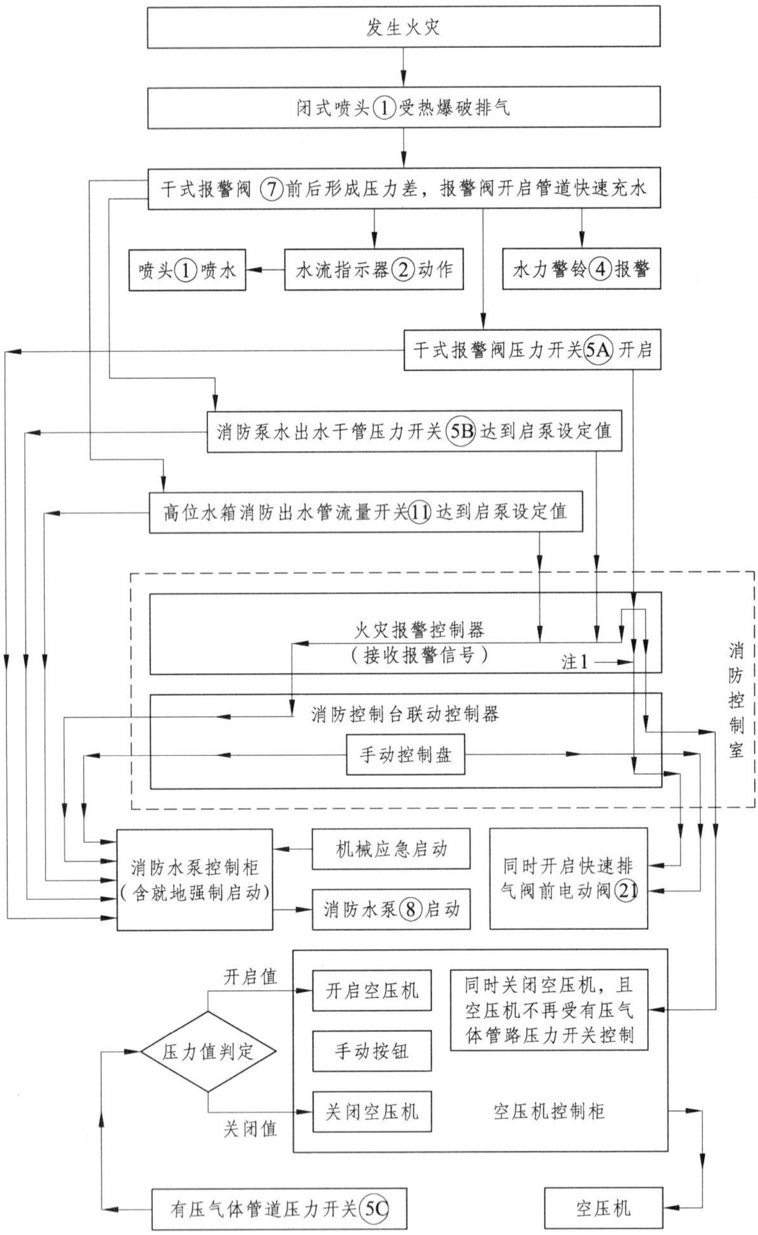

图 4-2-4　干式系统控制原理图

3．适用范围

干式系统适用于环境温度低于 4 °C 或高于 70 °C 的场所。环境温度不适合采用湿式系统的场所,可以采用能够避免充水结冰和高温加剧汽化的干式系统或预作用系统。干式系统与湿式系统的区别在于干式系统采用干式报警阀组，准工作状态时配水管道内充以压缩空气等有压气体。为保持气压，需要配套设置补气设施。干式系统配水管道中维持的气压，根据干式报警阀入口前管道需要维持的水压、结合干式报警阀的工作性能确定。闭式喷头开放后，配水管道有一个排气充水过程。系统开始喷水的时间将因排气充水过程而产生滞后，因此削弱了系统的灭火能力，不利于系统及时控火灭火。

三、预作用自动喷水灭火系统

1．系统组成

预作用自动喷水灭火系统（以下简称预作用系统）由闭式喷头、预作用装置、水流报警装置（水流指示器、流量开关、压力开关）、末端试水装置、供水与配水管道、充气设备、供水设施和火灾自动报警系统等组成。在准工作状态时，配水管道内不充水，发生火灾时，由火灾报警系统、充气管道上的压力开关联锁控制预作用装置和启动消防水泵，并转为湿式系统。预作用系统与湿式系统、干式系统的不同之处在于系统采用预作用装置，并配套设置火灾自动报警系统。根据预作用系统的使用场所不同，预作用装置有两种控制方式：一是单连锁预作用系统，仅有火灾自动报警系统一组信号联动开启；二是双连锁预作用系统，由火灾自动报警系统和闭式洒水喷头动作启动充气管道上设置的压力开关两组信号同时动作联动开启。单连锁预作用系统的组成如图 4-2-5 所示，部件表如表 4-2-3 所示。双连锁预作用系统的组成如图 4-2-6 所示，部件表如表 4-2-4 所示。

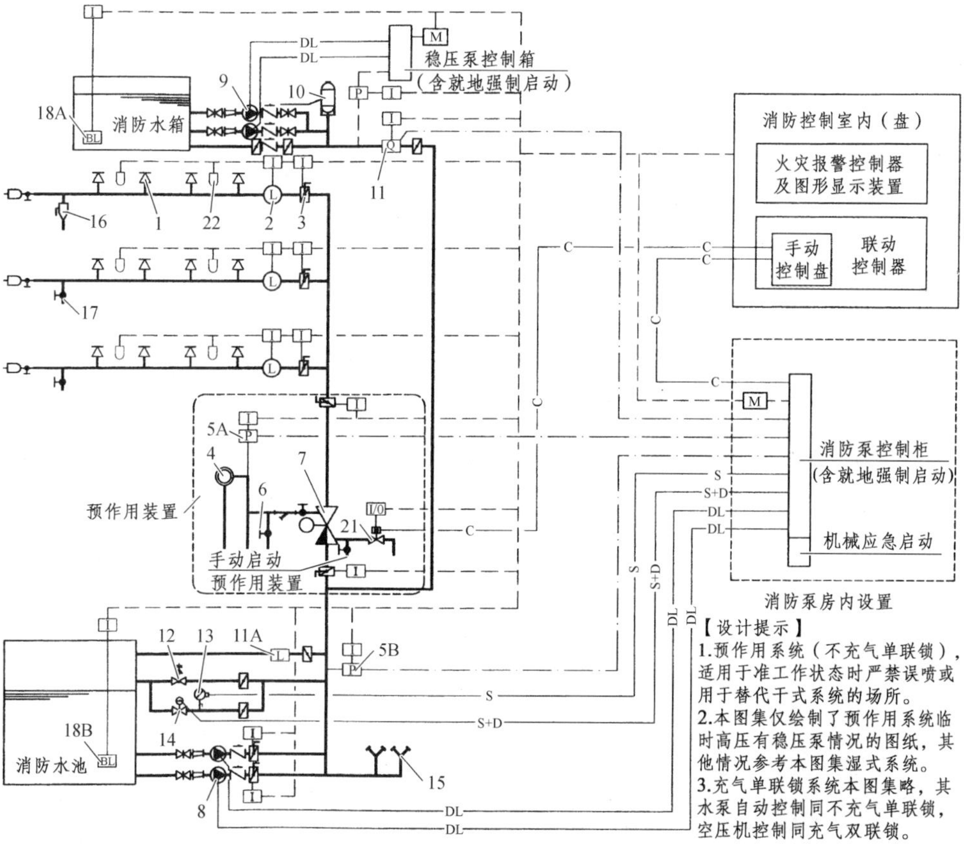

图 4-2-5　单连锁预作用系统示意图

表 4-2-3 单连锁预作用系统部件表

编号	名称	用途	备注
1	闭式喷头	感知火灾，出水灭火	—
2	水流指示器	输出电信号，指示火灾区域	—
3	信号阀	供水控制阀，阀门关闭时输出电信号	—
4	水力警铃	发出音响报警信号	—
5A	压力开关	根据压力变化输出电信号（报警、启动消防泵）	报警阀组处
5B	压力开关	根据压力变化输出电信号（报警、启动消防泵）	消防泵出水干管处
6	试验阀门	测试报警阀功能	—
7	预作用装置	系统控制阀，输出报警水流	—
8	消防泵	提供消防压力水	—
9	消防稳压泵	提供最不利点处喷头足够的静水压力	—
10	消防气压罐	缓冲压力波动及部分给水，避免稳压泵频繁启动	—
11	流量开关	根据流量变化输出电信号（报警、启动消防泵）（流量≥1个喷头流量+系统泄露量时启泵）	水箱间出水干管处
11A	流量检测装置	测试消防泵输出流量（管径应根据流速≤5m/s 情况下满足消防水量选择）	—
12	持压泄压阀	根据系统的工作压力能自动启闭，保护系统安全	12 与 13+14 均为持压泄压作用，可仅设 1 组
13	电接点压力表	根据压力变化输出电信号	
14	电动超压泄水阀	根据 13（电接点压力表）输出的电信号控制阀门启动并对其进行调节	
15	水泵接合器	接入消防车供水	—
16	末端试水装置（含压力表）	试验末端水压、分区放水及模拟喷头喷水测试系统联动功能	—
17	试水阀	分区放水及模拟喷头喷水测试系统联动功能	—
18A	液位传感器	根据液位高度，输出电信号	高位水箱
18B	液位传感器	根据液位高度，输出电信号	消防水池
19	安全阀	超压泄压	—
21	电磁阀	根据电信号，控制预作用装置开启	—
22	火灾探测器	感烟探头或手动报警按钮	—

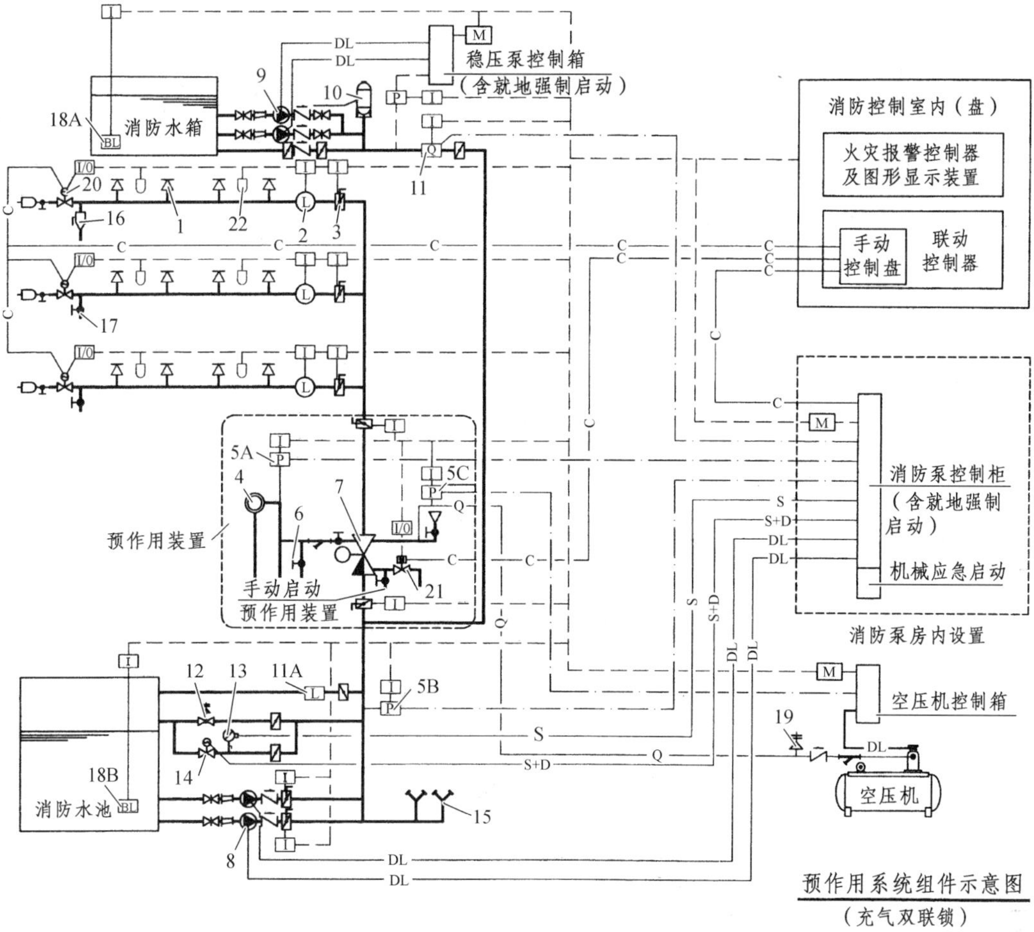

图 4-2-6　双连锁预作用系统示意图

表 4-2-4　双连锁预作用系统部件表

编号	名　称	用　途	备　注
1	闭式喷头	感知火灾，出水灭火	—
2	水流指示器	输出电信号，指示火灾区域	—
3	信号阀	供水控制阀，阀门关闭时输出电信号	—
4	水力警铃	发出音响报警信号	—
5A	压力开关	根据压力变化输出电信号（报警、启动消防泵）	报警阀组处
5B	压力开关	根据压力变化输出电信号（报警、启动消防泵）	消防泵出水干管处
5C	压力开关	根据压力变化输出电信号（启闭空压机，控制预作用装置电磁阀开启）	有压气体管道上
6	试验阀门	测试报警阀功能	—
7	预作用装置	系统控制阀，输出报警水流	—

续表

编号	名称	用途	备注
8	消防泵	提供消防压力水	—
9	消防稳压泵	提供最不利点处喷头足够的静水压力	—
10	消防气压罐	缓冲压力波动及部分给水，避免稳压泵频繁启动	—
11	流量开关	根据流量变化输出电信号（报警、启动消防泵）（流量≥1个喷头流量+系统泄露量时启泵）	水箱间出水干管处
11A	流量检测装置	测试消防泵输出流量（管径应根据流速≤5m/s情况下满足消防水量选择）	—
12	持压泄压阀	根据系统的工作压力能自动启闭，保护系统安全	12与13+14均为持压泄压作用，可仅设1组
13	电接点压力表	根据压力变化输出电信号	
14	电动超压泄水阀	根据13（电接点压力表）输出的电信号控制阀门启动并对其进行调节	
15	水泵接合器	接入消防车供水	—
16	末端试水装置（含压力表）	试验末端水压、分区放水及模拟喷头喷水测试系统联动功能	—
17	试水阀	分区放水及模拟喷头喷水测试系统联动功能	—
18A	液位传感器	根据液位高度，输出电信号	高位水箱
18B	液位传感器	根据液位高度，输出电信号	消防水池
19	安全阀	超压泄压	—
20	电动阀	启动消防水泵时同时开启	快速排气阀前
21	电磁阀	根据电信号，控制预作用装置开启	报警阀组处
22	火灾探测器	感烟探头或手动报警按钮	—

2．工作原理

系统处于准工作状态时，由消防水箱或稳压泵、气压给水设备等稳压设施维持预作用阀入口前管道内的充水压力，阀后的管道内平时无水或充以有压气体。发生火灾时，由火灾自动报警系统（双连锁预作用系统需同时满足系统闭式洒水喷头动作，启动充气管道上的压力开关）开启预作用报警阀的电磁阀，配水管道开始排气充水，使系统在闭式喷头动作前转换成湿式系统，报警阀压力开关或系统管网压力开关或高位消防水箱流量开关直接启动消防水泵并在闭式喷头开启后立即喷水。

预作用系统的工作原理如图 4-2-7、图 4-2-8 所示。

3．适用范围

（1）在准工作状态时不允许误喷而造成水渍损失的一些性质重要的建筑物内（如档案室等），宜采用单连锁预作用系统。

（2）在准工作状态时严禁管道充水的场所（如冰库等），在低温或高温场所中代替干式系统，宜采用双连锁预作用系统。

（3）灭火后必须及时停止喷水的场所，应采用重复启闭预作用系统。重复启闭预作用系统能在扑灭火灾后自动关闭报警阀、发生复燃时又能再次开启报警阀恢复喷水，适用于灭火后必须及时停止喷水，要求减少不必要水渍损失的场所。

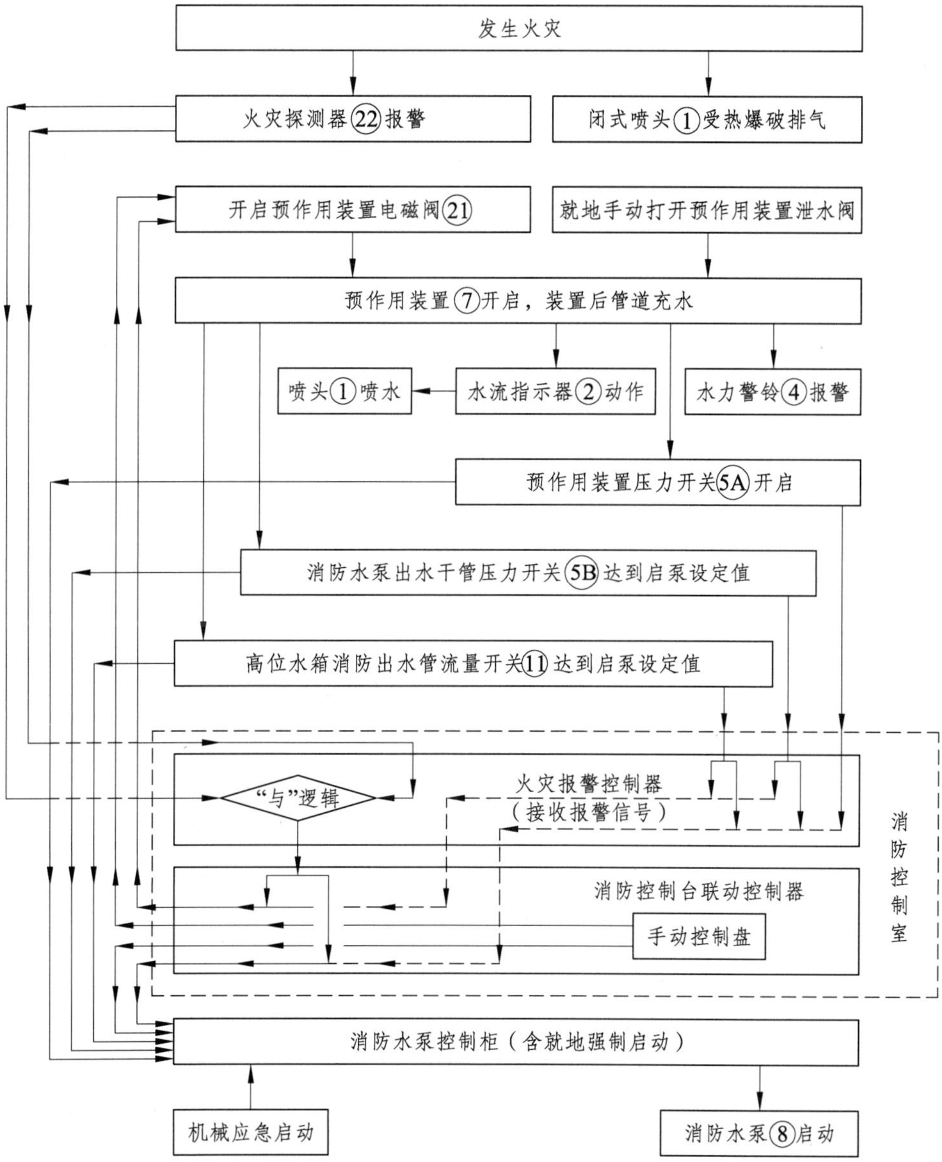

图 4-2-7　单连锁预作用系统控制原理图

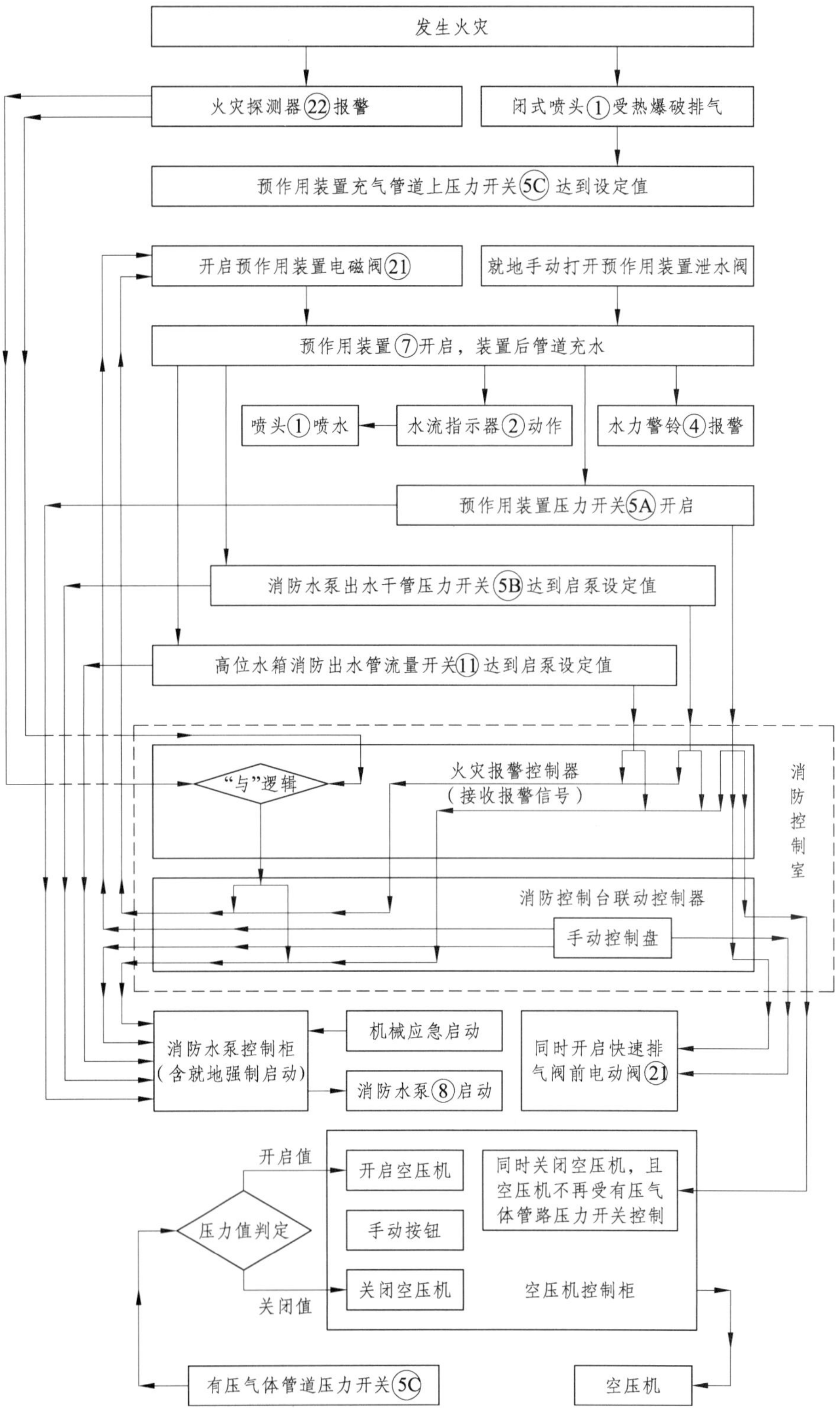

图 4-2-8　双连锁预作用系统控制原理图

四、雨淋系统

1．系统组成

雨淋自动喷水灭火系统由开式喷头、雨淋报警阀组、水流报警装置（水流指示器、流量开关、压力开关）、末端试水装置（仅传动管启动时）、供水与配水管道以及供水设施等组成。与前几种系统的不同之处在于，雨淋系统采用开式喷头，由雨淋报警阀控制喷水范围，由配套的火灾自动报警系统或传动管控制，启动雨淋报警阀组和启动消防水泵，使与雨淋报警阀连接的开式喷头同时喷水。雨淋系统通常安装在发生火灾时火势发展迅猛、蔓延迅速的场所，如舞台等。雨淋系统有电动、液动和气动控制方式。电动启动雨淋系统的组成如图 4-2-9 所示，部件表如表 4-2-5 所示。传动管启动雨淋系统的组成如图 4-2-10 所示，部件表如表 4-2-6 所示。

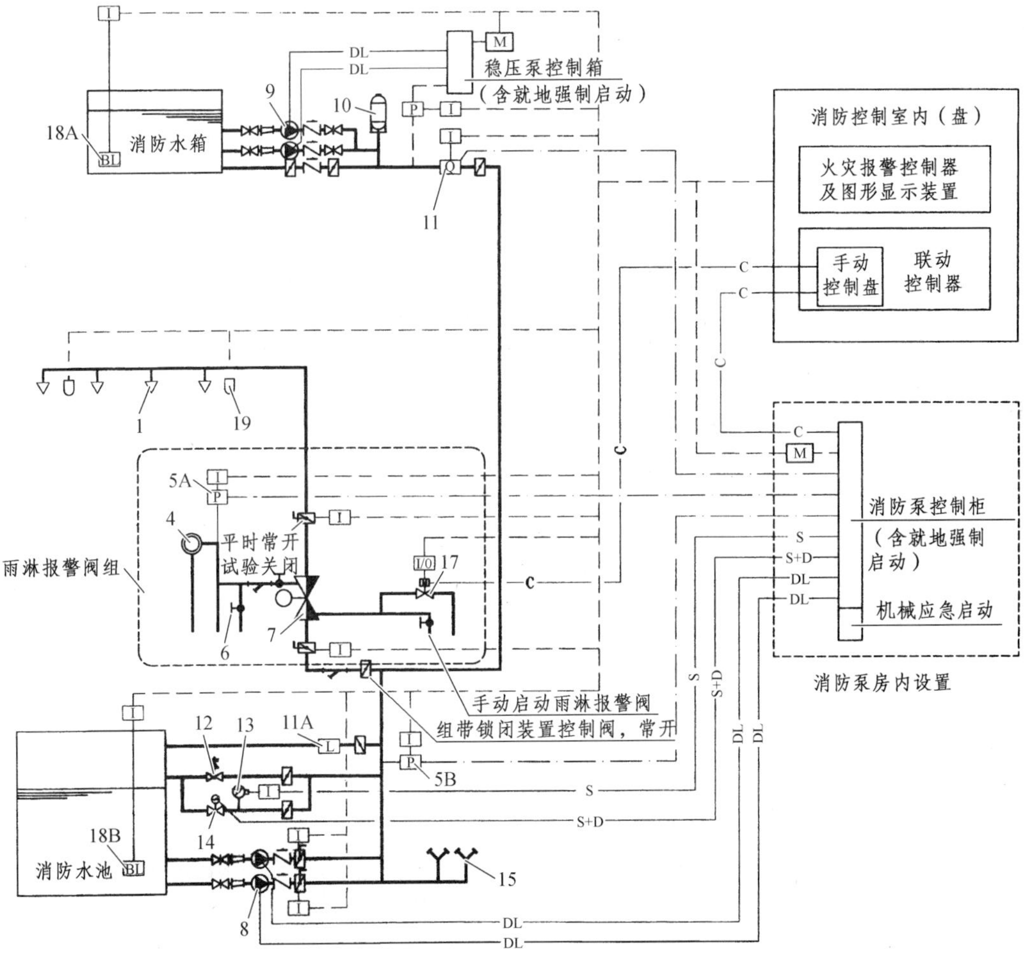

图 4-2-9　电动启动雨淋系统示意图

表 4-2-5　电动启动雨淋系统部件表

编号	名　称	用　途	备　注
1	开式喷头	出水灭火	—
4	水力警铃	发出音响报警信号	—
5A	压力开关	根据压力变化输出电信号（报警、启动消防泵）	报警阀组处
5B	压力开关	根据压力变化输出电信号（报警、启动消防泵）	消防泵出水干管处
6	测试阀门	测试报警阀功能	—
7	雨淋报警阀	系统控制阀，输出报警水流	—
8	消防泵	提供消防压力水	—
9	消防稳压泵	提供最不利点处喷头足够的静水压力	—
10	消防气压罐	缓冲压力波动及部分给水，避免稳压泵频繁启动	—
11	流量开关	根据流量变化输出电信号（报警、启动消防泵） （流量≥1 个喷头流量+系统泄露量时启泵）	水箱间出水干管处
11A	流量检测装置	测试消防泵输出流量 （管径应根据流速≤5 m/s 情况下满足消防水量选择）	—
12	持压泄压阀	根据系统的工作压力能自动启闭，保护系统安全	12 与 13+14 均为持压泄压作用，可仅设 1 组
13	电接点压力表	根据压力变化输出电信号	
14	电动超压泄水阀	根据 13（电接点压力表）输出的电信号控制阀门启动并对其进行调节	
15	水泵接合器	接入消防车供水	—
17	雨淋报警的泄水阀	根据电信号，控制雨淋阀开启	报警阀组处
18A	液位传感器	根据液位高度，输出电信号	高位水箱
18B	液位传感器	根据液位高度，输出电信号	消防水池
19	火灾探测器	感温探头或手动报警按钮	—

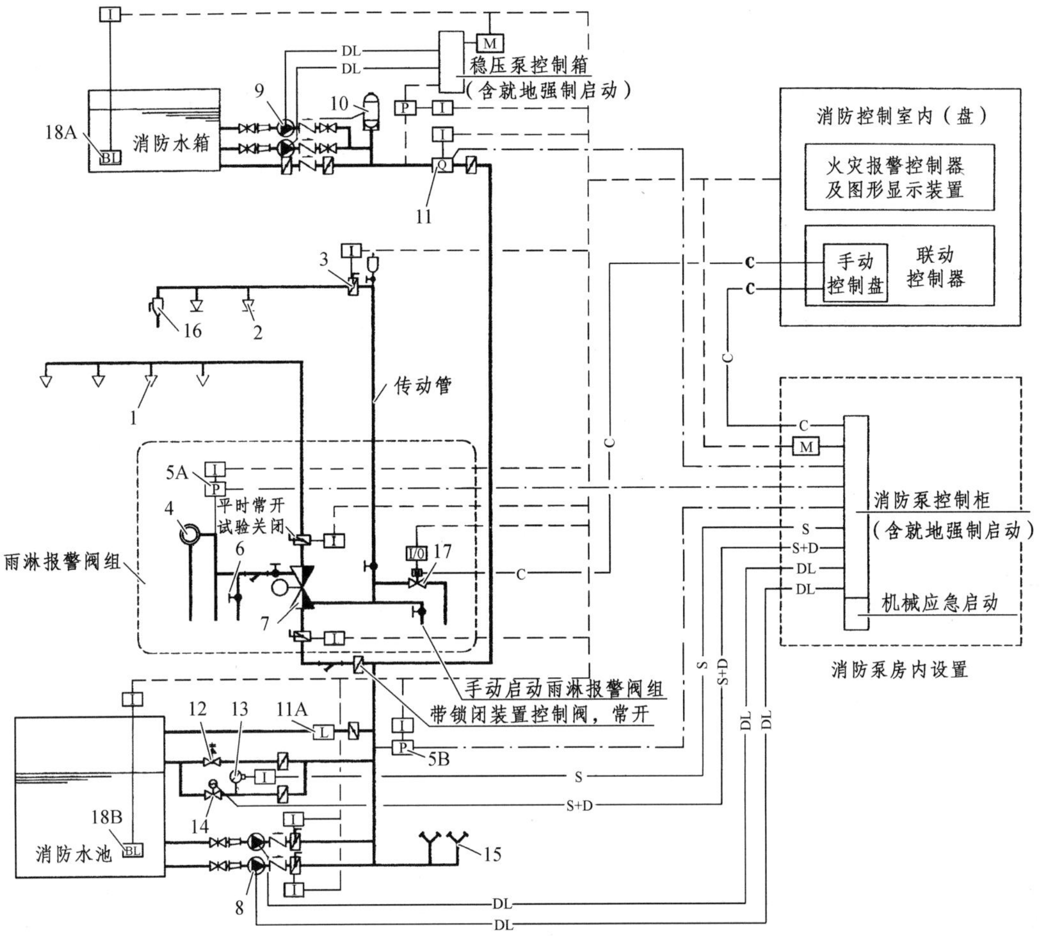

图 4-2-10　传动管启动雨淋系统示意图

表 4-2-6　传动管启动雨淋系统部件表

编号	名　称	用　途	备　注
1	开式喷头	出水灭火	—
2	闭式喷头	感知火灾	—
3	信号阀	供水控制阀，阀门关闭时输出电信号	—
4	水力警铃	发出音响报警信号	—
5A	压力开关	根据压力变化输出电信号（报警、启动消防泵）	报警阀组处
5B	压力开关	根据压力变化输出电信号（报警、启动消防泵）	消防泵出水干管处
6	测试阀门	测试报警阀功能	—

续表

编号	名　称	用　途	备　注
7	雨淋报警阀	系统控制阀，输出报警水流	—
8	消防泵	提供消防压力水	—
9	消防稳压泵	提供最不利点处喷头足够的静水压力	—
10	消防气压罐	缓冲压力波动及部分给水，避免稳压泵频繁启动	—
11	流量开关	根据流量变化输出电信号（报警、启动消防泵）（流量≥1个喷头流量+系统泄露量时启泵）	水箱间出水干管处
11A	流量检测装置	测试消防泵输出流量（管径应根据流速≤5m/s情况下满足消防水量选择）	—
12	持压泄压阀	根据系统的工作压力能自动启闭，保护系统安全	12与13+14均为持压泄压作用，可仅设1组
13	电接点压力表	根据压力变化输出电信号	
14	电动超压泄水阀	根据13（电接点压力表）输出的电信号控制阀门启动并对其进行调节	
15	水泵接合器	接入消防车供水	—
16	末端试水装置（含压力表）	试验末端水压、分区放水及模拟喷头喷水测试系统联动功能	—
17	雨淋报警阀泄水阀	根据电信号，控制雨淋阀开启	报警阀组处
18A	液位传感器	根据液位高度，输出电信号	高位水箱
18B	液位传感器	根据液位高度，输出电信号	消防水池

2. 工作原理

系统处于准工作状态时，由消防水箱或稳压泵、气压给水设备等稳压设施维持雨淋阀入口前管道内的充水压力。发生火灾时，由火灾自动报警系统或传动管自动控制开启的雨淋报警阀，报警阀压力开关或高位消防水箱流量开关或系统管网压力开关动作并输出信号直接启动消防水泵，向系统管网供水，由雨淋阀控制的开式喷头同时喷水。雨淋系统的工作原理如图 4-2-11、图 4-2-12 所示。

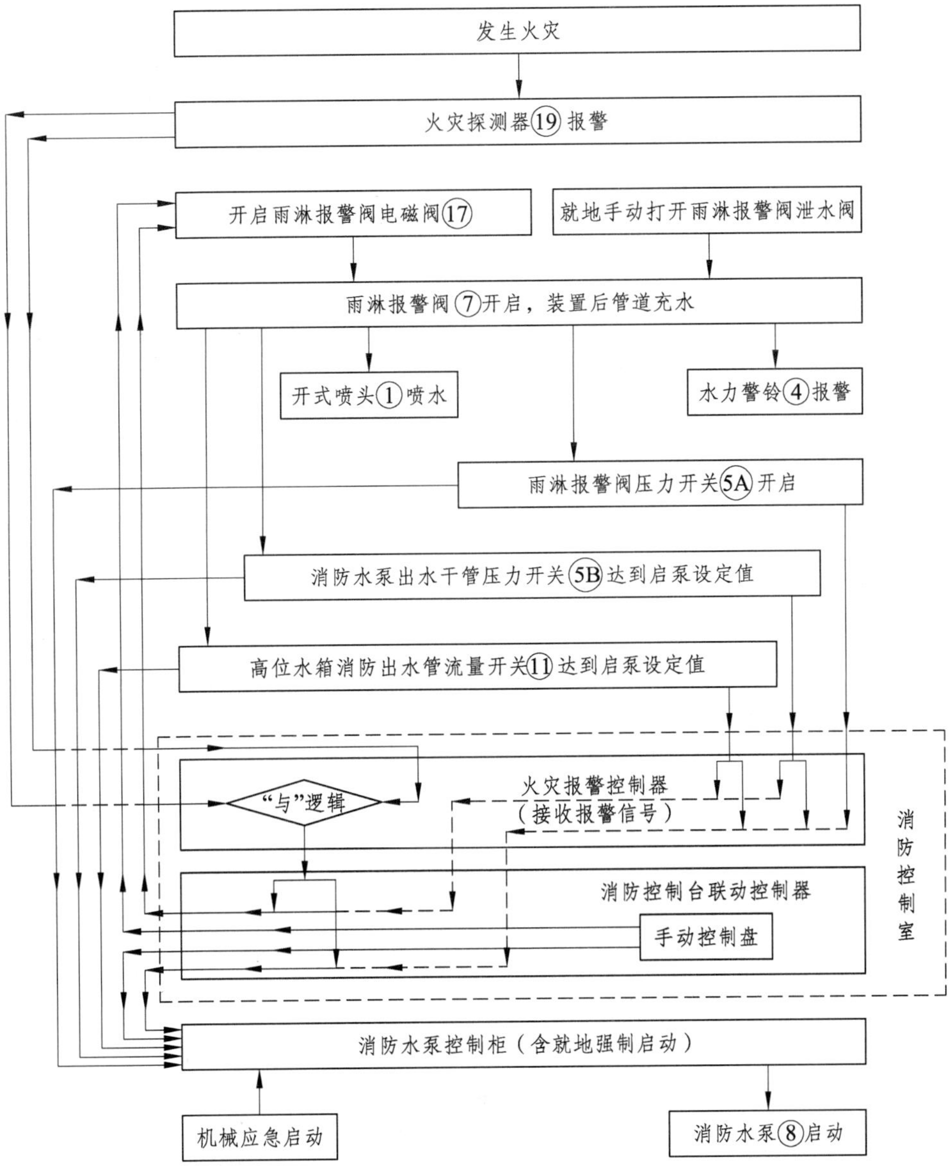

图 4-2-11　电动启动雨淋系统控制原理图

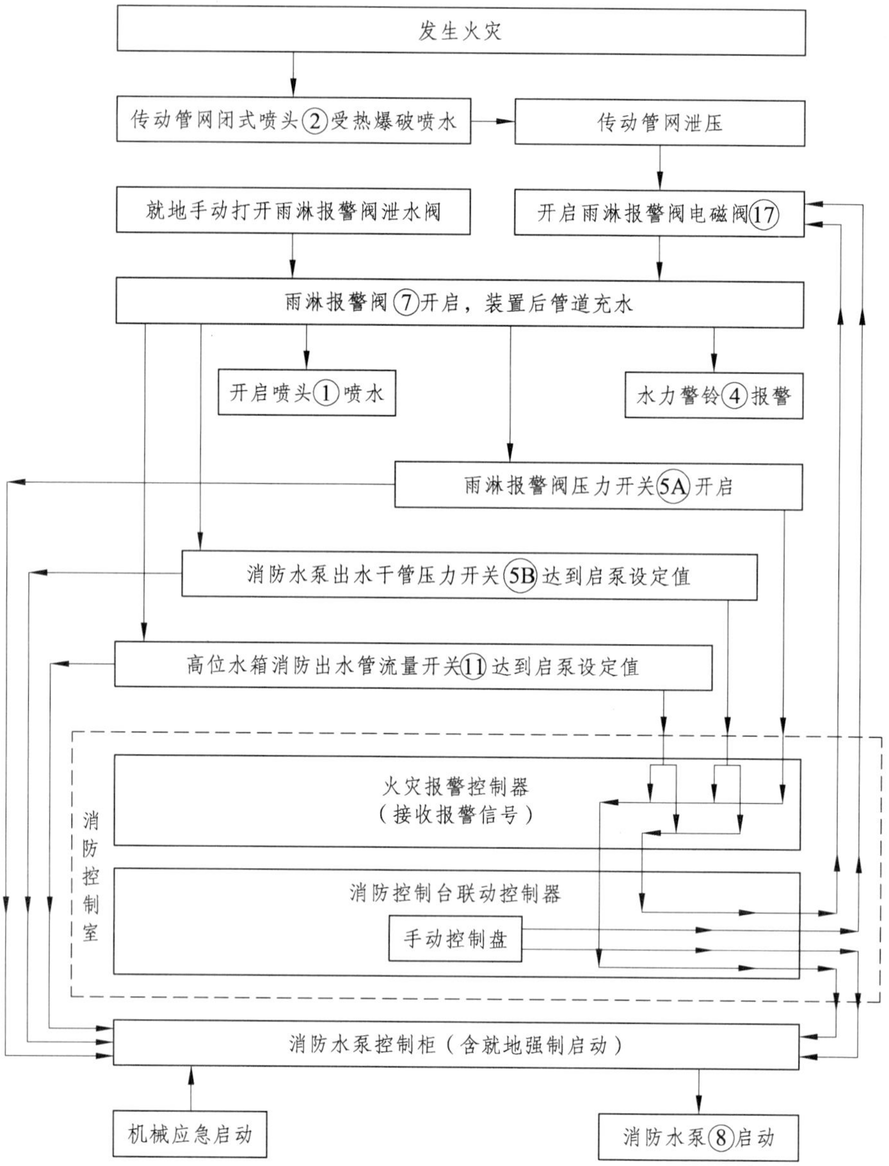

图 4-2-12　传动管启动雨淋系统控制原理图

3．适用范围

下列场所，应采用雨淋系统：

（1）火灾的水平蔓延速度快、闭式洒水喷头的开放不能及时使喷水有效覆盖着火区域的场所。

（2）设置场所的净空高度超过洒水喷头类型和净空高度表的规定，且必须迅速扑救初期火灾的场所。

（3）火灾危险等级为严重危险级Ⅱ级的场所。

以上三种场所使用闭式喷水灭火系统都会导致喷水不能及时有效覆盖着火区域，

雨淋系统启动后立即大面积喷水，遏制和扑救火灾的效果更好，但水渍损失大于闭式系统，适用场所包括舞台葡萄架下部和电影摄影棚等。

五、水幕系统

1．系统组成

水幕系统用于挡烟阻火和冷却分隔物。系统组成的特点是采用开式洒水喷头或水幕喷头，控制供水通断的阀门可根据防火需要采用雨淋报警阀组或人工操作的阀门，小型水幕可用感温雨淋报警阀控制。

水幕系统包括防火分隔水幕和防护冷却水幕两种类型。防火分隔水幕利用密集喷洒形成的水墙或水帘阻火挡烟而起到防火分隔作用，防护冷却水幕则利用水的冷却作用，配合防火卷帘等分隔物进行防火分隔。

2．工作原理

系统处于准工作状态时，由消防水箱或稳压泵、气压给水设备等稳压设施维持管道内的充水压力。发生火灾时，由火灾自动报警系统联动开启雨淋报警阀组，报警阀压力开关、高位消防水箱流量开关或系统管网压力开关动作并输出信号直接启动消防水泵，向系统管网和喷头供水。

3．适用范围

防火分隔水幕系统利用密集喷洒形成的水墙或多层水帘，可封堵防火分区处的孔洞，阻挡火灾和烟气的蔓延，因此适用于局部防火分隔处。防护冷却水幕系统则利用喷头在物体表面形成的水膜，控制防火分区处分隔物的温度，使分隔物的完整性和隔热性免遭火灾破坏，因此适用于对防火卷帘、防火玻璃等防火分隔设施的冷却保护。

项目三　系统设计主要参数

自动喷水灭火系统的设计应以《自动喷水灭火系统设计规范》（GB 50084—2017）等国家标准和规范为依据，根据设置场所和保护对象特点，确定火灾危险等级，防护目的和设计基本参数。

一、火灾危险等级

自动喷水灭火系统设置场所的火灾危险等级应根据其用途、容纳物品的火灾荷载及室内空间条件等因素，在分析火灾特点和热气流驱动洒水喷头开放及喷水到位的难易程度后确定。

可燃物性质对燃烧速度的影响因素，包括材料的燃烧性能、结构的疏密程度以及堆积摆放的形式等。不同性质的可燃物发生火灾时表现的燃烧性能及扑救难度不同，例如纸制品和发泡塑料制品，就具有不同的燃烧性能，造纸及纸制品厂被划归中危险级，发泡塑料及制品按固体易燃物品被划归严重危险级。火灾荷载大，燃烧时蔓延速度快、放热量大、有害气体生产量大的保护对象，需要设置反应速度快、喷水强度大以及作用面积大的系统。火灾荷载的大小，对确定设置场所火灾危险等级是十分重要的依据。不同火灾荷载密度情况下的火灾放热量数据如表 4-3-1 所示。

表 4-3-1　不同火灾荷载密度情况下的火灾放热量

可燃物数量 / [lb/ft^2 (kg/m^2)]	热量 / (MJ/m^2)	燃烧时间-相当标准温度曲线的时间/h
5 (24)	454	0.5
10 (49)	909	1.0
15 (73)	1 363	1.5
20 (98)	1 819	2.0
30 (147)	2 727	3.0
40 (195)	3 636	4.5
50 (244)	4 545	7.0
60 (288)	5 454	8.0
70 (342)	6 363	9.0

物品的摆放形式，包括密集程度及堆积高度，是划分设置场所火灾危险等级的另一个重要依据。松散堆放的可燃物，因与空气的接触面积大，燃烧时的供氧条件比紧密堆放时好，所以燃烧速度快，放热速率高，因此需求的灭火能力强。可燃物的堆积高度越大，火焰的竖向蔓延速度越快，另外由于高堆物品的遮挡作用，使喷水不易直接送达位于可燃物底部的起火部位，导致灭火难度增大，容易使火灾得以水平蔓延。为了避免这种情况发生，要求以较大的喷水强度或具有较强穿透力的喷水，以及开放较多喷头、形成较大的喷水面积控制火势。

建筑物的室内空间条件，也会影响闭式喷头受热开放时间和喷水灭火效果。小面积场所，火灾烟气流因受墙壁阻挡而很快在顶板或吊顶上积聚并淹没喷头，而使喷头热敏元件迅速升温动作，而大面积场所，火灾烟气流则可在顶板或吊顶下不受阻挡的自由流散，喷头热敏元件只受对流传热的影响，升温较慢，动作较迟钝。室内净空高度的增大，使火灾烟气流在上升过程中，与被卷吸的空气混合而逐渐降低温度和流速的作用增大，喷头热气流温度与速度的降低将造成喷头延迟动作。喷头开放时间的推迟，将为火灾继续蔓延提供时间，喷头开放时将面临放热速率更大，更难扑救的火势，使系统喷水控火的难度增大，对于喷头的洒水，则因与上升热烟气流接触的时间和距离的加大，使被热气流吹离布水轨迹和汽化的水量增大，导致送达到位的灭火水量减少，同样会加大灭火的难度。有些建筑构造，还会影响喷头的布置和均匀布水。上述影响喷头开放和喷水送达灭火的因素，由于影响系统控灭火的效果，将导致设置场所火灾危险等级的改变。

设置场所的火灾危险等级共分为 4 类 8 级：轻危险级、中危险级（Ⅰ级、Ⅱ级）、严重危险级（Ⅰ级、Ⅱ级）、仓库危险级（Ⅰ级、Ⅱ级、Ⅲ级）。当建筑物内各场所的火灾危险性及灭火难度存在较大差异时，宜按各场所的实际情况确定系统选型与火灾危险等级。见表 4-3-2 所示。

1．轻危险级

一般是指可燃物品较少、可燃性低和火灾发热量较低、外部增援和疏散人员较容易的场所。

2．中危险级

一般是指内部可燃物数量为中等，可燃性也为中等，火灾初期不会引起剧烈燃烧的场所。大部分民用建筑和厂房划归为中危险级。根据此类场所种类多、范围广的特点，划分为中Ⅰ级和中Ⅱ级。商场内物品密集、人员密集，发生火灾的频率较高，容易酿成大火造成群死群伤和高额财产损失的严重后果，因此将大规模商场列入中Ⅱ级。

3．严重危险级

一般是指火灾危险性大、可燃物品数量多、火灾时容易引起猛烈燃烧并可能迅速蔓延的场所。除摄影棚、舞台葡萄架下部外，包括存在较多数量易燃固体，液体物品工厂的备料和生产车间。

4．仓库危险级

根据仓库存储物品及其包装材料的火灾危险性，将仓库火灾危险等级划分为Ⅰ级、Ⅱ级、Ⅲ级。仓库危险级Ⅰ级一般是指储存食品、烟酒以及木箱、纸箱包装的不燃或难燃物品的场所。仓库危险级Ⅱ级一般是指储存木材、纸、皮革等物品和用各种塑料瓶、盒包装的不燃物品及各类物品混杂储存的场所，仓库危险级Ⅲ级一般是指储存 A 组塑料与橡胶及其制品等物品的场所。

表 4-3-2　自动喷水灭火系统设置场所火灾危险等级举例

火灾危险等级		设置场所举例
轻危险级		住宅建筑、幼儿园、老年人建筑，建筑高度为 24 m 及以下的旅馆、办公楼；仅在走道设置闭式系统的建筑等
中危险级	Ⅰ级	1. 高层民用建筑：旅馆、办公楼、综合楼、邮政楼、金融电信楼、指挥调度楼、广播电视楼（塔）等。 2. 公共建筑（含单、多、高层）：医院、疗养院，图书馆（书库除外）、档案馆、展览馆（厅），影剧院、音乐厅和礼堂（舞台除外）及其他娱乐场所，火车站、机场及码头的建筑，总建筑面积小于 5 000 m^2 的商场、总建筑面积小于 1 000 m^2 的地下商场等。 3. 文化遗产建筑：木结构古建筑、国家文物保护单位等。 4. 工业建筑：食品、家用电器、玻璃制品等工厂的备料与生产车间等，冷藏库、钢屋架等建筑构件
	Ⅱ级	1. 民用建筑：书库，舞台（葡萄架除外），汽车停车场，总建筑面积为 5 000 m^2 及以上的商场，总建筑面积为 1 000 m^2 及以上的地下商场，净空高不超过 8 m、物品高度不超过 3.5 m 的超级市场等。 2. 工业建筑：棉毛麻丝及化纤的纺织、织物及其制品，木材木器及胶合板，谷物加工，烟草及其制品，饮用酒（啤酒除外），皮革制品，造纸及纸制品，制药等工厂的备料与生产车间等
严重危险级	Ⅰ级	印刷厂，酒精制品、可燃液体制品等工厂的备料与生产车间，净空高度不超过 8 m、物品高度超过 3.5 m 的超级市场等
	Ⅱ级	易燃液体喷雾操作区域，固体易燃物品、可燃的气溶胶制品、溶剂清洗、喷涂油漆、沥青制品等工厂的备料与生产车间，摄影棚、舞台、葡萄架下部等
仓库危险级	Ⅰ级	食品、烟酒，木箱、纸箱包装的不燃及难燃物品等
	Ⅱ级	木材、纸、皮革、谷物及制品，棉毛麻丝化纤及制品，家用电器、电缆、B 组塑料与橡胶及其制品，钢塑混合材料制品，各种塑料瓶、盒包装的不燃、难燃物品及各类物品混杂储存的仓库等
	Ⅲ级	A 组塑料与橡胶及其制品，沥青制品等

二、系统设计基本参数

自动喷水灭火系统的设计参数应根据建筑物的不同用途、规模及其火灾危险等级等因素确定。

1．系统设计原则

自动喷水灭火系统的目的是有效扑救初期火灾，设计原则应符合下列规定：

（1）闭式洒水喷头或启动系统的火灾探测器，应能有效探测初期火灾。

（2）湿式系统、干式系统应在开放一只洒水喷头后自动启动，预作用系统、雨淋系统和水幕系统应根据其类型由火灾探测器、闭式洒水喷头作为探测元件，报警后自动启动。

（3）作用面积内开放的洒水喷头，应在规定时间内按设计选定的喷水强度持续喷水。

（4）喷头洒水时，应均匀分布，且不应受阻挡。

2．系统选型

（1）自动喷水灭火系统选型应根据设置场所的建筑特征、环境条件和火灾特点等选择相应的开式或闭式系统。对于室外场所，由于系统受风、雨等气候条件的影响，难以使闭式喷头及时感温动作，势必难以保证灭火和控火效果，所以露天场所不宜采用闭式系统。

（2）湿式系统、干式系统、预作用系统和雨淋系统的选型已在前一节提到，这里不再累述。

（3）重复启闭预作用系统能在扑灭火灾后自动关闭报警阀、发生复燃时又能再次开启报警阀恢复喷水灭火，所以有复燃可能的场所应采用重复启闭预作用系统。

（4）常规类型的系统不能有效扑救高堆垛仓库火灾的问题，可以采用早期抑制快速响应喷头来解决。早期抑制的三要素：一是喷头感应火灾的灵敏程度；二是喷头动作时刻燃烧物表面需要的灭火喷水强度；三是实际送达燃烧物表面的喷水强度。ESFR喷头在火灾初期能快速反应，且水滴产生的冲量能穿透上升的火羽流，直至燃烧物表面，实施有效灭火。符合下列条件之一的场所，宜采用设置早期抑制快速响应喷头的自动喷水灭火系统。当采用早期抑制快速响应喷头时，系统应为湿式系统，且系统设计基本参数应符合早期抑制喷头设计参数表的规定。

① 最大净空高度不超过 13.5 m 且最大储物高度不超过 12.0 m，储物类别为仓库危险级Ⅰ、Ⅱ级或沥青制品、箱装不发泡塑料的仓库及类似场所。

② 最大净空高度不超过 12.0 m 且最大储物高度不超过 10.5 m，储物类别为袋装不发泡塑料、箱装发泡塑料和袋装发泡塑料的仓库及类似场所。

（5）对于净空高度不超过 12 m 的仓库，仓库型特殊应用喷头能够起到很好的保护作用。符合下列条件之一的场所，宜采用设置仓库型特殊应用喷头的自动喷水灭火系统，系统设计基本参数应符合仓库特殊应用喷头设计参数表的规定。

① 最大净空高度不超过 12.0 m 且最大储物高度不超过 10.5 m，储物类别为仓库危险级Ⅰ、Ⅱ级或箱装不发泡塑料的仓库及类似场所。

② 最大净空高度不超过 7.5 m 且最大储物高度不超过 6.0 m，储物类别为袋装不发泡塑料和箱装发泡塑料的仓库及类似场所。

（6）建筑物中保护局部场所的干式系统、预作用系统、雨淋系统、自动喷水-泡沫联用系统，可串联接入同一建筑物内的湿式系统，并应与其配水干管连接。该做法既不相互干扰，又简化系统的构成、减少投资。如图 4-3-1 所示。

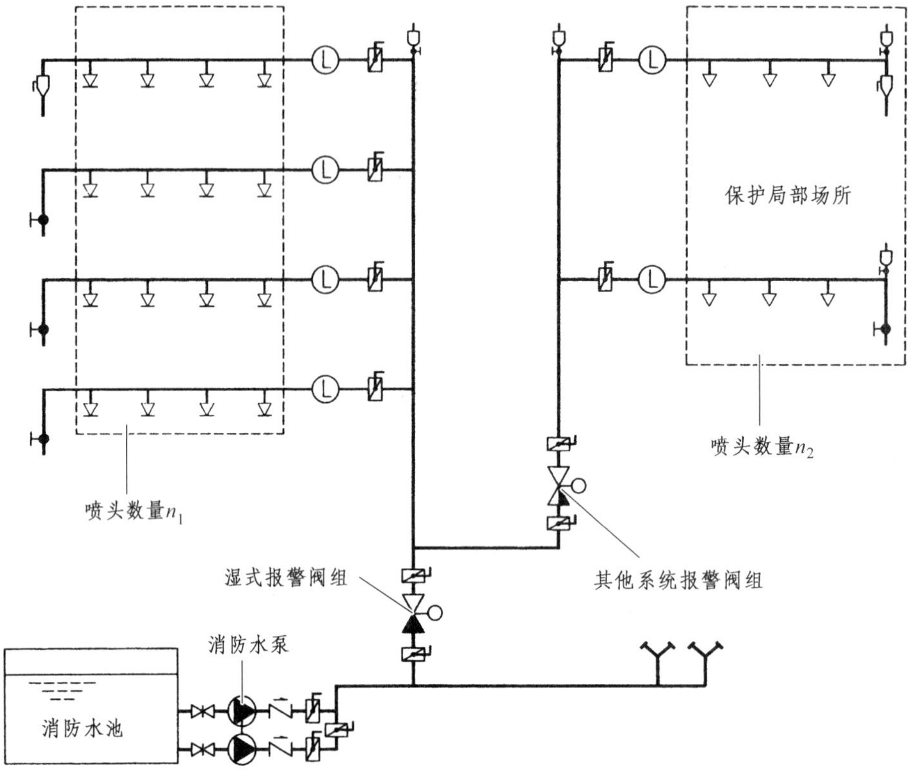

图 4-3-1　报警阀串联示意图

（7）防护冷却水幕应直接将水喷向被保护对象；防火分隔水幕不宜用于尺寸超过 15 m（宽）×8 m（高）的开口（舞台口除外）。该规定限制民用建筑中防火分隔水幕规模，目的是不推荐采用防火分隔水幕作防火分区内的防火分隔设施。当防火开口处很长时，防火分隔水幕长度动辄几十米，甚至上百米，造成防火分隔水幕系统的用水量很大，室内消防用水量猛增。此外，储存的大量消防用水不用于主动灭火而用于被动防火的做法，不符合火灾中应积极主动灭火的原则，也是一种浪费。

3．民用建筑和工业厂房采用湿式系统时的设计基本参数

（1）对于民用建筑和工业厂房，采用湿式系统的设计基本参数应符合表 4-3-3 的规定。

（2）仅在走道设置洒水喷头的闭式系统的作用主要是防止火灾蔓延和保护疏散通道，其作用面积应按最大疏散距离所对应的走道面积确定。

（3）在装有网格、栅板类通透性吊顶的场所，系统的喷水强度应按表 4-3-3 规定值的 1.3 倍确定；商场等公共建筑，由于内装修的需要，往往装设网格状、条栅状等不挡烟的通透性吊顶，此类吊顶会严重阻碍喷头的洒水分布性能和动作性能，进而影响系统的控、灭火性能。因此应适当增大系统的喷水强度，并且喷头的布置仍应遵循一定的要求。

（4）干式系统的作用面积按表 4-3-3 规定值的 1.3 倍确定。干式系统的配水管道内平时维持一定气压，因此系统启动后将滞后喷水，而滞后喷水无疑将增大灭火难度，等于相对削弱了系统的灭火能力，因此提出采用扩大作用面积的办法来补偿滞后喷水对灭火能力的影响。

（5）雨淋系统的喷水强度和作用面积应按表 4-3-3 的规定值确定，且每个雨淋报警阀控制的喷水面积不宜大于表 4-3-3 中的作用面积。如果一个雨淋报警阀控制的面积过大，将会使系统的流量过大，总用水量过大，并带来较大的水渍损失，影响系统的经济性能。

（6）单连锁预作用系统的作用面积应按表 4-3-3 的规定值确定。

（7）双连锁预作用系统的作用面积应按表 4-3-3 规定值的 1.3 倍确定。由于系统不能保证在闭式喷头动作前完成为管道充满水的预作用过程，即不能保证喷头开放后立即喷水，所以不是真正意义上的预作用系统，应视为干式系统，因此其作用面积、充水时间等应按干式系统确定。

（8）利用有压气体检测管道是否严密的预作用系统，配水管道内的气压值不宜小于 0.03 MPa，且不宜大于 0.05 MPa。

表 4-3-3　民用建筑和工业厂房采用湿式系统时的设计基本参数

火灾危险等级		最大净空高 h/m	喷水强度/[L/（min · m^2）]	作用面积/m^2
轻危险级		8	4	160
中危险级	Ⅰ级		6	160
	Ⅱ级		8	
严重危险级	Ⅰ级		12	260
	Ⅱ级		16	

4．民用建筑和厂房高大空间场所采用湿式系统时的设计基本参数

对于系统最不利点处的喷头工作压力，通常情况下，当发生火灾时，自动喷水灭火系统在消防水泵启动之前由高位消防水箱或其他辅助供水设施提供初期的用水量和水压。目前国内采用较多的是高位消防水箱，这样就产生了一个矛盾：如果顶层最不利点处喷头的水压要求为 0.1 MPa，则屋顶水箱必须必顶层的喷头高出 10 m 以上，将会给建筑造型和结构处理上带来很大困难，根据上述情况和参考国外有关规范，将最不利点处喷头的工作压力确定为 0.05 MPa。系统的喷水强度、作用面积、喷头工作压力是相互关联的，系统中喷头的工作压力应通过计算确定。

目前，我国一些高大空间场所逐渐兴起，而国内对于此类场所自动灭火设施的设置不尽相同。因此，对于高大空间场所来说，应在首批喷头开启后立即进行大流量喷水，而用增加喷头开启数量的方法来对付高大空间场所火灾不是解决问题的办法。当现场火灾荷载小于试验火灾荷载时，存在闭式喷头开放时间滞后于火灾水平蔓延的可

能性。民用建筑和厂房高大空间场所采用的湿式系统，设计参数应符合表 4-3-4 的规定。表中未列入的场所，应根据该表规定场所的火灾危险性类比确定。当民用建筑高大空间场所的最大净空高度为 12 m < h≤18 m 时，应采用非仓库型特殊应用喷头。

超级市场大多是带有仓储式的大空间的购物场所，既有商场的使用功能，又有仓库的储存特点，既是营业区又是仓储区。最大净空高度超过 8 m 的超级市场采用的湿式系统，设计基本参数应按仓库湿式系统设计基本参数执行。

表 4-3-4　民用建筑和厂房高大空间场所采用湿式系统时的设计基本参数

适用场所		最大净空高度 h/m	喷水强度/[L/(min·m²)]	作用面积/m²	喷头间距 s/m
民用建筑	中庭、体育馆、航站楼等	8<h≤12	12	160	1.8≤s≤3
		12<h≤18	15		
	影剧院、音乐厅、会展中心等	8<h≤12	15		
		12<h≤18	20		
厂房	制衣制鞋、玩具、木器、电子生产车间等	8<h≤12	15		
	棉纺厂、麻纺厂、泡沫塑料生产车间等		20		

5．仓库采用湿式系统时的设计基本参数

仓库火灾蔓延迅速、不易扑救，容易造成重大财产损失，因此是自动喷水灭火系统的重要应用对象。而扑救高堆垛和高架仓库火灾，又一直是自动喷水灭火系统的技术难点。

仓库危险Ⅰ级场所，货架储物高度大于 7.5 m 时，应设置货架内置洒水喷头。顶板下洒水喷头的喷水强度不应低于 18 L/（min · m²），作用面积不应小于 200 m²，持续喷水时间不应小于 2 h。

仓库危险Ⅱ级场所，货架储物高度大于 7.5 m 时，应设置货架内置洒水喷头。顶板下洒水喷头的喷水强度不应低于 20 L/（min · m²），作用面积不应小于 200 m²，持续喷水时间不应小于 2 h。

仓库危险Ⅲ级场所，货架储物高度大于 7.5 m 时，应设置货架内置洒水喷头，顶板下洒水喷头的喷水强度不应低于 22 L/（min · m²），作用面积不应小于 200 m²，持续喷水时间不应小于 2 h。

设置自动喷水灭火系统的仓库及类似场所，当采用货架储存时应采用钢制货架，并应采用通透层板，且层板中通透部分的面积不应小于层板总面积的 50%。通透性层板是指水或烟气能穿透或通过的货架层板，如网格或格栅型层板。当采用木制货架或采用封闭层板货架时，其系统设置应按堆垛储物仓库确定。

货架仓库的最大净空高度或最大储物高度超过有关早期抑制快速相应喷头设计参数的规定时，应设货架内置洒水喷头，且货架内置洒水喷头上方的层间隔板应为实层板。货架内置洒水喷头的设置应符合下列规定：

（1）仓库危险级Ⅰ级、Ⅱ级场所应在自地面起每 3.0 m 设置一层货架内置洒水喷头，仓库危险级Ⅲ级场所应在自地面起每 1.5 ~ 3.0 m 设置一层货架内置洒水喷头，且最高层货架内置洒水喷头与储物顶部的距离不应超过 3.0 m。

（2）当采用流量系数等于 80 的标准覆盖面积洒水喷头时，工作压力不应小于 0.20 MPa；当采用流量系数等于 115 的标准覆盖面积洒水喷头时，工作压力不应小于 0.10 MPa。

（3）洒水喷头间距不应大于 3 m，且不应小于 2 m。计算货架内开放洒水喷头数量不应小于规范的规定。

（4）设置 2 层及以上货架内置洒水喷头时，洒水喷头应交错布置。

仓库内设置自动喷水灭火系统时，宜设消防排水设施。

6．局部应用系统设计基本参数

室内最大净空高度不超过 8 m、保护区域总建筑面积不超过 1 000 m^2 及火灾等级为轻危险级或中危险级Ⅰ级场所的民用建筑可采用局部应用湿式自动喷水灭火系统。保护局部场所的干式系统、预作用系统、雨淋系统、自动喷水-泡沫联用系统，可串联接入同一建筑物内的湿式系统，并应与其配水干管连接。系统应采用快速响应喷头，喷水强度不应低于 6 L/（min · m^2），持续喷水时间不应低于 0.5 h。喷头的选型、布置和作用面积应符合下列要求：

（1）采用标准覆盖面积洒水喷头的系统：喷头的布置应符合轻危险级或中危险级Ⅰ级场所的有关规定，作用面积内开放的喷头数量应符合表 4-3-5 的规定。

表 4-3-5　采用标准覆盖面积洒水喷头时作用面积内开放喷头数量

保护区域总建筑面积和最大厅室建筑面积/m^2	开放喷头数量/只
保护区域总建筑面积超过 300 或最大厅室建筑面积超过 200	10
保护区域总建筑面积不超过 300	最大厅室喷头数 + 2 当少于 5 只时，取 5 只；当多于 8 只时，取 8 只

（2）采用扩大覆盖面积洒水喷头的系统：喷头应采用正方形布置，其布置间距应按照直立型、下垂型扩大覆盖面积洒水喷头的布置间距要求，且不应小于 2.4 m，作用面积应按开放喷头数不少于 6 只确定。

当室内消火栓系统的设计流量能满足局部应用系统设计流量时，局部应用系统可与室内消火栓合用室内消防用水量、稳压设施、消防水泵及供水管道等。当不能满足时局部应用系统的供水应符合：市政供水能够同时保证最大生活用水量和系统的流量与压力时，城市供水管可直接向系统供水；市政供水不能同时保证最大生活用水量和系统的流量与压力，但允许消防水泵从城市供水管直接吸水时，系统可设直接从城市供水管吸水的消防水泵；市政供水不能同时保证最大生活用水量和系统的流量与压力，也不允许从市政供水管直接吸水时，系统应设储水池（罐）和消防水泵，储水池（罐）的有效容积应按系统用水量确定，并可扣除系统持续喷水时间内仍能连续补水的补水量；可按三级负荷供电，且可不设备用泵；应设置倒流防止器或采取其他有效防止污染生活用水的措施。

7．水幕系统的设计基本参数

应符合表 4-3-6 的规定。

表 4-3-6　水幕系统的设计基本参数

水幕系统类别	喷水点高度 h/m	喷水强度/[L/(min · m^2)]	喷头工作压力/MPa
防火分隔水幕	$h \leqslant 12$	2	0.1
防护冷却水幕	$h \leqslant 4$	0.5	

（1）防护冷却水幕用于配合防火卷帘、防火玻璃墙等防火分隔设施使用，以保证该分隔设施的完整性和隔热性。进行洒水防火卷帘抽检测试，90 min 耐火试验后，得出未失去完整性和隔热性的结论。喷水高度为 4 m，喷水强度为 0.5 L/（s · m）的规定，折算成对卷帘面积的平均喷水强度为 7.5 L/（min · m^2），可以形成水膜并有效保护钢结构不受火灾损害。喷水点的提高，将使卷帘面积的平均喷水强度下降，致使防护冷却的能力下降，所以提出了防护冷却水幕的喷水点高度每增加 1 m，喷水强度应增加 0.1 L/（s · m）的规定，但超过 9 m 时喷水强度仍采用 1.0 L/（s · m）。对于尺寸不超过 15 m × 8 m 的开口，防火分隔水幕的喷水强度仍按 2 L/（s · m）确定。

（2）系统持续喷水时间不应小于系统设置部位的耐火极限要求。

当采用防护冷却系统保护防火卷帘、防火玻璃墙等防火分隔设施时，系统应独立设置，且应符合下列要求：

① 喷头设置高度不应超过 8 m；当设置高度为 4 ~ 8 m 时，应采用快速响应洒水喷头。

② 喷头设置高度不超过 4 m 时，喷水强度不应小于 0.5 L/（s · m）；当超过 4 m 时，每增加 1m，喷水强度应增加 0.1 L/（s · m）。

③ 喷头设置应确保喷洒到被保护对象后布水均匀，喷头间距应为 1.8 ~ 2.4 m；喷头溅水盘与防火分隔设施的水平距离不应大于 0.3 m，与顶板的距离应符合本规范的规定。

④ 持续喷水时间不应小于系统设置部位的耐火极限要求。

8．防护冷却系统设计要求

我国现行国家标准《建筑设计防火规范》（GB 50016—2014）中规定：建筑内中

庭与周围连通空间，以及步行街两侧建筑商铺面向步行街一侧的围护构件采用耐火完整性不低于 1.00 h 的非隔热性防火玻璃墙时，应设置闭式自动喷水灭火系统保护，并规定自动喷水灭火系统的设计应符合现行国家标准《自动喷水灭火系统设计规范》（GB 50084—2017）的有关规定。

《建筑设计防火规范》（GB 50016—2014）、《人民防空工程设计防火规范》（GB 50098—2009）均规定：防火分区间可采用防火卷帘分隔，当防火卷帘的耐火极限不符合要求时，可采用设置自动喷水灭火系统保护。

当采用防护冷却系统保护防火卷帘、防火玻璃墙等防火分隔设施时，系统应独立设置，且应符合下列要求：

（1）喷头设置高度不应超过 8 m，当设置高度为 4 ~ 8 m 时，应采用快速响应洒水喷头。

（2）喷头设置高度不超过 4 m 时，喷水强度不应小于 0.5 L/（s · m），当超过 4 m 时，每增加 1 m，喷水强度应增加 0.1 L/（s · m）。

（3）喷头的设置应确保喷洒到被保护对象后布水均匀，喷头间距应为 1.8 ~ 2.4 m，喷头溅水盘与防火分隔设施的水平距离不应大于 0.3 m，与顶板的距离应符合《自动喷水灭火系统设计规范》（GB 50084—2017）的要求。

（4）持续喷水时间不应小于系统设置部位的耐火极限要求。

当采用玻璃墙体代替防火墙时，应在玻璃墙体的两侧布置喷头，除非经过特别认证，喷头布置间距不应超过 2.4 m，与玻璃的距离不超过 0.3 m。并应确保喷头的布置能使喷头在动作后能淋湿所有玻璃墙体的表面，所采用的玻璃应为钢化玻璃、嵌丝玻璃或夹层玻璃等。

9．持续喷水时间

除《自动喷水灭火系统设计规范》（GB 50084—2017）另有特殊规定外，自动喷水灭火系统的持续喷水时间应按火灾延续时间不小于 1 h 确定。

项目四　系统主要组件及其设置要求

自动喷水灭火系统应有下列组件、配件和设施：

（1）应设有洒水喷头、报警阀组、水流报警装置等组件和末端试水装置，以及管道、供水设施等。

（2）控制管道静压的区段宜分区供水或设减压阀，控制管道动压的区段宜设减压孔板或节流管。

（3）应设有泄水阀（或泄水口）、排气阀（或排气口）和排污口。

（4）干式系统和预作用系统的配水管道应设快速排气阀。有压充气管道的快速排气阀入口前应设电动阀。

一、洒水喷头

1. 喷头分类

根据结构组成、安装位置、热敏元件、保护面积、应用场所喷头灵敏度、特殊类型，洒水喷头可分为不同的类型，其设置要求也有所区别。

（1）根据热敏感元件分类分为：易熔元件洒水喷头、玻璃球洒水喷头。

（2）根据安装位置分类分为：边墙型洒水喷、下垂型洒水喷头、直立型洒水喷头。

（3）根据洒水喷头灵敏度分类分为：快速响应洒水喷头、特殊响应洒水喷头、标准响应洒水喷头。

（4）根据保护面积分类分为：标准覆盖面积洒水喷头、扩大覆盖面积洒水喷头。

（5）特殊类型洒水喷头分为：干式洒水喷头、齐平式洒水喷头、嵌入式洒水喷头、隐蔽式洒水喷头、带涂层洒水喷头和带防水罩洒水喷头。

闭式喷头具有释放机构，由玻璃球、易熔元件、密封件等零件组成。平时，闭式喷头的出水口由释放机构封闭，达到公称动作温度时，玻璃球破裂或易熔元件熔化，释放机构自行脱落，喷头开启喷水。闭式喷头具有定温探测器和定温阀及布水器的作用，开始喷头（包括水幕喷头）没有释放机构，喷口呈常开状态。

玻璃球喷头的公称动作温度分为 13 个温度等级，易熔元件喷头的公称动作温度分为 7 个温度等级。为了区分不同公称动作温度的喷头，将感温玻璃球中的液体和易熔元件喷头的扼臂标示为不同的颜色，如表 4-4-1 所示。闭式系统的洒水喷头公称动作温度宜高于环境最高温度 30 °C。

表 4-4-1　闭式喷头公称动作温度和色标

玻璃球喷头		易熔元件喷头	
公称动作温度/°C	工作液色标	公称动作温度/°C	工作液色标
57	橙	57 ~ 77	无色
68	红		
79	黄		
93	绿		
107	绿	80 ~ 107	白
121	蓝	121 ~ 149	蓝
141	蓝	163 ~ 191	红
163	紫	204 ~ 246	绿
182	紫	260 ~ 302	橙
204	黑	320 ~ 343	橙
227	黑		
260	黑		
343	黑		

各种洒水喷头的构造如图 4-4-1、图 4-4-2 所示。

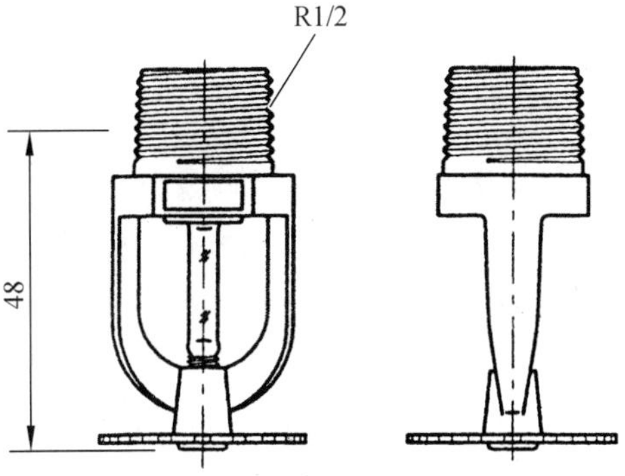

（a）ZSTX 下垂型喷头

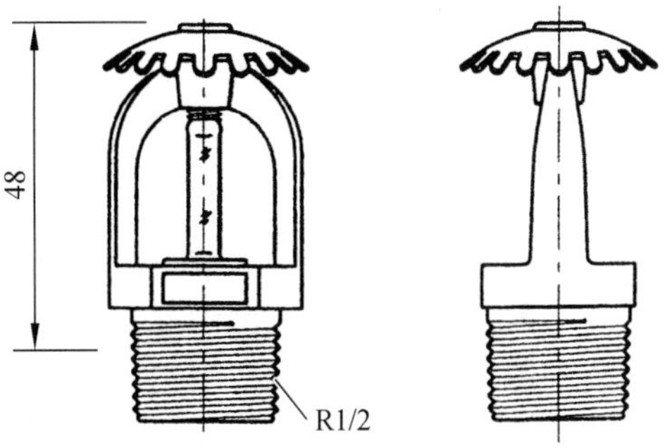

（b）ZSTZ 直立型喷头

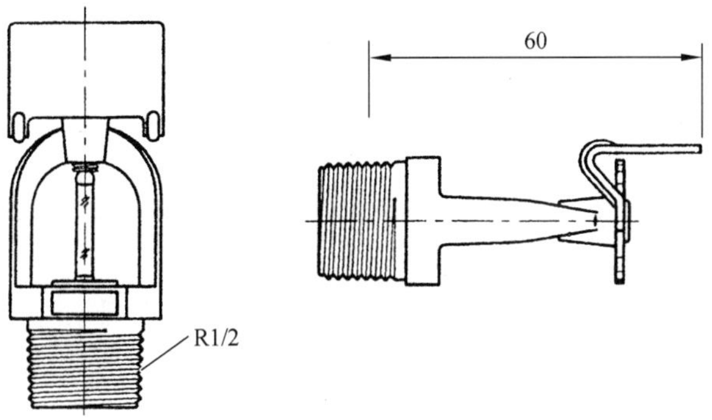

（c）ZSTB 边墙型喷头

图 4-4-1　闭式喷头的构造

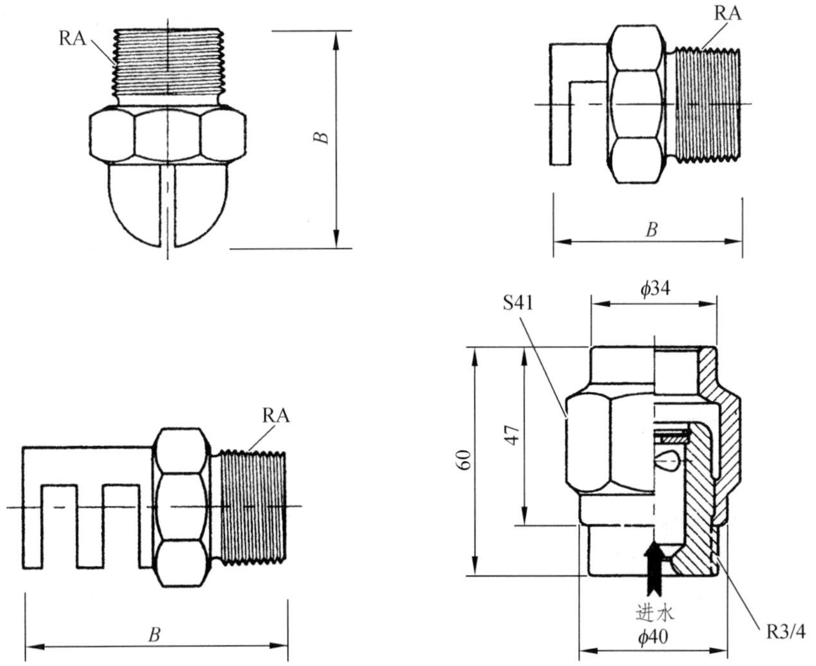

图 4-4-2　开式喷头的构造

2．喷头选型与设置要求

1）基本要求

设置闭式系统的场所，喷头最大允许设置高度应遵循“使喷头及时受热开放，并使开放喷头的洒水有效覆盖起火范围”这一原则，超过上述高度，喷头将不能及时受热开放，而且喷头开放后的洒水可能达不到覆盖起火范围的预期目的，出现火灾在喷水范围之外蔓延的现象，使系统不能有效发挥控灭火的作用，因此喷头的最大允许设置高度由喷头类型、建筑适用功能等因素综合确定。所选喷头的类型和场所的最大净空高度应符合表 4-4-2 的规定，但仅用于保护室内钢屋架等建筑构件的洒水喷头和货架内置洒水喷头，可不受此图规定的限制。

表 4-4-2　喷头的类型和场所的最大净空高度

<table>
<tr><th colspan="2" rowspan="2">设置场所</th><th colspan="3">喷头类型</th><th rowspan="2">场所净空高度 h/m</th></tr>
<tr><th>一只喷头的保护面积</th><th>响应时间性能</th><th>流量系统 K</th></tr>
<tr><td rowspan="5">民用建筑</td><td rowspan="2">普通场所</td><td>标准覆盖面积洒水喷头</td><td>快速响应喷头
特殊响应喷头
标准响应喷头</td><td>$K\geq 80$</td><td rowspan="2">$h\leq 8$</td></tr>
<tr><td>扩大覆盖面积洒水喷头</td><td>快速响应喷头</td><td>$K\geq 80$</td></tr>
<tr><td rowspan="3">高大空间场所</td><td>标准覆盖面积洒水喷头</td><td>快速响应喷头</td><td>$K\geq 115$</td><td rowspan="2">$8<h\leq 12$</td></tr>
<tr><td colspan="3">非仓库型特殊应用喷头</td></tr>
<tr><td colspan="3">非仓库型特殊应用喷头</td><td>$12<h\leq 18$</td></tr>
<tr><td colspan="2" rowspan="4">厂房</td><td>标准覆盖面积洒水喷头</td><td>特殊响应喷头
标准响应喷头</td><td>$K\geq 80$</td><td rowspan="2">$h\leq 8$</td></tr>
<tr><td>扩大覆盖面积洒水喷头</td><td>标准响应喷头</td><td>$K\geq 80$</td></tr>
<tr><td>标准覆盖面积洒水喷头</td><td>特殊响应喷头
标准响应喷头</td><td>$K\geq 115$</td><td>$8<h\leq 12$</td></tr>
<tr><td colspan="3">非仓库型特殊应用喷头</td><td>$12<h\leq 18$</td></tr>
<tr><td colspan="2" rowspan="3">仓库</td><td>标准覆盖面积洒水喷头</td><td>特殊响应喷头
标准响应喷头</td><td>$K\geq 80$</td><td>$h\leq 9$</td></tr>
<tr><td colspan="3">仓库型特殊应用喷头</td><td>$h\leq 12$</td></tr>
<tr><td colspan="3">早期抑制快速响应喷头</td><td>$h\leq 13.5$</td></tr>
</table>

2）喷头选型

实际工作中，由于喷头的选型不当而造成失误的现象比较突出，不同用途和型号的喷头，分别具有不同的使用条件和安装方式，喷头的选型、安装方式、方位合理与否，将直接影响喷头的动作时间和布水效果。

（1）湿式系统的洒水喷头选型应符合下列规定：

① 不做吊顶的场所，当配水支管布置在梁下时，火灾热气流将在上升至顶板后水

平蔓延，此时只有向上安装直立型喷头，才能使热气流尽早接触和加热喷头热敏元件。因此应采用直立型洒水喷头。

② 吊顶下布置的洒水喷头，应采用下垂型洒水喷头或吊顶型洒水喷头。

③ 顶板为水平面的轻危险级、中危险级Ⅰ级住宅建筑、宿舍、旅馆建筑客房、医疗建筑病房和办公室，可采用边墙型洒水喷头。

④ 易受碰撞的部位，应采用带保护罩的洒水喷头或吊顶型洒水喷头。

⑤ 顶板为水平面，且无梁、通风管道等障碍物影响喷头洒水的场所，可采用扩大覆盖面积洒水喷头。

⑥ 住宅建筑和宿舍、公寓等非住宅类居住建筑宜采用家用喷头。

⑦ 隐蔽式洒水喷头由于具有美观性的优点，越来越受到业主的青睐。目前该类喷头广泛地应用在一些装饰豪华、外观要求美化的场所，如商场、高级宾馆、酒店、娱乐中心等，根据目前的应用现状，隐蔽式喷头存在巨大的安全隐患，主要表现在：发生火灾时喷头的装饰盖板不能及时脱落；装饰盖板脱落后滑竿无法下落，导致喷头溅水盘无法滑落到吊顶平面下部，喷头无法形成有效的布水；喷头装饰盖板被油漆、涂料喷涂等。因此不宜选用隐蔽式洒水喷头，确需采用时，应仅适用于轻危险级和中危险级Ⅰ级场所。

（2）为便于系统在火灾或维修后恢复准工作状态之前排尽管道中的积水，同时有利于在系统启动时排气。干式系统、预作用系统应采用直立型洒水喷头或干式下垂型洒水喷头。

（3）水幕系统的喷头选型应符合下列规定：

① 防火分隔水幕应采用开式洒水喷头或水幕喷头。防火分隔水幕的作用是阻断烟和火的蔓延，当使用水幕形成密集喷洒的水墙时，要求采用洒水喷头；当使水幕形成密集喷洒的水帘时，要求采用开口向下的水幕喷头；也可以同时采用开式洒水喷头和水幕喷头，并分排布置。

② 防护冷却水幕应采用水幕喷头，将水喷向保护对象。

（4）防护冷却系统主要与防火卷帘、防火玻璃墙等防护分隔设施配合使用，其喷头布置时应将水直接喷向保护对象，因此自动喷水防护冷却系统可采用边墙型洒水喷头。

（5）下列场所宜采用快速响应洒水喷头，当采用快速响应洒水喷头时，应为湿式系统。

① 公共娱乐场所、中庭环廊。

② 医院、疗养院的病房及治疗区域，老年、少儿、残疾人的集体活动场所。

③ 超出消防水泵接合器供水高度的楼层。

④ 地下商业场所。

（6）为了防止混装不同喷头对系统的启动与操作造成不良影响，同一隔间内应采用相同热敏性能的洒水喷头。

（7）雨淋系统的防护区内应采用相同的洒水喷头。

（8）自动喷水灭火系统应有备用洒水喷头，其数量不应少于总数的 1%，且每种型号均不得少于 10 只。

3）喷头布置

闭式洒水喷头是自动喷水灭火系统的关键组件，受火灾热气流加热开放后喷水并启动系统，能否合理地布置喷头，将决定喷头能否及时动作和按规定强度喷水。

（1）直立型、下垂型标准覆盖面积洒水喷头的布置，包括同一根配水支管上喷头的间距及相邻配水支管的间距，应根据系统设置场所的火灾危险等级、喷头类型和工作压力确定，并应符合表 4-4-3 的规定，且不应小于 1.8 m。喷头的布置间距是自动喷水灭火系统设计的重要参数，其中设置场所的火灾危险等级对喷头布置起决定性因素。喷头间距过大会影响喷头的开放时间及系统的控、灭火效果，间距过小会造成作用面积内喷头布置过多，系统设计用水量偏大。为控制喷头与起火点之间的距离，保证喷头开放时间，又不致引起喷头开放数过多，规定了标准覆盖面积喷头的布置间距及喷头最大保护面积，目的在于既能确保喷头能适时开放又能使系统按设计选定的强度喷水。

表 4-4-3　直立型、下垂型标准覆盖面积洒水喷头的布置

火灾危险等级	正方形布置的边长/m	矩形或平行四边形布置的长边边长/m	一只喷头的最大保护面积/m^2	喷头与端墙的距离/m	
				最大	最小
轻危险级	4.4	4.5	20	2.2	0.1
中危险级Ⅰ级	3.6	4	12.5	1.8	
中危险级Ⅱ级	3.4	3.6	11.5	1.7	
严重危险级、仓库危险级	3	3.6	9	1.5	

注：设置单排洒水喷头的闭式系统，其洒水喷头间距应按地面不留漏喷空白点确定；严重危险级或仓库危险级场所宜采用流量系数大于 80 的洒水喷头。

（2）直立型、下垂型扩大覆盖面积洒水喷头的布置：直立型、下垂型扩大覆盖面积洒水喷头优点是布置间距大、喷头用量少，缺点是顶板要水平、光滑且不应有障碍物。同标准覆盖面积洒水喷头一样，扩大覆盖面积洒水喷头的布置间距也由火灾危险等级确定，并应采用正方形，其布置间距不应大于表 4-4-4 的规定，且不应小于 2.4 m。

表 4-4-4　直立型、下垂型扩大覆盖面积洒水喷头的布置

火灾危险等级	正方形布置的边长/m	一只喷头的最大保护面积/m^2	喷头与端墙的距离/m	
			最大	最小
轻危险级	5.4	29	2.7	0.1
中危险级Ⅰ级	4.8	23	2.4	
中危险级Ⅱ级	4.2	17.5	2.1	
严重危险级、仓库危险级	3.6	13	1.8	

（3）边墙型标准覆盖面积洒水喷头的布置：参考国外标准，根据边墙型标准覆盖面积洒水喷头与室内最不利点处火源的距离远、喷头受热条件较差等实际情况，规定边墙型标准覆盖面积洒水喷头的最大保护跨度与间距应符合表 4-4-5 的规定。

表 4-4-5　边墙型标准覆盖面积洒水喷头的最大保护跨度与间距　　单位：m

火灾危险等级	配水支管上喷头的最大间距	单排喷头的最大保护跨度	两排相对喷头的最大保护跨度
轻危险级	3.6	3.6	7.2
中危险级Ⅰ级	3	3	6

注：1. 两排相对洒水喷头应交错布置。
2. 室内跨度大于两排相对喷头的最大保护跨度时，应在两排相对喷头中间增设一排喷头。

（4）边墙型扩大覆盖面积洒水喷头的布置：边墙型扩大覆盖面积洒水喷头的最大保护跨度和配水支管上洒水喷头的间距，应按洒水喷头在工作压力下能够喷湿对面墙和邻近端墙距溅水盘 1.2 m 高度以下的墙面确定，且保护面积内的喷水强度应符合民用建筑和工业厂房采用湿式系统时的设计基本参数的规定。边墙型扩大覆盖面积喷头优点是保护面积大，安装简便；缺点是喷头与室内最不利点处起火点的最大距离更远，影响喷头的受热和灭火效果。我国现行国家标准规定了该喷头的布水性能、湿墙性能及灭火性能，其中湿墙性能要求该喷头打湿实验室四周墙面距离吊顶的距离不大于 1.5 m。在布置要求上，要求该喷头应根据生产厂提供的喷头流量特性、洒水分布和喷湿墙面范围等资料，确定喷水强度和喷头的布置。

（5）直立型、下垂型早期抑制快速响应喷头、特殊应用喷头和家用喷头的布置：除吊顶型洒水喷头及吊顶下设置的洒水喷头外，直立型、下垂型早期抑制快速响应喷头、特殊应用喷头和家用喷头溅水盘与顶板的距离应符合表 4-4-6 的规定。

表 4-4-6　喷头溅水盘与顶板的距离　　单位：mm

喷头类型		喷头溅水盘与顶板的距离 S_L
早期抑制快速响应喷头	直立型	$100 \leqslant S_L \leqslant 150$
	下垂型	$150 \leqslant S_L \leqslant 360$
特殊应用喷头		$150 \leqslant S_L \leqslant 200$
家用喷头		$25 \leqslant S_L \leqslant 100$

（6）图书馆、档案馆、商场、仓库中通道上方洒水喷头的布置：图书馆、档案馆、商场、仓库中通道上方宜设有喷头。喷头与被保护对象的水平距离不应小于 0.3 m，喷头溅水盘与保护对象的最小垂直距离不应小于表 4-4-7 的规定。

表 4-4-7　喷头溅水盘与保护对象的最小垂直距离　　单位：mm

喷头类型	最小垂直距离
标准覆盖面积洒水喷头、扩大覆盖面积洒水喷头	450
特殊应用喷头、早期抑制快速响应喷头	900

（7）货架内置洒水喷头的布置。货架内置洒水喷头宜与顶板下洒水喷头交错布置，其溅水盘与上方层板的距离应符合《自动喷水灭火系统设计规范》（GB 50084—2017）的规定，与其下部储存物顶面的垂直距离不应小于 150 mm。

（8）通透性吊顶场所洒水喷头的布置：装设网格、栅板类通透性吊顶的场所，当通透面积占吊顶总面积的比例大于 70% 时，喷头应设置在吊顶上方，且通透性吊顶开口部位的净宽度不应小于 10 mm，开口部位的厚度不应大于开口的最小宽度；喷头间距及溅水盘与吊顶上表面的距离应符合表 4-4-8 的规定。

通透性吊顶的形式、规格、种类多种多样，其设置在给建筑空间带来美观的同时，也会削弱喷头的动作性能、布水性能和灭火性能。对于如垂片、挂板等纵向布置形成的格栅吊顶，要求其纵深厚度不应超过吊顶内镂空开口的最小宽度，以便通透率满足要求，吊顶自身的厚度也会改变喷头的洒水分布形式及水滴的冲击性能。

表 4-4-8　通透性吊顶场所喷头布置要求

火灾危险等级	喷头间距 s/m	喷头溅水盘与吊顶上表面的最小距离/mm
轻危险级、中危险级Ⅰ级	$s \leq 3$	450
	$3 < s \leq 3.6$	600
	$s \geq 3.6$	900
中危险级Ⅱ级	$s \leq 3$	600
	$s > 3$	900

（9）闷顶和技术夹层内洒水喷头的设置：净空高度大于 800 mm 的闷顶和技术夹层应设置洒水喷头，当闷顶内敷设的配电线路采用不燃材料套管或封闭式金属线槽保护；风管保温材料等采用不然、难燃材料制作；且无其他可燃物时，闷顶和技术夹层内可不设置洒水喷头。

（10）水幕喷头的布置：防火分隔水幕的喷头布置应保证水幕的宽度不应小于 6 m。采用水幕喷头时，喷头不应少于 3 排；采用开式洒水喷头时，喷头不应少于 2 排。防护冷却水幕的喷头宜布置成单排。水幕的喷水强度按直线分布衡量，并不能出现空白点。

（11）防护冷却系统喷头的布置：当防火卷帘、防火玻璃等防火分隔设施需采用防护冷却系统保护时，喷头应根据可燃物的情况，在防火分隔设施的一侧或两侧布置；外墙可只在需要保护的一侧布置。

（12）斜面顶板或吊顶场所的喷头布置：当顶板或吊顶为斜面时，喷头应垂直于斜面，并应按斜面距离确定喷头间距。坡屋顶的屋脊处应设一排喷头，当屋顶坡度不小于 1/3 时，喷头溅水盘至屋脊的垂直距离不应大于 800 mm，当屋顶坡度小于 1/3 时，喷头溅水盘至屋脊的垂直距离里不应大于 600 mm。

（13）边墙型洒水喷头溅水盘与顶板和背墙的距离：采用边墙型洒水喷头时，其溅水盘与顶板和背墙的距离应符合表 4-4-9 的规定。

表 4-4-9　边墙型洒水喷头溅水盘与顶板和背墙的距离　　　单位：mm

喷头类型		喷头溅水盘与顶板的距离 S_L	喷头溅水盘与背墙的距离 S_w
边墙型标准覆盖面积洒水喷头	直立式	$100 \leqslant S_L \leqslant 150$	$50 \leqslant S_w \leqslant 100$
	水平式	$150 \leqslant S_L \leqslant 300$	—
边墙型扩大覆盖面积洒水喷头	直立式	$100 \leqslant S_L \leqslant 150$	$50 \leqslant S_w \leqslant 150$
	水平式	$150 \leqslant S_L \leqslant 300$	—
边墙型家用喷头		$100 \leqslant S_L \leqslant 150$	—

规定边墙型洒水喷头与顶板及背墙的距离，目的是使喷头在受热时及时动作。如水平式和直立式边墙型标准覆盖面积洒水喷头安装示意图如图 4-4-3 所示。

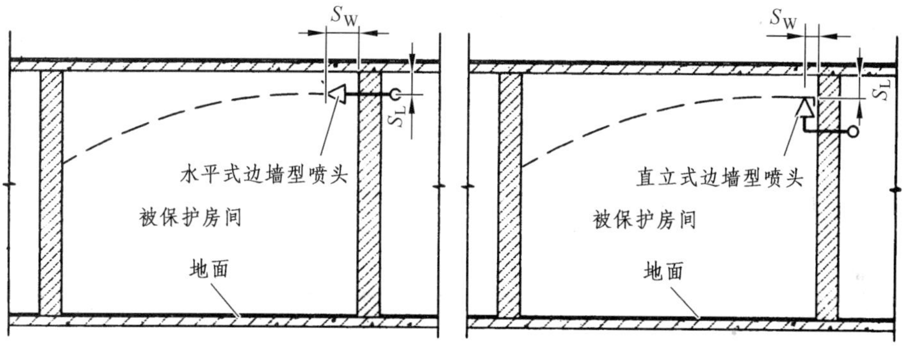

图 4-4-3　水平式边墙型喷头与直立式边墙型喷头

（14）当局部场所设置自动喷水灭火系统时，局部场所与相邻不设自动喷水灭火系统场所连通的走道和连通门窗的外侧，应设洒水喷头。

（15）喷头布置的其他要求：同一场所内的喷头应布置在同一个平面上，应布置在顶板或吊顶下易于接触到火灾热气流并有利于均匀布水的位置。当喷头附近有障碍物时，应符合规范规定或增设补偿喷水强度的喷头。除吊顶型洒水喷头及吊顶下设置的洒水喷头外，直立型、下垂型标准覆盖面积喷头和扩大覆盖面积喷头的溅水盘与顶板的距离不应小于 75 mm，且不应大于 150 mm。当在梁或其他障碍物的下方布置喷头时，溅水盘与顶板之间的距离不应大于 300 mm。梁和障碍物及密肋梁板下布置的喷头，其溅水盘与梁等障碍物及密肋梁板底面的垂直距离不应小于 25 mm，且不应大于 100 mm。当在梁间布置洒水喷头时，洒水喷头与梁的距离应符合规表 4-4-10 的规定。确有困难时，溅水盘与顶板的距离达到 550 mm 仍不能符合表 4-4-10 的规定时，应在梁底面的下方增设洒水喷头。喷头与障碍物距离的其他要求，应符合国家消防技术标准和规范的规定。

表 4-4-10　喷头与梁、通风管道等障碍物的距离　　单位：mm

喷头与梁、通风管道的水平距离 a	喷头溅水盘与梁或通风管道底面的垂直距离 b		
	标准覆盖面积洒水喷头	扩大覆盖面积洒水喷头、家用喷头	早期抑制快速响应喷头、特殊应用喷头
$a<300$	0	0	0
$300\leqslant a<600$	$b\leqslant 60$	0	$b\leqslant 40$
$600\leqslant a<900$	$b\leqslant 140$	$b\leqslant 30$	$b\leqslant 140$
$900\leqslant a<1\,200$	$b\leqslant 240$	$b\leqslant 80$	$b\leqslant 250$
$1\,200\leqslant a<1\,500$	$b\leqslant 350$	$b\leqslant 130$	$b\leqslant 380$
$1\,500\leqslant a<1\,800$	$b\leqslant 450$	$b\leqslant 180$	$b\leqslant 550$
$1\,800\leqslant a<2\,100$	$b\leqslant 600$	$b\leqslant 230$	$b\leqslant 780$
$a\geqslant 2\,100$	$b\leqslant 880$	$b\leqslant 350$	$b\leqslant 780$

二、报警阀组

自动喷水灭火系统根据不同的系统选用不同的报警阀组。

1. 报警阀组的分类、组成及工作原理

报警阀组分为湿式报警阀组、干式报警阀组、雨淋报警阀组和预作用报警装置。

1）湿式报警阀组

（1）湿式报警阀组的组成

湿式报警阀是湿式系统的专用阀门，是只允许水流入系统，并在规定压力、流量下驱动配套部件报警的一种单向阀。湿式报警阀组的主要元件为止回阀，其开启条件与入库压力及出口流量有关，它与延迟器、水力警铃、压力开关、控制阀等组成报警阀组，如图 4-4-4 所示。

（2）湿式报警阀的工作原理

湿式报警阀阀体如图 4-4-5 所示。湿式报警阀上设有进水口、报警口、测试口、检修口和出水口，阀内部设有阀瓣、阀座等组件，是控制水流方向的主要可动密封件。在准工作状态时，阀瓣上下充满水，水的压强近似相等。由于阀瓣上面与水接触的面积大于下面与水接触的面积，因此阀瓣受到的水压合力向下。在水压力及自重的作用下，阀瓣坐落在阀座上，处于关闭状态。当水源压力出现波动或冲击时，通过补偿器（或补水单向阀）使上、下腔压力保持一致，水力警铃不发出警报，压力开关不接通，阀瓣仍处于准工作状态。补偿器具有防止误报或误动作功能。闭式喷头喷水灭火时，补偿器来不及补水，阀瓣上面的水压下降，当其下降到使下腔的水压足以开启阀瓣时，下腔内的水便向洒水管网及动作喷头供水，同时水沿着报警阀的环形槽进入报警口，流向延迟器、水力警铃，警铃发出声响报警，压力开关开启，发出电接点信号并启动自动喷水灭火系统的供水泵。

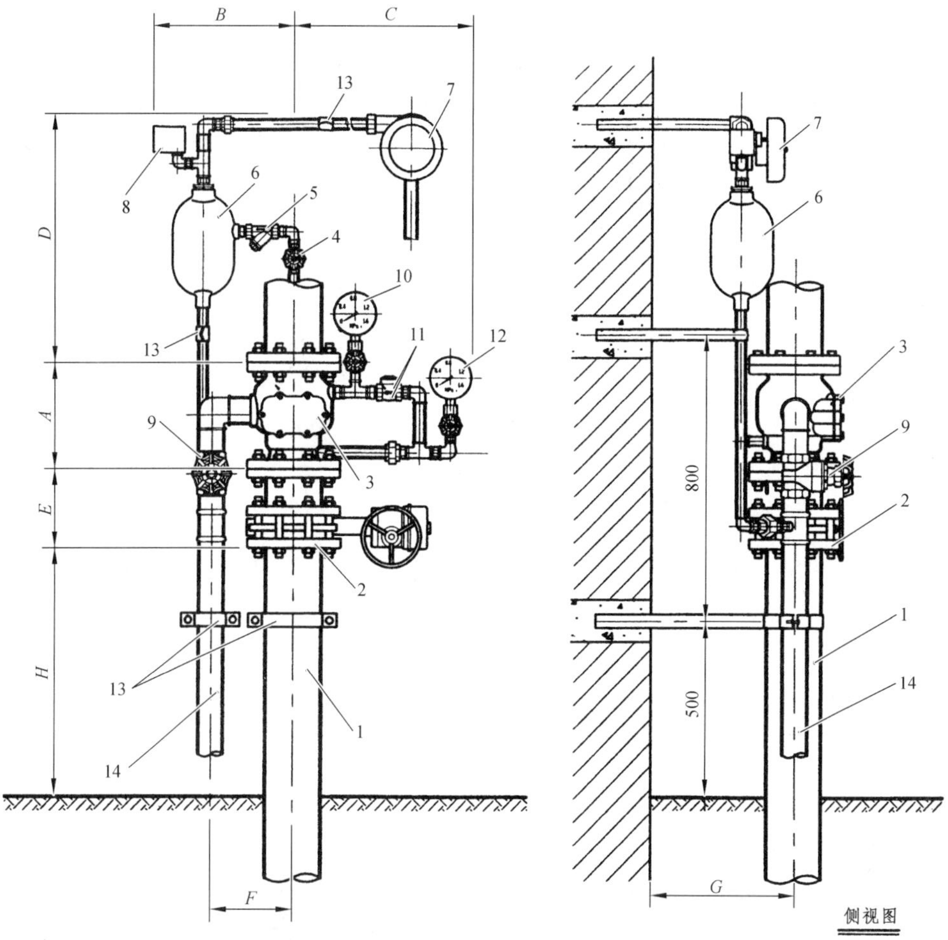

编号	名　称	用　途
1	消防给水管	供水
2	信号蝶阀	系统检修用
3	湿式报警阀	系统控制阀，开启时输出报警水流信号
4	球阀	控制水力警铃报警管路水流
5	过滤器	过滤水中杂质，防止警铃口和延迟器口堵塞
6	延迟器	防止水压变化引起误报
7	水力警铃	阀开启时机械音响报警
8	压力开关	报警阀开启时输出电信号
9	球阀	报警阀功能试验及系统检修时泄放存水
10	出水口压力表	显示水压
11	止回阀	单向补水，防止压力变化引起报警阀误动作
12	进水口压力表	显示水压
13	管卡	固定管道
14	排水管	排水

图 4-4-4　湿式报警阀组示意图及部件表

（3）延迟器的工作原理

延迟器是一个罐式容器,其入口与报警阀的报警水流通道连接，出口与压力开关和水力警铃连接，延迟器入口前安装有过滤器，如图 4-4-6 所示。在准工作状态下，可防止因压力波动而产生误报警。当配水管道发生渗漏时，有可能引起湿式报警阀阀瓣的微小开启，使水进入延迟器。但是由于水的流量小，进入延迟器的水会从延迟器底部的节流孔排出，使延迟器无法充满水，更不能从出口流向压力开关和水力警铃。只有当湿式报警阀开启，经报警通道进入延迟器的水流将延迟器注满并由出口溢出时，才能驱动水力警铃和压力开关。

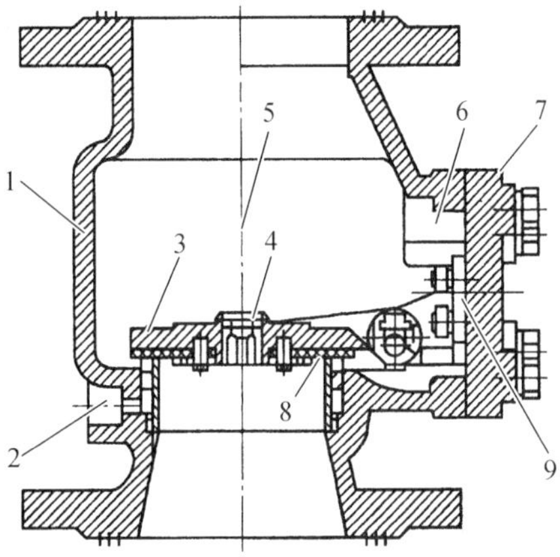

1—阀体；2—报警口；3—阀瓣；4—补水单向阀；5—测试口；6—检修口；7—阀盖；8—座圈；9—支架。

图 4-4-5　湿式报警阀阀体

（4）水力警铃的工作原理

水力警铃是一种靠水力驱动的机械警铃，安装在报警阀组的报警管路上。报警阀开启后，水流进入水力警铃并形成一股高速射流，冲击水轮带动铃锤快速旋转，敲击铃盖发出声响报警。水力警铃构造如图 4-4-7 所示。

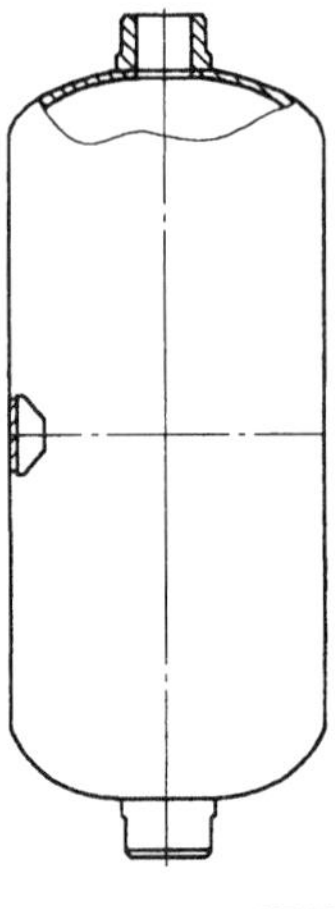

图 4-4-6　延迟器

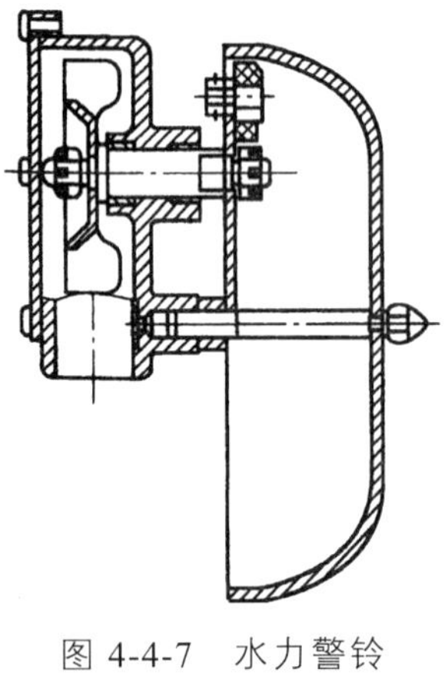

图 4-4-7　水力警铃

2）干式报警阀组

（1）干式报警阀组的组成

干式报警阀组主要由干式报警阀、水力警铃、压力开关、空压机、安全阀、控制阀等组成，如图 4-4-8 所示。报警阀的阀瓣将阀门分成两部分：出口侧与系统管路相连，内充压缩空气；进口侧与水源相连，配水管道中的气压抵住阀瓣，使配水管道始终保持干管状态，通过两侧气压和水压的压力变化控制阀瓣的封闭和开启。

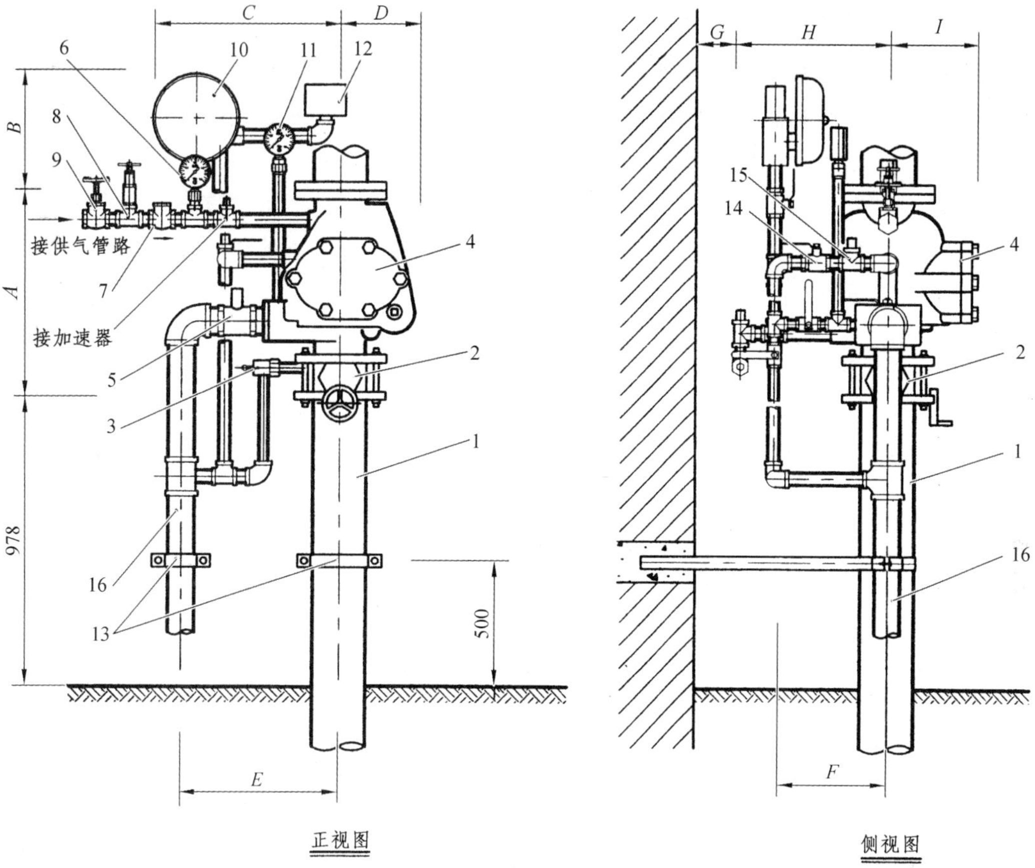

编号	名　称	用　途
1	消防给水管	供水
2	信号蝶阀	系统检修用
3	自动滴水阀	排出系统微渗的水，接通大气密封干式阀阀瓣
4	干式报警阀	系统控制阀，开启时输出报警水流信号
5	主排水阀	测试供水管路，系统复位时排出系统管网余水
6	气压表	指示系统管网侧气压
7	气路止回阀	允许压力气体单向流入系统，防止因气压变化引起误动作
8	安全阀	防止供气压力过大
9	供气截止阀	可截止供气，维修供气系统用
10	水力警铃	报警阀开启时，发出音响信号
11	水压表	指示供水侧水压
12	压力开关	报警阀开启时输出报警电信号
13	管卡	固定管道
14	冷凝水排水阀	保持预注水位高度，排出冷凝水（注水、排水时用）
15	注水口管堵	系统复位时，向干式阀内腔注水用
16	排水管	排水

图 4-4-8　干式报警阀组示意图及部件表

（2）干式报警阀的工作原理

干式报警阀特有的构造有阀瓣、水密封阀座、气密封阀座组成隔断水、气的可动密封件。在准工作状态下，报警阀处于关闭位置，橡胶阀瓣紧紧地闭合于两个同心的水、气密封阀座上，内侧为水密封圈，外侧为气密封圈，内、外侧之间的环形隔离室与大气相通，大气由报警接口配管通向平时开启的自动滴水球阀。在注水口加水加到打开注水排水阀有水流出为止，然后关闭注水口。注水是为了使气垫圈起密封作用，防止系统中的空气泄露到隔离室或大气中。只要管道的气压保持在适当值，阀瓣就始终处于关闭状态。喷头开启后，干式报警阀自动开启，其后续一系列动作类似于湿式报警阀。

3）雨淋报警阀组

（1）雨淋报警阀组的组成

雨淋报警阀是通过电动、机械或其他方式开启，使水能够自动流入喷水灭火系统并同时进行报警的一种单向阀。其按照结构可分为隔膜式、推杆式、活塞式、蝶阀式雨淋报警阀。雨淋报警阀广泛应用雨淋系统、水幕系统、水雾系统、泡沫系统等各类开式自动喷水灭火系统中。雨淋报警阀组的组成如图 4-4-9、图 4-4-10 所示。

（2）雨淋阀的工作原理

雨淋阀是水流控制阀，可以通过电动、液动、气动及机械方式开启电磁阀或平衡阀来打开。雨淋阀的阀腔分成上腔、下腔和控制腔三部分，控制腔与供水管道连通，中间设限流传压的孔板。供水管道中的压力水推动控制腔中的膜片，进而推动驱动杆顶紧阀瓣锁定杆，锁定杆产生力矩，把阀瓣锁定在阀座上。阀瓣使下腔内的压力水不能进入上腔。控制腔泄压时，使驱动杆作用在阀瓣锁定杆上的力矩低于供水压力作用在阀瓣上的力矩，阀瓣开启，供水进入配水管道。

4）预作用报警装置

预作用报警装置由预作用报警阀组、控制盘、气压维持装置和空气供给装置等组成，它是通过电动、气动、机械或其他方式控制报警阀组开启，使水能够单向流入喷水灭火系统，并同时进行报警的一种单向阀组装置。预作用报警装置的结构如图 4-4-11 所示。

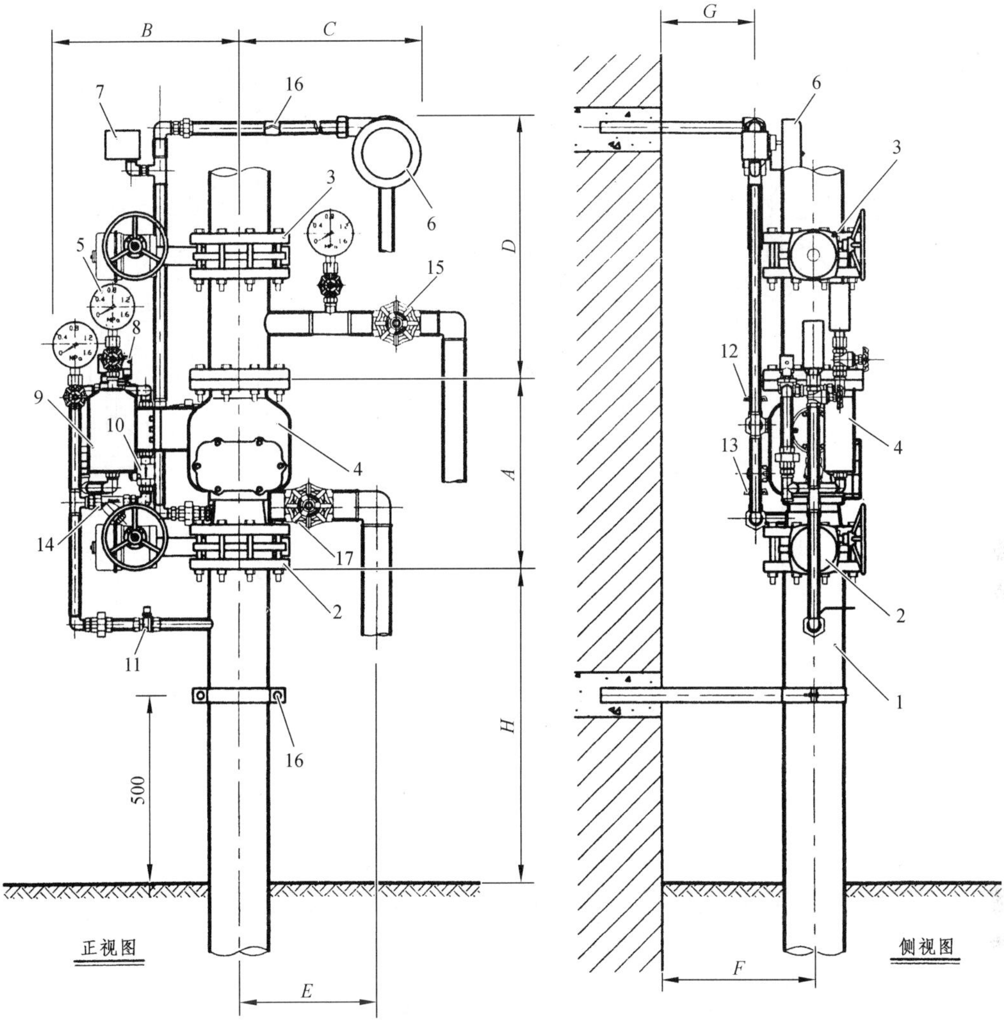

编号	名　称	用　途
1	消防给水管	供水
2	信号阀	供水控制阀，阀门关闭时有电信号输出
3	试验信号阀	平时常开，试验雨淋阀时关闭，关闭时有电信号输出
4	雨淋报警阀	系统控制阀，开启时可输出报警水流信号
5	压力表	显示水压
6	水力警铃	报警阀开启时，发出音响信号
7	压力开关	雨淋阀开启时，发出电信号
8	电磁阀	探测器报警后，联动开启雨淋报警阀
9	手动开启阀	火灾时，现场手动应急开启雨淋报警阀
10	止回阀	单向补水，防止控制腔水压不稳产生误动作
11	控制管球阀	控制控制腔供水
12	报警管球阀	手动关闭后，可消除报警
13	试警铃球阀	手动打开后，可在主阀关闭状态下试验警铃
14	过滤器	过滤水中杂质，防止管路堵塞
15	试验放水阀	系统调试或功能试验时打开放水
16	管卡	固定管道
17	泄水阀	系统检修时排空放水

图 4-4-9　ZSFY 雨淋报警阀组示意图及部件表

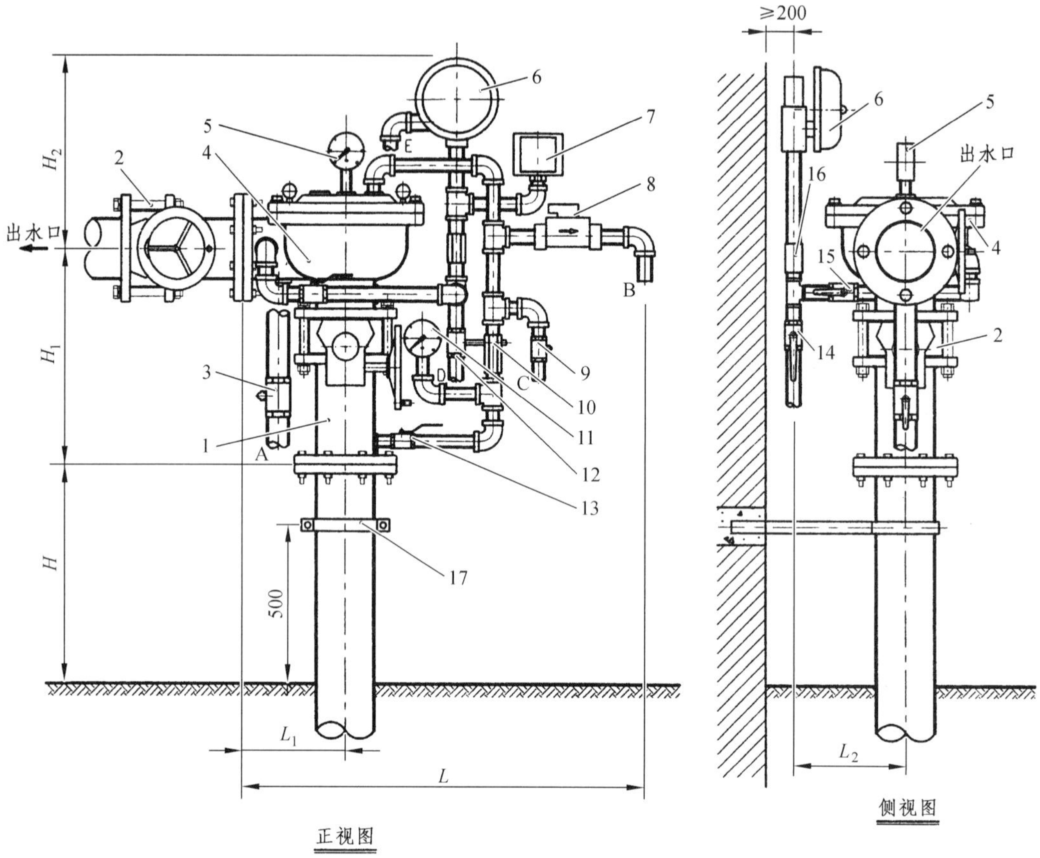

编号	名　称	用　途
1	消防给水管	供水
2	信号阀	供水控制阀，阀门关闭时有电信号输出
3	泄水阀	系统检修时排空放水
4	隔膜雨淋报警阀	系统控制阀，开启时可输出报警水流信号
5	压力表	显示控制腔水压
6	水力警铃	报警阀开启时，发出音响信号
7	压力开关	雨淋阀开启时，发出电信号
8	电磁阀	探测器报警后，联动开启雨淋报警阀
9	手动开启阀	火灾时，现场手动应急开启雨淋报警阀
10	止回阀	单向补水，防止控制腔水压不稳产生误动作
11	压力表	显示供水压力
12	试验放水阀	系统调试或功能试验时打开放水
13	控制管球阀	控制控制腔供水
14	报警管球阀	手动关闭后，可消除报警
15	试警铃球阀	手动打开后，可在主阀关闭状态下试验警铃
16	过滤器	过滤水中杂质，防止管路堵塞
17	管卡	固定管道

图 4-4-10　隔膜雨淋报警阀组示意图及部件表

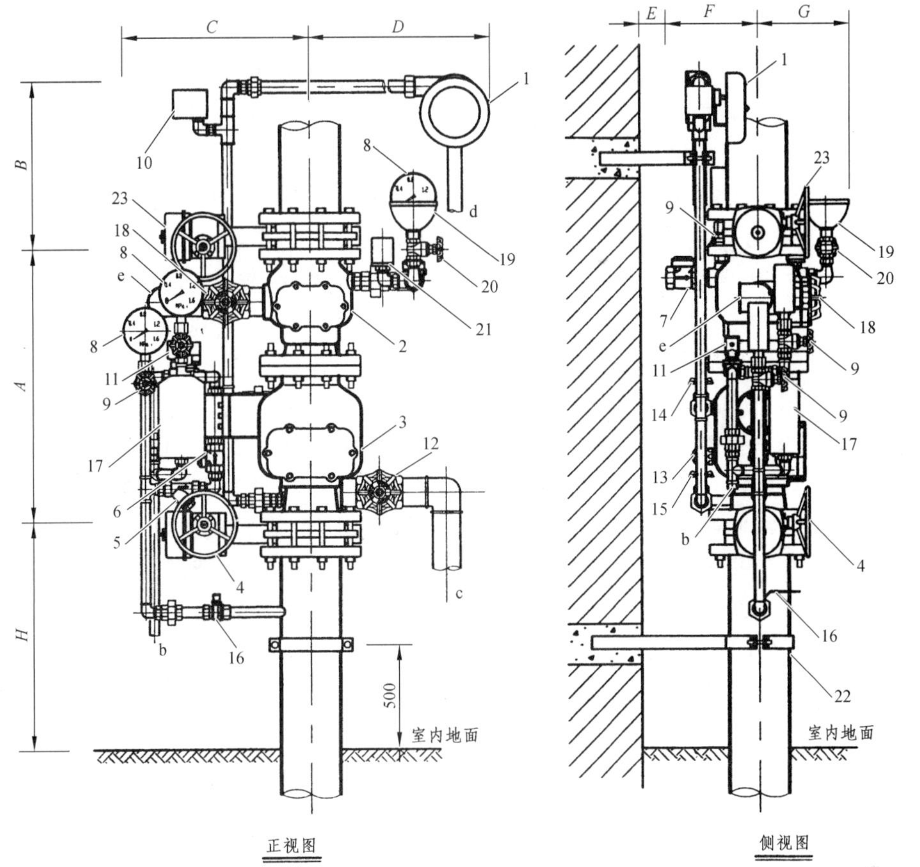

编号	名 称	用 途
1	水力警铃	报警阀开启时，发出音响信号
2	湿式报警阀	系统中起止回阀作用，系统充气时防止气泄漏
3	雨淋报警阀	系统控制阀，报警阀开启向管网供水并输出水流信号
4	信号阀	供水控制阀，阀门关闭时输出电信号
5	过滤器	对水流进行过滤，防止杂物堵塞管路
6	止回阀	防止控制腔水压不稳产生误动作
7	止回阀	防止系统动作后水流进充气系统
8	压力表	显示供水、供气压力
9	表前阀	关闭后检修压力表
10	压力开关	阀开启时，输出电信号（报警，启动喷淋泵）
11	电磁阀	接收信号，使控制腔泄压，从而启动雨淋阀
12	泄水阀	系统调试后泄水
13	自动滴水阀	自动滴除阀体内余水，排水后自动关闭
14	水力警铃控制阀	手动关闭后，可消除报警
15	水力警铃测试阀	手动打开后，可在雨淋阀关闭状态下试验警铃
16	控制腔供水阀	平时常开，关闭时切断控制腔供水
17	紧急启动手动阀	手动打开，使控制腔泄压，启动雨淋阀
18	阀瓣功能调试阀	测试雨淋阀时打开排水
19	注水漏斗	向湿式阀上腔注水，充气时起到密封作用
20	充水控制阀	打开后向湿式阀内注水
21	低气压报警压力开关	管网低气压时，输出报警电信号
22	固定支架	固定管道
23	试验信号阀	平时常开，检修调试时关闭，关闭时输出电信号

图 4-4-11　预作用报警阀组示意图及部件表

2．报警阀组的设置要求

自动喷水灭火系统根据不同的系统选用不同的报警阀组。保护室内钢屋架等建筑构件的闭式系统、水幕系统，功能与用于扑救地面火灾的闭式系统不同，为了便于分别管理，规定单独设置报警阀组。

报警阀组宜设置在安全且易于操作、检修的地点，环境温度不低于 4 °C 且不高于 70 °C，距地面高度宜为 1.2 m。设有报警阀组的部位应设置排水设施。水力警铃应设置在有人值班的地点附近或公共通道的外墙上，与其报警阀连接的管道直径应为 20 mm，总长度不宜大于 20 m，水力警铃的工作压力不应小于 0.05 MPa。

一个报警阀组控制的喷头数，对于湿式系统、预作用系统不宜超过 800 只，对于干式系统不宜超过 500 只。当配水支管同时保护吊顶下方和上方空间的洒水喷头时，由于吊顶材料的耐火性能要求执行相关规范的规定，因此吊顶一侧发生火灾时，在系统的保护下火势将不会蔓延到吊顶的另一侧，因此只将数量较多一侧的洒水喷头计入报警阀组控制的洒水喷头总数。串联接入湿式系统配水干管的其他自动喷水灭火系统，应分别设置独立的报警阀组，其控制的洒水喷头数计入湿式报警阀组控制的洒水喷头总数。每个报警阀组供水的最高和最低位置喷头的高程差不宜大于 50 m。

雨淋报警阀组的电磁阀，在入口处应设置过滤器，为了防止其流道被堵塞，保证电磁阀的可靠性。并联设置雨淋报警阀组的雨淋系统，其雨淋报警阀控制腔的入口处应设置止回阀。

控制阀安装在报警阀的入口处，用于在系统检修时关闭系统。控制阀应保持在常开位置，保证系统时刻处于警戒状态，连接报警阀进出口的控制阀应采用信号阀，其启闭状态的信号应反馈到消防控制中心。采用其他阀门时，必须用锁具锁定阀位。

三、水流指示器

1．水流指示器的组成

水流指示器是在自动喷水灭火系统中将水流信号转换成电信号的一种水流报警装置，一般用于湿式、干式、预作用、循环启闭式、自动喷水-泡沫联用系统中。水流指示器的桨片与水流方向垂直，喷头开启后引起管道中的水流动，当桨片或膜片感知水流的作用力时带动微动开关动作，接通延时线路，延时器开始计时。达到设定的延时时间后，桨片仍朝水流方向偏转无法回位，电触点闭合，输出信号。当水流停止时，桨片和动作杆复位，触点断开，信号消除。螺纹式和法兰式水流指示器的结构如图 4-4-12 所示。

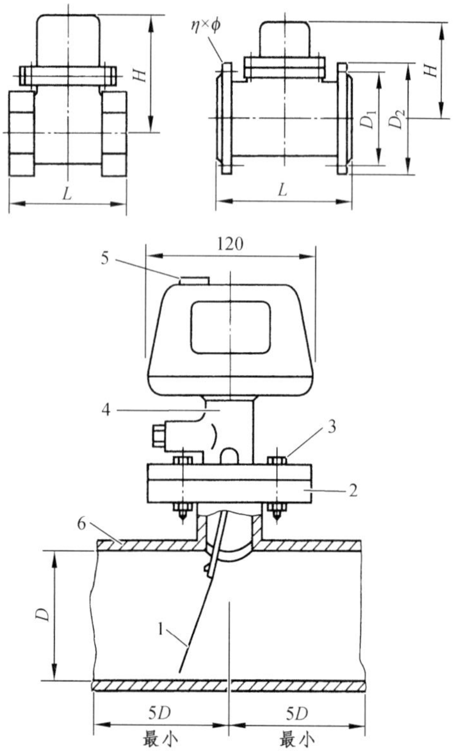

1—桨片；2—法兰底座；3—螺栓；4—本体；5—接线孔；6—管道。

图 4-4-12　水流指示器

2．水流指示器的设置要求

水流指示器的功能是及时报告发生火灾的部位。在设置闭式自动喷水灭火系统的建筑内，除报警阀组控制的洒水喷头仅保护不超过防火分区面积的同层场所外，每个防火分区和每个楼层均应分别设置水流指示器，如图 4-4-13 所示。当一个湿式报警阀组仅控制一个防火分区或一个楼层的喷头时，由于报警阀组的水力警铃和压力开关已能发挥报告火灾部位的作用，故允许不设水流指示器。

（1）仓库内顶板下洒水喷头与货架内置洒水喷头应分别设置水流指示器，有利于判断喷头的状况。如图 4-4-14 所示。

（2）当在水流指示器入口前设置控制阀时，应采用信号阀，以便显示阀门的状态，目的是防止误操作造成配水管道断水的故障。

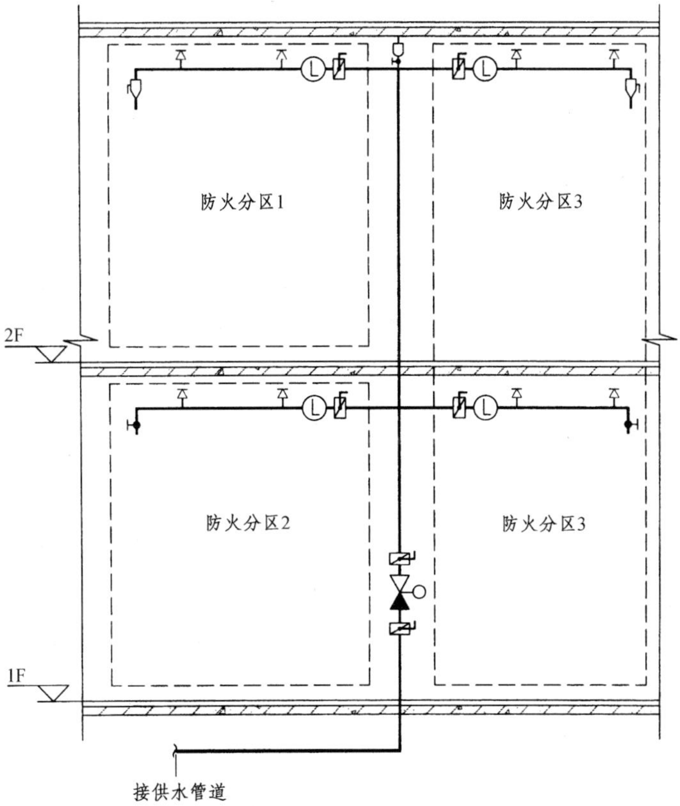

图 4-4-13　防火分区和楼层水流指示器设置示意图

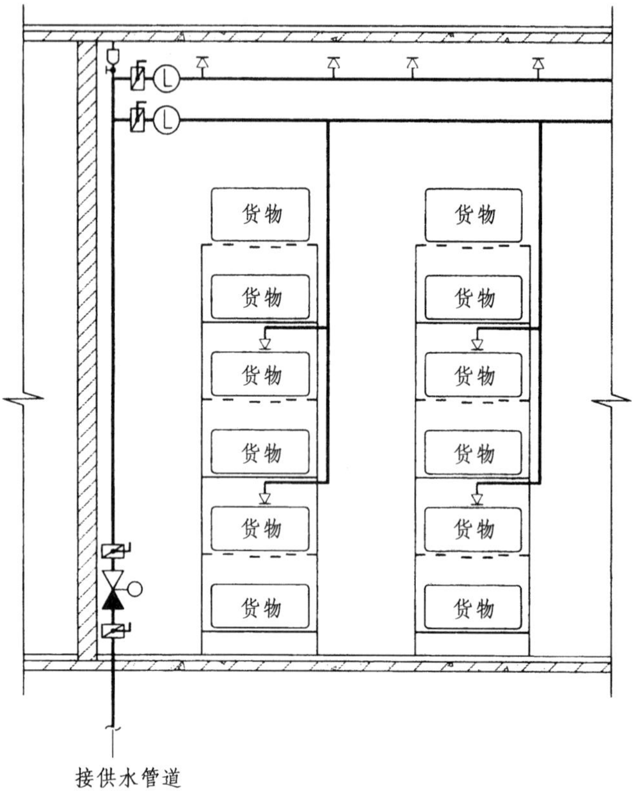

图 4-4-14　货架水流指示器设置示意图

四、压力开关

1．压力开关的组成

压力开关是一种压力传感器，它是自动喷水灭火系统中的一个部件，其作用是将系统的压力信号转化为电信号。接压力开关的管道充水压力达到设定值时，压力开关受到水压的作用后接通电触点，输出信号，实现报警和启动消防水泵。

2．压力开关的设置要求

（1）压力开关安装在系统管网或报警阀延迟器出口后的报警管道上。稳压泵的启停要求可靠地自动控制，因此自动喷水灭火系统应采用压力开关控制消防水泵和稳压泵，并能调节启、停稳压泵的压力。

（2）雨淋系统和防火分隔水幕系统的水流报警装置应采用压力开关。雨淋系统和水幕系统平时报警阀出口后的管道内（系统侧）没有水，系统启动后的管道充水阶段，管内水的流速较快，容易损伤水流指示器，因此采用压力开关较好。

五、末端试水装置

1．末端试水装置的组成

末端试水装置由试水阀、压力表以及试水接头等组成，其作用是检验系统的可靠性，测试系统能否在开放一只喷头的最不利条件下可靠报警并正常启动。末端试水装置测试的内容包括水流指示器、报警阀、压力开关、水力警铃的动作是否正常，配水管道是否通畅，以及最不利点处的喷头工作压力等。末端试水装置的构造如图 4-4-15 所示。

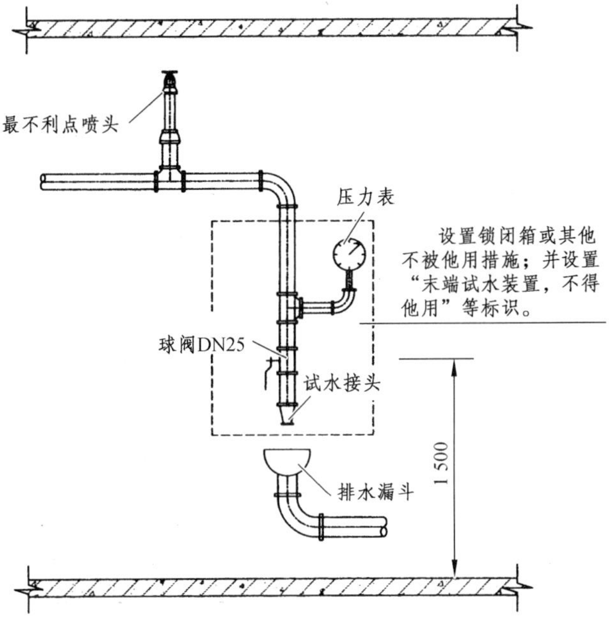

图 4-4-15　末端试水装置安装示意图

2．末端试水装置的设置要求

（1）每个报警阀组控制的最不利点喷头处应设末端试水装置，其他防火分区和楼层均应设置直径为 25mm 的试水阀。如图 4-4-16 所示。

（2）末端试水装置和试水阀应有标识，并设在便于操作的部位，距地面高度宜为 1.5 m，且应配备有足够排水能力的排水设施。规定末端试水装置的设置位置是为了保证末端试水装置的可操作性和可维护性。调研中发现有些工程的末端试水装置安装在吊顶内部，不便操作，还发现有的把末端试水装置的试水接头误作为生活用水接口使用，造成系统频繁动作等，这些都是不合理的现象。

（3）末端试水装置试水接头出水口的流量系数应与同楼层或同防火分区内选用的最小流量系数的喷头相等。末端试水装置的出水，应采用孔口出流的方式排入排水管道。排水立管宜设伸顶通气管，且管径不应小于 75 mm。

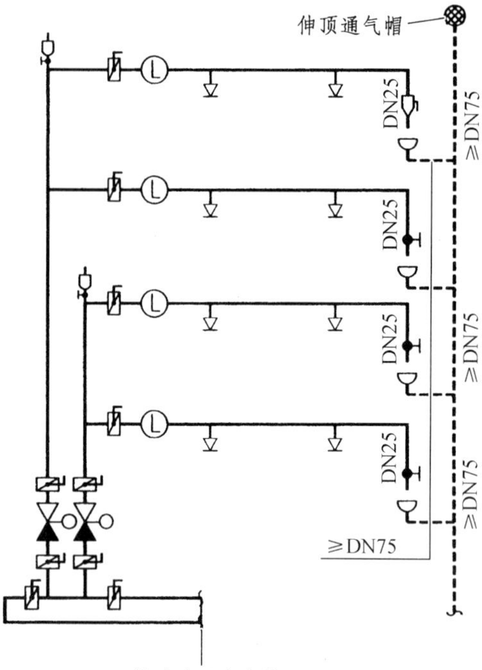

图 4-4-16　末端试水流程示意图

六、管　道

1. 管道的工作压力

自动喷水灭火系统配水管道的工作压力不应大于 1.2 MPa。其他用水设施不应设置在自动喷水灭火系统的配水管道上。配水管道的布置，应使配水管入口的压力均衡。轻危险级、中危险级场所中各配水管入口的压力均不宜大于 0.4 MPa。

2. 管道的材质

自动喷水灭火系统的配水管道应采用内外壁热镀锌钢管、涂覆钢管、不锈钢管、铜管和氯化聚氯乙烯（PVC-C）管。当报警阀入口前管道采用不防腐钢管时，应在报警阀前设置过滤器。过滤器的规格型号应符合国家有关标准规范的规定，以保证配水管道的质量，避免不必要的检修。涂覆钢管具有内部光滑、摩擦阻力小等优点，但也存在附着力差、涂层易脱落、易堵塞喷头等不足，应加强该管道在进场、安装方面的要求，如严禁剧烈撞击和与尖锐物品碰触，不得抛、摔、滚、拖，不得在现场进行切割、焊接、压槽等操作。在设计方面，涂覆钢管除水力计算与其他材质的管道不同外，其余内容基本一致。

自动喷水灭火系统设置场所的火灾危险等级为轻危险级或中危险级Ⅰ级时，可采用氯化聚氯乙烯（PVC-C）管。采用氯化聚氯乙烯（PVC-C）管材及管件时，系统应选用湿式系统，并应采用快速响应喷头；配水管及配水支管的直径不应超过 DN80，且不应穿越防火分区；当设置在有吊顶场所时，吊顶内不应有可燃物，且吊顶材料应为不燃或难燃材料；当设置在无吊顶场所时，该场所应为轻危险级场所，顶板应为水平、光滑顶板，且喷头溅水盘与顶板的距离不应大于 100 mm；应符合现行国家标准的规定。

火灾危险等级为轻危险级或中危险级Ⅰ级的场所，洒水喷头与配水管道之间可采用消防洒水软管连接，但系统应为湿式系统，且消防洒水软管应设置在吊顶内，长度不应超过 1.8 m。洒水软管是自动喷水灭火系统中用于连接喷头与配水支管或短立管之间的管道，具有安装快速、简易以及具有防震错位功能等优点，可方便调整喷头的高度和布置间距，以及防止由于建筑物等受到强大振动或冲击时使消防系统管道开裂或造成消防系统的崩溃等。目前消防洒水软管在我国的应用较多，主要用于办公楼以及洁净室无尘车间等。

3．管道的连接方式

（1）镀锌钢管、涂覆钢管可采用沟槽式连接件（卡箍）、螺纹或法兰连接方式。当报警阀前采用内壁不防腐钢管时，可采用焊接方式连接。

（2）铜管可采用钎焊、沟槽式连接件（卡箍）、法兰和卡压等连接方式。

（3）不锈钢管可采用沟槽式连接件（卡箍）、法兰和卡压等连接方式，不宜采用焊接方式。

（4）氯化聚氯乙烯（PVC-C）管材、管件可采用粘接方式连接，与其他材质管材、管件连接时，可采用螺纹、法兰或沟槽式连接件（卡箍）连接。

（5）铜管、不锈钢管、氯化聚氯乙烯（PVC-C）管应采用配套的支架、吊架。

（6）系统中直径等于或大于 100 mm 的管道，应分段采用法兰或沟槽式连接件（卡箍）连接。

水平管道上法兰间的管道长度不宜大于 20 m；立管上法兰间的距离不应跨越 3 个及以上楼层。净空高度大于 8 m 的场所内，立管上应有法兰。

4．配水支管控制的喷头数量

配水管两侧每根配水支管控制的标准流量喷头数，轻危险级、中危险级场所不应超过 8 只，同时在吊顶上下设置喷头的配水支管，上下侧均不应超过 8 只。严重危险级和仓库危险级场所均不应超过 6 只。轻危险级、中危险级场所中配水支管、配水管控制的标准流量洒水喷头数量，不宜超过表 4-4-11 的规定。

表 4-4-11　轻、中危险级场所中标准流量洒水喷头数量

公称管径/mm	控制的喷头数/只	
	轻危险级	中危险级
25	1	1
32	3	3
40	5	4
50	10	8
65	18	12
80	48	32
100	—	64

5. 管道的直径

管道的直径应经水力计算确定。短立管及末端试水装置的连接管，其管径不应小于 25 mm。干式系统、预作用系统的供气管道，采用钢管时，管径不宜小于 15 mm；采用铜管时，管径不宜小于 10 mm。

6. 管道的坡度

水平设置的管道宜有坡度，并应坡向泄水阀。充水管道的坡度不宜小于 2‰，准工作状态不充水管道坡度不宜小于 4‰。

项目五　系统控制

自动喷水灭火系统的消防水泵应同时具备自动控制、消防控制室（盘）远程控制和消防水泵房现场机械应急操作的启动方式。其中，自动控制启动方式应根据系统的不同类型而有所区别。预作用系统、雨淋系统和自动控制的水幕系统，应同时具备自动控制、消防控制室（盘）远程控制、预作用装置或雨淋报警阀处现场手动应急操作。

消防控制室（盘）应能显示水流指示器、压力开关、信号阀、消防水泵、消防水池及水箱水位、有压力气体管道气压，以及电源和备用动力等是否处于正常状态的反馈信号，并应能控制消防水泵、电磁阀、电动阀等的操作。

一、湿式系统和干式系统的自动控制

湿式系统和干式系统应由消防水泵出水干管上设置的压力开关、高位消防水箱出水管上的流量开关和报警阀组压力开关直接启动消防水泵。干式系统配水管道充水时间不宜大于 1 min。

二、预作用系统的自动控制

预作用系统应由火灾自动报警系统、消防水泵出水干管上设置的压力开关、高位消防水箱出水管上的流量开关和报警阀组压力开关直接启动消防水泵。由火灾自动报警系统和充气管道上设置的压力开关开启预作用装置的预作用系统，其配水管道充水时间不宜大于 1 min；仅由火灾自动报警系统联动开启预作用装置的预作用系统，其配水管道充水时间不宜大于 2 min。

三、雨淋系统和水幕系统的自动控制

雨淋系统和自动控制的水幕系统，当采用火灾自动报警系统控制雨淋报警阀时，应由火灾自动报警系统、消防水泵出水干管上设置的压力开关、高位消防水箱出水管的流量开关和报警阀组压力开关直接启动消防水泵；当采用充液（水）传动管控制雨淋报警阀时，应由消防水泵出水干管上设置的压力开关、高位消防水箱出水管上的流量开关和报警阀组压力开关直接启动消防水泵。雨淋系统配水管道充水时间不宜大于 2 min。

四、预作用装置的自动控制

预作用装置的自动控制可采用仅由火灾自动报警系统直接控制，或由火灾自动报警系统和充气管道上设置的压力开关控制的方式。当处于准工作状态时严禁误喷的场所，宜采用仅由火灾自动报警系统直接控制的预作用系统；但处于准工作状态时严禁管道充水的场所和用于代替干式系统的场所，宜由火灾自动报警系统和充气管道上设置的压力开关控制预作用系统。快速排气阀入口前的电动阀应在启动消防水泵的同时开启。

五、雨淋报警阀的自动控制

雨淋报警阀的自动控制可采用电动、液（水）动或气动方式。当雨淋报警阀采用充液（水）传动管自动控制时，闭式喷头与雨淋报警阀之间的高程差根据雨淋报警阀的性能确定。

思考题

1. 简述湿式自动喷水灭火系统的组成。
2. 干式自动喷水系统的灭火动作流程是什么？
3. 单连锁预作用系统与双连锁预作用系统的区别是什么？
4. 末端试水装置的作用是什么？

模块四 课件与微课

模块五 水喷雾及细水雾灭火系统

- **教学目标**

知识目标：1. 掌握水喷雾的灭火机理及系统组成。

2. 掌握细水雾的灭火机理及系统组成。

3. 了解水喷雾与细水雾各自的特点及适用范围。

能力目标：1. 能够针对特殊环境，正确地选用消防灭火设施。

2. 能将所学知识运用到实训、实践中。

素质目标：1. 培养学生树立高尚的职业道德，增强责任的意识。

2. 培养学生培养认真、仔细、实事求是的科学态度。

- **思政目标**

建立求真务实的科学精神，激发学生报效国家的家国情怀。为建设社会主义“中国梦”贡献自己的力量。

案例导入

2019 年 11 月 22 日，山东济南仁凤镇一变电站发生火灾。济阳区应急管理局称由于变压器绕组出现短路产生火花，引燃了变压器内的可燃油引起爆燃，随后火势顺着流淌的油液蔓延引燃了变电站的办公区。事故已造成一死两伤，均是电力公司检修人员。

基于社会经济的快速发展，变电站工程的火灾危险性已引起人们的重视。将水喷雾灭火系统引入变电站工程中，在可靠灭火的同时还能提高资源利用率，保证变电系统的稳定运行。水雾滴具有良好的绝缘性能，应用于变电站及发电厂的火灾中，能保证水资源的充分利用及对环境污染小，以满足我国节约水及环保的方针政策。

成都某档案馆采购了一批高压细水雾系统。档案馆里面有大量珍贵的文化财富，包括纸质档案图书、较多的磁性介质、各类胶片照片等。这些都是易燃物品，且存放集中、环境干燥，火灾危险性很高。

在选购灭火系统时，该档案馆进行了比较：① 自动喷水灭火系统：灭火过程中，大量的水势必会破坏档案、图书等保护对象，对于档案等对水渍损失要求较高的场所不是理想的选择。② 气体灭火系统：灭火的同时不能有效降低环境温度，高温会使未发生火灾的档案快速碳化破坏；不能消除烟气，烟气对档案造成严重腐蚀作用；不能防止火灾复燃，火灾复燃后，系统不能重复启动；储气瓶长期处于高压状态，对系统各产品部件的性能、制造工艺以及承压标准都有较高的要求，在使用中安全防范要求较高。③ 超细干粉灭火系统：灭火后，难以清洗，不适合珍贵档案保护。

高压细水雾灭火系统具有水喷淋和气体灭火的双重作用和优点，既有水喷淋的冷却作用，又有气体灭火系统的窒息作用，所以高压细水雾是取代传统水喷淋、气体、气溶胶、干粉、泡沫等灭火手段的最有效技术，最适合用于图书档案行业。

在本模块中，介绍了水喷雾灭火系统和细水雾灭火系统的灭火原理及系统组成，适用范围及设计参数。

项目一　水喷雾灭火系统

一、水喷雾灭火系统的概念及灭火机理

1．水喷雾灭火系统的概念

水喷雾灭火系统是在自动喷水灭火系统的基础上发展起来的，主要用于火灾蔓延快且适合用水但自动喷水灭火系统又难以保护的场所。该系统是利用水雾喷头在一定水压下将水流分解成细小水雾滴进行灭火或防护冷却的一种固定式灭火系统。水喷雾灭火系统是由水源、供水设备、管道、雨淋报警阀（或电动控制阀、气动控制阀）、过滤器和水雾喷头等组成，发生火灾时向保护对象喷射水雾进行灭火或防护冷却的系统。

水喷雾灭火系统可用于扑救固体物质火灾、丙类液体火灾、饮料酒火灾和电气火灾，并可用于可燃气体和甲、乙、丙类液体的生产、储存装置或装卸设施的防护冷却。

水喷雾灭火系统通过改变水的物理状态，利用水雾喷头使水从连续的洒水状态转变成不连续的细小水雾滴喷射出来。它具有较高的电绝缘性能和良好的灭火性能。

将水雾喷头进行了电绝缘性能试验，试验结果为：水雾喷头工作压力越高，水雾滴直径越小。水喷雾具有良好的电绝缘性，直接喷向带电的高压电极时，泄漏电流也越小，且不会产生闪络现象；同时也说明水雾喷头用于电气火灾的扑救是安全的。

2．水喷雾灭火系统的灭火机理

水喷雾的灭火机理主要是表面冷却、窒息、乳化和稀释作用，在水雾滴喷射到燃烧物质表面时通常是几种作用同时发生并实现控火、灭火的目的。

1）表面冷却

相同体积的水以水雾滴形态喷出时的表面积比直射流形态喷出时的表面积要大几百倍，当水雾滴喷射到燃烧物质表面时，因换热面积大而会吸收大量的热能并迅速汽化，使燃烧物质表面温度迅速降到物质热分解所需要的温度以下，热分解中断，燃烧即终止。

表面冷却的效果不仅取决于喷雾液滴的表面积，还取决于灭火用水的温度与可燃物闪点的温度差。可燃物的闪点越高，与喷雾用水之间的温差越大，灭火和冷却效果就越好。对于气体和闪点低于灭火所使用水的温度的液体火灾，表面冷却灭火是无效的。

2）窒　息

水雾滴受热后汽化形成水蒸气，其体积为原液态水体积的 1 680 倍，可使燃烧物质周围空气中的氧含量降低，燃烧将会因缺氧而受到抑制或中断，实现窒息灭火。

3）乳　化

乳化只适用于不溶于水的可燃液体，当水雾滴喷射到正在燃烧的液体表面时，由于水雾滴的冲击，在液体表层产生搅拌作用，与水不相容的可燃液体与细小水滴产生乳化，并在液体表层产生乳化层，由于乳化层的不燃性而使燃烧中断。对于某些轻质油类，乳化层只在连续喷射水雾的条件下存在，但对于黏度大的重质油类，乳化层在喷射停止后仍能保持相当长的时间，有利于防止复燃。

4）稀　释

对于水溶性液体（如酒精）火灾，允许系统设计为控制灭火和稀释灭火，利用水来稀释液体，使液体的燃烧速度降低，并有足够的喷雾强度和覆盖面实现灭火。对多种水溶性可燃液体应通过实验来获得参数以确定水喷雾系统的适用性，有可靠数据时例外。

二、系统分类

水喷雾灭火系统按启动方式可分为电动启动水喷雾灭火系统和传动管启动水喷雾灭火系统。

1. 电动启动水喷雾灭火系统

电动启动水喷雾灭火系统是以普通的火灾报警系统为火灾探测系统，通过传统的点型火灾探测器、线型火灾探测器和吸气式火灾探测器探测火灾。当有火情发生时，火灾探测器将火警信号传到火灾报警控制器上，火灾报警控制器打开雨淋阀的电磁阀，雨淋阀控制腔的压力下降，雨淋阀打开，供水侧水压降低，系统压力开关自动启动消防水泵，系统喷水灭火。为了减少系统的响应时间，雨淋阀前的管道内应是充满水的状态。电动启动水喷雾灭火系统的组成和部件表，如图 5-1-1 所示。

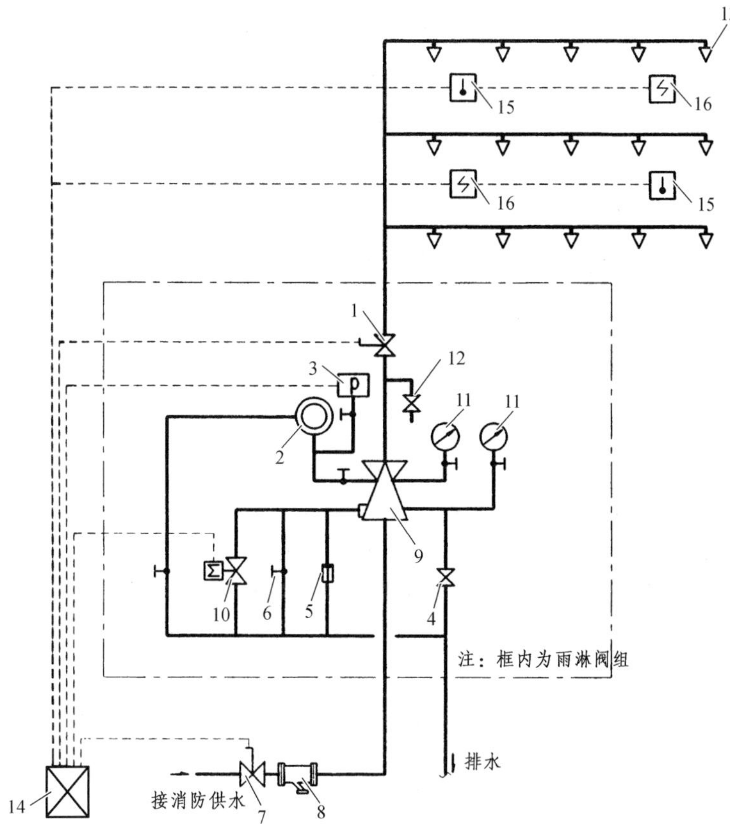

序号	名　称	功能及作用
1	试验信号阀	平时常开，检修时关闭，输出电信号
2	水力警铃	雨淋阀开启时，发出音响信号
3	压力开关	雨淋阀开启时，发出电信号
4	放水阀	系统排空放水
5	非电控远程手动装置	远程手动打开雨淋阀
6	现场手动装置	现场手动打开雨淋阀
7	进水信号阀	平时常开，阀门关闭时输出电信号
8	过滤器	过滤杂质避免堵塞喷头及管道和设备
9	雨淋报警阀	平时关闭，灭火时开启并可输出报警水流信号
10	电磁阀	通过火灾报警系统联动控制打开雨淋阀
11	压力表	显示水压
12	试水阀	雨淋阀功能试验
13	水雾喷头	使水雾化灭火
14	火灾报警控制器	接收报警信号并发出控制指令
15	感温探测器	温度探测火灾，并发出报警信号
16	感烟探测器	烟雾探测火灾，并发出报警信号

图 5-1-1　电动启动水喷雾示意图及部件表

2．传动管启动水喷雾灭火系统

传动管启动水喷雾灭火系统是以传动管作为火灾探测系统，传动管内充满压缩空气或压力水。充水传动管的湿式系统当闭式喷头受火灾高温影响动作后，传动管内的压力迅速下降，导致雨淋阀控制腔压力下降，雨淋阀打开。充气传动管的干式系统喷头动作后，传动管内的压力下降，传动管与雨淋阀控制腔之间的气动阀动作、排水，使雨淋阀控制腔的压力下降，雨淋阀打开。雨淋阀打开后使系统供水侧压力下降，压力开关自动启动消防水泵，通过雨淋阀、管网将水送到水雾喷头，水雾喷头开始喷水灭火。传动管启动水喷雾灭火系统一般适用于防爆场所，不适合安装普通火灾探测系统的场所。其组成部件增加了闭式喷头，取消了火灾自动报警系统。

传动管启动水喷雾灭火系统按传动管内的充压介质不同，可分为充液传动管和充气传动管两种。充液传动管内的介质一般为压力水，这种方式适用于不结冰的场所，充液传动管的末端或最高点应安装自动排气阀。充气传动管内的介质一般为压缩空气，平时由空压机或其他气源保持传动管内的气压。这种方式适用于所有场所，但在北方寒冷地区，应在传动管的最低点设置冷凝器和汽水分离器，以保证传动管不会因冷凝水结冰而堵塞。

三、系统工作原理与适用范围

1．系统工作原理

水喷雾灭火系统的工作原理是：当系统的火灾探测器探测到火灾后，自动启动雨淋报警阀组，同时发出火灾报警信号给报警控制器，系统供水侧压力开关自动启动消防水泵，水通过供水管网到达水雾喷头，水雾喷头喷水灭火。水喷雾灭火系统的工作原理如图 5-1-2 所示。

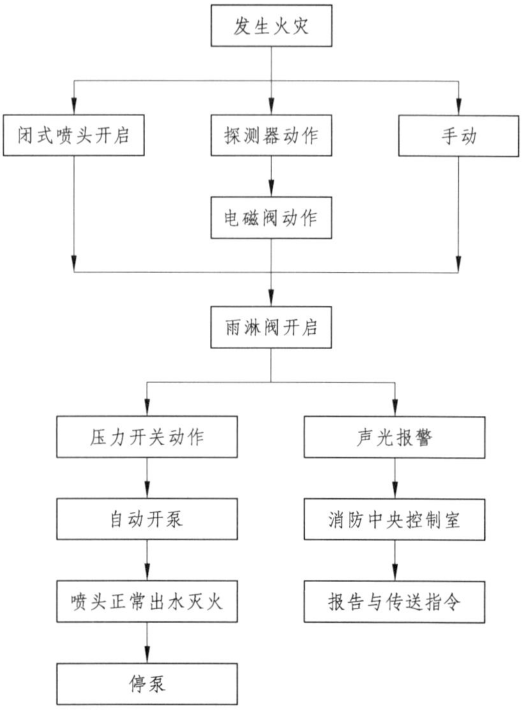

图 5-1-2　水喷雾灭火系统工作原理

2．系统适用范围

水喷雾灭火系统的防护目的主要有两个，即灭火和防护冷却，其适用范围随不同的防护目的而设定。

1）灭火的适用范围

以灭火为目的的水喷雾灭火系统主要适用于以下范围：

（1）固体火灾

水喷雾灭火系统适用于扑救固体物

质火灾。

（2）可燃液体火灾

水喷雾灭火系统可用于扑救丙类液体火灾和饮料酒火灾，如燃油锅炉、发电机油箱、丙类液体输油管道火灾等。

（3）电气火灾

水喷雾灭火系统的离心雾化喷头喷出的水雾具有良好的电绝缘性，因此可用于扑救油浸式电力变压器、电缆隧道、电缆沟、电缆井、电缆夹层等处发生的电气火灾。

2）防护冷却的适用范围

以防护冷却为目的的水喷雾灭火系统主要适用于以下范围：

（1）可燃气体和甲、乙、丙类液体的生产、储存装置和装卸设施的防护冷却。

（2）火灾危险性大的化工装置及管道，例如加热器、反应器、蒸馏塔等的防护冷却。

3．典型设置场所

水喷雾灭火系统可设置在下列典型场所及部位：

（1）建筑内的燃油、燃气锅炉房，可燃油油浸电力变压器室，充可燃油的高压电容器和多油开关室，自备发电机房。

（2）单台容量在 40 MW 及以上的厂矿企业可燃油油浸电力变压器，单台容量在 90 MW 及以上的电厂可燃油油浸电力变压器，单台容量在 125 MW 及以上的独立变电所可燃油油浸电力变压器。

（3）输送机皮带、电缆、液氨储罐。

（4）甲$_{B}$、乙、丙类液体储罐，全压力、半冷冻式液化烃储罐，全冷冻式液化烃储罐。

4．不适用范围

1）不适宜用水扑救的物质

（1）过氧化物

过氧化物是指过氧化钾、过氧化钠、过氧化钡、过氧化镁等。这类物质遇水后会发生剧烈的分解反应，放出反应热并生成氧气，其与某些有机物、易燃物、可燃物、轻金属及其盐类化合物接触时能引起剧烈的分解反应，由于反应速度过快，可能引起爆炸或燃烧。

（2）遇水燃烧物质

遇水燃烧物质包括金属钾、金属钠、碳化钙、碳化铝、碳化钠、碳化钾等。这类物质遇水后能使水分解，夺取水中的氧与之化合，并放出热量和产生可燃气体，造成燃烧或爆炸的恶果。

2）使用水雾会造成爆炸或破坏的场所

（1）高温密闭的容器内或空间内

当水雾喷入时，由于水雾的急剧汽化使容器或空间内的压力急剧升高，有造成破坏或爆炸的危险。

（2）表面温度经常处于高温状态的可燃液体

水雾喷射至其表面时会造成可燃液体的飞溅，致使火灾蔓延。

四、系统设计参数

水喷雾灭火系统的基本设计参数应根据系统的防护目的和保护对象来确定。基本设计参数包括水雾喷头的工作压力、保护面积、设计供给强度、持续喷雾时间和系统响应时间。

1. 水雾喷头的工作压力

水雾喷头须在一定工作压力下才能使出水形成喷雾状态。一般来说，对一种水雾喷头而言，工作压力越高，其出水的雾化效果越好。此外，相同供给强度下，雾化效果好有助于提高灭火效果。灭火时，要求喷雾的动量较大，雾滴粒径较小。因此，需要向水雾喷头提供较高的水压，防护冷却时，要求喷雾的动量较小，雾滴粒径较大，需要提供给喷头的水压不宜太高。用于灭火时，水雾喷头的工作压力不应小于 0.35 MPa；用于防护冷却时，水雾喷头的工作压力不应小于 0.2 MPa。但对于甲$_B$、乙、丙类液体储罐不应小于 0.15 MPa。

2. 水喷雾灭火系统的保护面积

保护面积是指保护对象的全部暴露外表面面积。水喷雾灭火系统主要用于保护室外的大型专用设施或设备，同时也用于保护建筑物内的设施或设备，其保护面积可按以下原则确定：

（1）按保护对象的规则外表面面积确定。

（2）当保护对象的外形不规则时，应按包容保护对象的最小规则形体的外表面面积确定。

（3）对变压器的防护需要考虑它的整个外表面，包括变压器和附属设备的外壳、贮油箱和散热器等。变压器的保护面积除应按扣除底面面积以外的变压器油箱外表面面积确定外，还应包括散热器的外表面面积和油枕及集油坑的投影面积。

（4）分层敷设电缆的保护面积应按整体包容电缆的最小规则形体的外表面面积确定。

（5）输送煤等可燃物料的皮带一般采用阻燃皮带，确定其保护面积时可按载有可燃物的上行皮带的上表面积确定。水雾对着火的输送皮带喷洒时，在向可燃物料喷水的同时，对下行皮带也有一定的淋湿作用，所以输送机皮带的保护面积应按上行皮带的上表面面积确定。对于长距离输送皮带，为使系统能够快速喷水并达到设计强度，需对其进行分段保护。参考电厂输煤栈桥的设置情况，确定了每段皮带的最小保护长度不小于 100 m。

（6）开口可燃液体容器的保护面积应按其液面面积确定。

（7）当水喷雾灭火系统用于室内保护对象时，保护面积可按室内建筑面积或保护对象的外表面面积确定。

（8）甲、乙类液体泵，可燃气体压缩机及其他相关设备，其保护面积应按相应设备的投影面积确定，且水雾应包络密封面和其他关键部位。

（9）系统用于冷却甲$_B$、乙、丙类液体储罐时，着火的地上固定顶储罐及距着火储罐罐壁 1.5 倍着火罐直径范围内的相邻地上储罐应同时冷却，当相邻地上储罐超过 3 座时，可按 3 座较大的相邻储罐计算消防冷却水用量。对于浮顶罐，发生全液面火灾的概率极小，更多的火灾表现为密封处的局部火灾，设防基准为浮顶罐环形密封处的局部火灾。着火的浮顶罐应冷却，其相邻储罐可不冷却。对于相邻储罐，靠近着火罐的一侧接收的辐射热最大，且越靠近罐顶，辐射热越大。所以冷却的重点是靠近着火罐一侧的罐壁，保护面积可按实际需要冷却部位的面积计算。着火罐的保护面积应按罐壁外表面面积计算，相邻罐的保护面积可按实际需要冷却部位的外表面面积计算，但不得小于罐壁外表面面积的 1/2。

（10）系统用于冷却全压力式及半冷冻式液化烃或类似液体储罐时，着火罐及距着火罐罐壁 1.5 倍着火罐直径范围内的相邻罐应同时冷却；当相邻罐超过 3 座时，可按 3 座较大的相邻罐计算消防冷却水用量。着火罐保护面积应按其罐体外表面面积计算，相邻罐保护面积应按其罐体外表面面积的 1/2 计算。

（11）系统用于冷却全冷冻式液化烃或类似液体储罐时，由于全冷冻式液化烃储罐罐顶部的安全阀及进出罐管道易泄漏发生火灾，同时考虑罐顶受到的辐射热较大，不论着火罐还是相邻罐，都需对罐顶进行冷却。采用钢制外壁的单容罐，着火罐及距着火罐罐壁 1.5 倍着火罐直径范围内的相邻罐应同时冷却。着火罐保护面积应按其罐体外表面面积计算，相邻罐保护面积应按罐壁外表面面积的 1/2 及罐顶外表面面积之和计算。

3．水喷雾灭火系统的供给强度、持续供给时间和响应时间

系统的供给强度、持续供给时间和响应时间应符合表 5-1-1 的规定。由自动喷水灭火系统配水干管或配水管供水的水喷雾灭火系统，供水管所提供的水压和流量应满足《水喷雾灭火系统技术规范》（GB 50219—2014）的要求。

表 5-1-1　泡沫供给强度、持续供给时间和响应时间

<table>
<tr><th>防护目的</th><th colspan="4">保护对象</th><th>供给强度/[L/(min·m^2)]</th><th>持续供给时间/h</th><th>响应时间/s</th></tr>
<tr><td rowspan="8">灭火</td><td colspan="4">固体物质火灾</td><td>15</td><td>1</td><td>60</td></tr>
<tr><td colspan="4">输送机皮带</td><td>10</td><td>1</td><td>60</td></tr>
<tr><td rowspan="3">液体火灾</td><td colspan="3">闪点 60～120 °C 的液体</td><td>20</td><td rowspan="3">0.5</td><td rowspan="3">60</td></tr>
<tr><td colspan="3">闪点高于 120 °C 的液体</td><td>13</td></tr>
<tr><td colspan="3">饮料酒</td><td>20</td></tr>
<tr><td rowspan="3">电气火灾</td><td colspan="3">油浸式电力变压器、油断路器</td><td>20</td><td rowspan="3">0.4</td><td rowspan="3">60</td></tr>
<tr><td colspan="3">油浸式电力变压器的集油坑</td><td>6</td></tr>
<tr><td colspan="3">电缆</td><td>13</td></tr>
<tr><td rowspan="11">防护冷却</td><td rowspan="3">甲$_B$、乙、丙类液体储罐</td><td colspan="3">固定顶罐</td><td>2.5</td><td rowspan="3">直径大于 20 m 的固定顶罐为 6 h，其他为 4 h</td><td rowspan="3">300</td></tr>
<tr><td colspan="3">浮顶罐</td><td>2</td></tr>
<tr><td colspan="3">相邻罐</td><td>2</td></tr>
<tr><td rowspan="6">液化烃或类似液体储罐</td><td colspan="3">全压力式、半冷冻式储罐</td><td>9</td><td rowspan="6">6</td><td rowspan="6">120</td></tr>
<tr><td rowspan="4">全冷冻式储罐</td><td rowspan="2">单、双容罐</td><td>罐壁</td><td>2.5</td></tr>
<tr><td>罐顶</td><td>4</td></tr>
<tr><td rowspan="2">全容罐</td><td>罐顶泵平台、管道进出口等局部危险部位</td><td>20</td></tr>
<tr><td>管带</td><td>10</td></tr>
<tr><td colspan="3">液氨储罐</td><td>6</td></tr>
<tr><td colspan="4">甲、乙类液体及可燃气体生产、输送、装卸设施</td><td>9</td><td>6</td><td>120</td></tr>
<tr><td colspan="4">液化石油气灌瓶间、瓶库</td><td>9</td><td>6</td><td>60</td></tr>
</table>

注：1. 添加水系灭火剂的系统，其供给强度应由试验确定。
2. 钢制单盘式、双盘式、敞口隔舱式内浮顶罐应按浮顶罐对待，其他内浮顶罐应按固定顶罐对待。

1）油浸变压器的水喷雾防护

变压器油是从原油中提炼出的以环烃为主的烃类液体混合物，初馏点大于 300 °C，闪点一般在 140 °C 以上。变压器油经过较长时间工作后，因高压电解、局部高温裂解，会产生少量的氢和轻烃，这些气态可燃物质很容易发生爆炸。

变压器的火灾模式主要有 3 种：初期绝缘子根部爆裂火灾、油箱局部爆裂火灾、

油箱整体爆裂火灾。其中以初期绝缘子根部爆裂火灾为主，油箱局部爆裂火灾多由绝缘子根部爆裂火灾发展而成。水喷雾灭火系统设计参数的确定立足于扑救绝缘子根部爆裂火灾与变压器油沿油箱外壁流向集油池的油箱局部爆裂火灾。一般情况下，变压器初期火灾规模较小，可能会只有个别绝缘套管爆裂，此时若水喷雾灭火系统及时启动，则可有效扑灭火灾，但若火灾发展到一定规模时，如多个绝缘套管同时爆裂或油箱炸裂时，且水喷雾难以灭火，但此时靠水雾的冷却、窒息作用可以有效控制火灾，可为采取其他消防措施赢得时间。

2）液化烃储罐或类似液体储罐的水喷雾防护

常温下为气态的烃类气体（C1 ~ C4）经过加压或（和）降温呈液态后即称为液化烃，其他类似液体是指理化性能和液化烃相似的液体，如环氧乙烷、二甲醚、液氨等。对于液化烃储罐或类似液体储罐，设置水喷雾灭火系统的目的主要是对储罐进行冷却降温，防止发生沸液蒸汽爆炸。

3）有关响应时间的主要依据

水喷雾灭火系统一般用于火灾危险性大、火灾蔓延速度快、灭火难度大的保护对象。当发生火灾时如不及时灭火或进行防护冷却，将造成较大的损失。因此，水喷雾灭火系统不仅要保证足够的供给强度和持续喷雾时间，而且要保证系统能迅速启动。响应时间是评价水喷雾灭火系统启动快慢的性能指标，也是系统设计必须考虑的基本参数之一。

表 5-1-2 的参数为水喷雾灭火系统的关键设计参数，设计时必须做到，否则灭火和冷却效果难以保证。

五、系统组件及设置要求

水喷雾灭火系统由水雾喷头、雨淋阀、供水管道等主要部件组成。

1. 水雾喷头

水雾喷头是指在一定压力作用下，在设定区域内能将水流分解为直径 1 mm 以下的水滴，并按设计的洒水形状喷出的喷头。保护对象所需水雾喷头数量应根据设计供给强度、保护面积和水雾喷头特性，按规范计算确定。喷头的布置应使水雾直接喷向并覆盖保护对象，当不能满足要求时，应增设水雾喷头。

水雾喷头的布置数量按保护对象的保护面积、设计供给强度和喷头的流量特性经计算确定；水雾喷头的位置根据喷头的雾化角、有效射程及完全覆盖保护对象表面来布置。当计算确定的布置数量不能满足上述要求时，适当增设喷头直至喷雾能够满足直接喷射并完全覆盖保护对象表面的要求。对于应用于甲$_B$、乙、丙类液体储罐的水喷雾系统，不需要靠直接喷射来完全覆盖保护对象。

1）水雾喷头分类

水雾喷头按结构可分为离心雾化型水雾喷头和撞击型水雾喷头两种。

（1）离心雾化型水雾喷头

离心雾化型水雾喷头由喷头体、涡流器组成，水在较高的水压下通过喷头内部的离心旋转形成水雾喷射出来，它形成的水雾同时具有良好的电绝缘性，扑救电气火灾应选用离心雾化型水雾喷头。但离心雾化型水雾喷头的通道较小，时间长了容易堵塞。离心雾化型水雾喷头有 A 型和 B 型两种，其外形如图 5-1-3 所示。A 型水雾喷头的进水口与出水口成 90° 角，安装后喷头出水方向可在一定范围内进行调节。B 型水雾喷头的出水口和进水口在一条直线上，安装后是完全固定不可调节的。

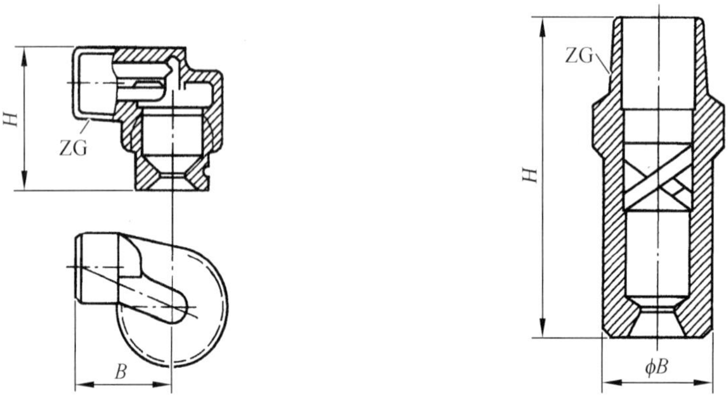

（a）A 型　　（b）B 型

图 5-1-3　离心雾化型水雾喷头

（2）撞击型水雾喷头

撞击型水雾喷头的压力水流通过撞击外置的溅水盘，在设定区域分散为均匀的锥形水雾。喷头由溅水盘、分流锥、框架本体和滤网组成。撞击型水雾喷头根据需要可以水平安装，也可以下垂、斜向安装，其外形如图 5-1-4 所示。

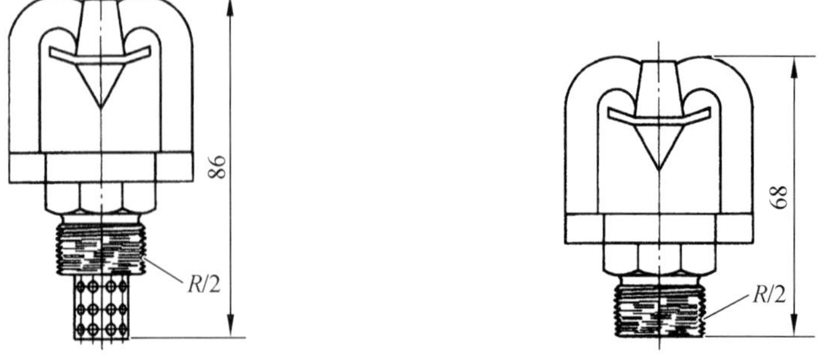

（a）带滤网型　　（b）无滤网型

图 5-1-4　撞击型水雾喷头

2）水雾喷头主要性能参数

（1）工作压力

水雾喷头的雾化效果与喷头的工作压力有直接关系。通常情况下，喷头的工作压力越大，其水雾滴粒径越小，雾化效果越好，灭火和冷却效率也就越高。当水雾喷头的工作压力大于或等于 0.2 MPa 时，能获得良好的分布形状和雾化效果，满足防护冷却的要求；当压力大于或等于 0.35 MPa 时，能获得良好的雾化效果，满足灭火的要求。

（2）雾化角

水雾喷头常见的雾化角有 30°、45°、60°、90° 和 120° 五种规格。

（3）流量系数

水雾喷头的流量系数 K 为 16 ~ 102，由喷头制造商自行确定。

（4）有效射程

水雾喷头的有效射程是指喷头水平喷射时，水雾达到的最高点与喷口之间的距离。水雾喷头与保护对象之间的距离不得大于水雾喷头的有效射程。水雾锥是指在水雾有效射程内水雾形成的圆锥体。限制水雾喷头与保护对象之间的距离是十分必要的，目的是保证灭火和防护冷却的有效性。

水雾喷头的有效射程与雾化角有直接关系。同一水雾喷头，雾化角小，射程则远，反之则近。有效射程是水雾喷头的重要性能参数，在有效射程范围内的水雾强度能够达到设计要求，可满足灭火控火或防护冷却的要求，因此，水雾喷头与保护对象的有效距离不应大于水雾喷头的有效射程。离心雾化型水雾喷头的垂直喷射曲线如图 5-1-5 所示。

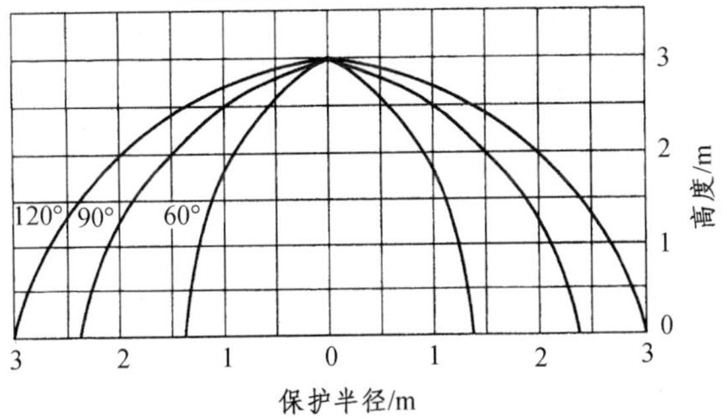

图 5-1-5　离心雾化型水雾喷头的垂直喷射曲线

（5）水雾滴平均直径

水雾滴平均直径随喷头工作压力的变化而变化，压力越大，水雾滴平均直径越小。水雾滴的大小直接影响灭火效果，当水雾滴平均直径小于 300 μm 时，灭火时很难穿透火焰燃烧时产生的上升气流，不能到达燃烧物质的表面。用于露天保护对象时，小的水雾滴极易受到外界环境的影响，如有风时会被吹散，不能到达保护对象的表面，从而影响灭火效果。因此，水雾喷头的水雾滴平均直径不宜太小。但水雾滴太大时，也会影响水雾的汽化效果，使水喷雾的冷却和窒息作用降低，所以一般水雾滴的粒径应在 0.3 ~ 1 mm 的范围内。

3）水雾喷头布置要求

（1）基本原则

水雾喷头布置的基本原则是：保护对象的水雾喷头数量应根据设计喷雾强度、保护面积和水雾喷头特性，按水雾喷头流量计算公式［式（5-1-1）］和保护对象水雾喷头数量计算公式［式（5-1-2）］计算确定；水雾喷头的布置应使水雾直接喷射和完全覆盖保护对象，如不能满足要求，应增加水雾喷头的数量；水雾喷头与保护对象之间的距离不得大于水雾喷头的有效射程；水雾喷头、管道与电气设备带电（裸露）部分的安全净距应符合国家有关标准的规定。

$$q = K\sqrt{10P} \tag{5-1-1}$$

式中 q——水雾喷头的流量（L/min）；

P——水雾喷头的工作压力（MPa）；

K——水雾喷头的流量系数，其值由喷头制造商提供。

$$N = \frac{SW}{q} \tag{5-1-2}$$

式中 N——保护对象的水雾喷头的计算数量；

S——保护对象的保护面积（m^2）；

W——保护对象的设计喷雾强度［L/（min · m^2）］。

（2）布置方式

水雾喷头的平面布置方式可为矩形或菱形。当按矩形布置时，水雾喷头之间的距离不应大于水雾喷头水雾锥底圆半径的 1.4 倍；当按菱形布置时，水雾喷头之间的距离不应大于水雾喷头水雾锥底圆半径的 1.7 倍。如图 5-1-6 和图 5-1-7 所示。水雾锥底圆半径应按下式计算：

$$R = B\tan\frac{\theta}{2} \tag{5-1-3}$$

式中 R——水雾锥底圆半径（m）；

B——水雾喷头的喷口与保护对象之间的距离（m）；

θ——水雾喷头的雾化角，取值为 30°、45°、60°、90° 和 120°。

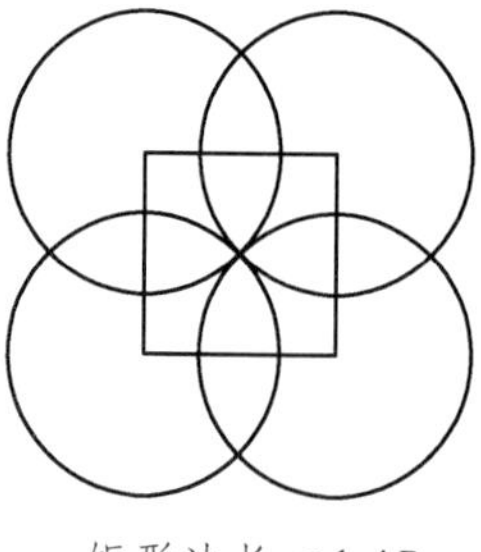

矩形边长≤1.4R

图 5-1-6 矩形布置

三角形边长≤1.7R

图 5-1-7 菱形布置

（3）保护变压器的水雾喷头的布置要求

当保护对象为油浸式变压器时，水雾喷头应布置在变压器周围，不宜布置在变压器顶部；保护变压器顶部的水雾不应直接喷向高压套管；变压器的绝缘子升高座孔口、油枕、散热器、集油坑均应设水雾喷头进行保护；水雾喷头之间的水平距离与垂直距离应满足水雾锥相交的要求。为有利于灭火，设计要使水雾能够覆盖整个变压器被保护表面

（4）保护储罐、球罐的水雾喷头的布置要求

① 水雾对罐壁的冲击能使罐壁迅速降温，并可去除罐壁表面的含油积炭，有利于水膜的形成。在保证水雾在罐壁表面成膜效果的前提下，尽量使喷头靠近被保护表面，以减少火焰的热气流与风对水雾的影响，减少水雾在穿越被火焰加热的空间时的汽化损失。当保护对象为可燃气体和甲、乙、丙类液体储罐时，水雾喷头宜布置在保护对象周围，其与保护储罐外壁之间的距离不应大于 0.7 m。

② 当保护对象为球罐时，水雾喷头的喷口应面向球心；水雾锥沿球罐纬线方向应相交，沿经线方向应相接，其目的是使水雾在罐壁均匀分布形成完整连续的水膜。当球罐的容积等于或大于 1 000 m^3 时，水雾锥沿球罐纬线方向应相交，沿经线方向应相接，但赤道以上环管之间的距离不应大于 3.6 m；无防护层的球罐钢支柱和罐体液位计、阀门等处应设水雾喷头进行保护。

③ 当保护对象为卧式储罐时，水雾喷头的布置应使水雾完全覆盖裸露表面，储罐液位计、阀门等处应设水雾喷头保护。

（5）保护电缆的水雾喷头的布置要求

当保护对象为电缆时，电缆的外形虽然是规则的，但细长比很大，由于多层布置的电缆对喷雾的阻挡作用，规定水雾喷头喷射的水雾应完全包围电缆。电缆水平敷设或垂直敷设时，都应按平面保护对象考虑。对于水平敷设的电缆，喷头宜布置在其上方；对于垂直敷设的电缆，喷头可沿其侧面布置。多层水平或垂直敷设的电缆，其层间没有装设耐火隔板时，设置的喷头要采用包围式，使中间层的电缆处于水雾的包围中。当电缆支架阻挡水雾时，在该部位应增设喷头。

（6）保护输送机皮带的水雾喷头的布置要求

当保护对象为输送机皮带时，水雾应完全包络输送机的机头，机尾和上、下行皮带。由于输送机皮带是一种平面往返运动的保护对象，在没有停机前，皮带的着火部位可能随之往返运动，极易造成火灾蔓延，故其喷头的布置应采用包围式，使水雾覆盖上行皮带、输送物、下行皮带以及支架构件等全部表面。

（7）保护其他对象的水雾喷头的布置要求

当保护对象为室内燃油锅炉、电液装置、氢密封油装置、发电机、油断路器、汽轮机油箱、磨煤机润滑油箱时，水雾喷头宜在保护对象的顶部周围布置，使水雾直接喷向并完全覆盖保护对象。

（8）用于保护甲$_B$、乙、丙类液体储罐的系统，其设置应符合下列规定：

① 固定顶储罐和按固定顶储罐对待的内浮顶储罐的冷却水环管宜沿罐壁顶部单环布置，当采用多环布置时，着火罐顶层环管保护范围内的冷却水供给强度应按本规范表5-1-2规定的2倍计算。

② 储罐抗风圈或加强圈无导流设施时，其下面应设置冷却水环管。

③ 当储罐上的冷却水环管分割成两个或两个以上弧形管段时，各弧形管段间不应连通，并应分别从防火堤外连接水管，且应分别在防火堤外的进水管道上设置能识别启闭状态的控制阀。

④ 冷却水立管应用管卡固定在罐壁上，其间距不宜大于3 m。立管下端应设置锈渣清扫口，锈渣清扫口距罐基础顶面应大于300 mm，且集锈渣的管段长度不宜小于300 mm。

⑤ 用于保护液化烃或类似液体储罐和甲$_B$、乙、丙类液体储罐的系统，其立管与罐组内的水平管道之间的连接应能消除储罐沉降引起的应力。

⑥ 液化烃储罐上环管支架之间的距离宜为3～3.5 m。

4）水雾喷头选型

水雾喷头的选型应符合下列要求：

（1）离心雾化型喷头喷射出的雾状水滴是不连续的间断水滴，具有良好的电绝缘性能，可有效地扑救电气火灾，适合在保护电气设施的水喷雾灭火系统中使用。撞击型水雾喷头是利用撞击原理分解水流的，水的雾化程度较差，不能保证雾状水的电绝缘性能，因此不适用于扑救电气火灾。所以扑救电气火灾，应选用离心雾化型水雾喷头。

（2）大多数水雾喷头内部装有雾化芯，其内部有效水流通道的截面积较小，如长期暴露在粉尘场所内，其内部水流通道很容易被堵塞，室内粉尘场所设置的水雾喷头应带防尘帽，室外设置的水雾喷头宜带防尘帽；平时防尘帽在水雾喷头的喷口上，发生火灾时防尘帽在水压作用下打开或脱落，不影响水雾喷头的正常工作。

（3）为防止喷头堵塞，离心雾化型水雾喷头应带柱状过滤网。

2. 雨淋阀

雨淋阀作为水喷雾灭火系统中的系统报警控制阀，起着十分重要的作用。雨淋阀一般有角式雨淋阀和直通雨淋阀两种。

1）角式雨淋阀

（1）角式雨淋阀组的组成

角式雨淋阀组由角式雨淋阀、供水蝶阀、单向阀、电磁阀、手动快开阀、过滤器、压力开关、水力警铃等主要部件组成，具有功能完善、安全可靠、耐蚀性好、便于安装、维护方便等特点。角式雨淋阀组的结构如图5-1-8所示。

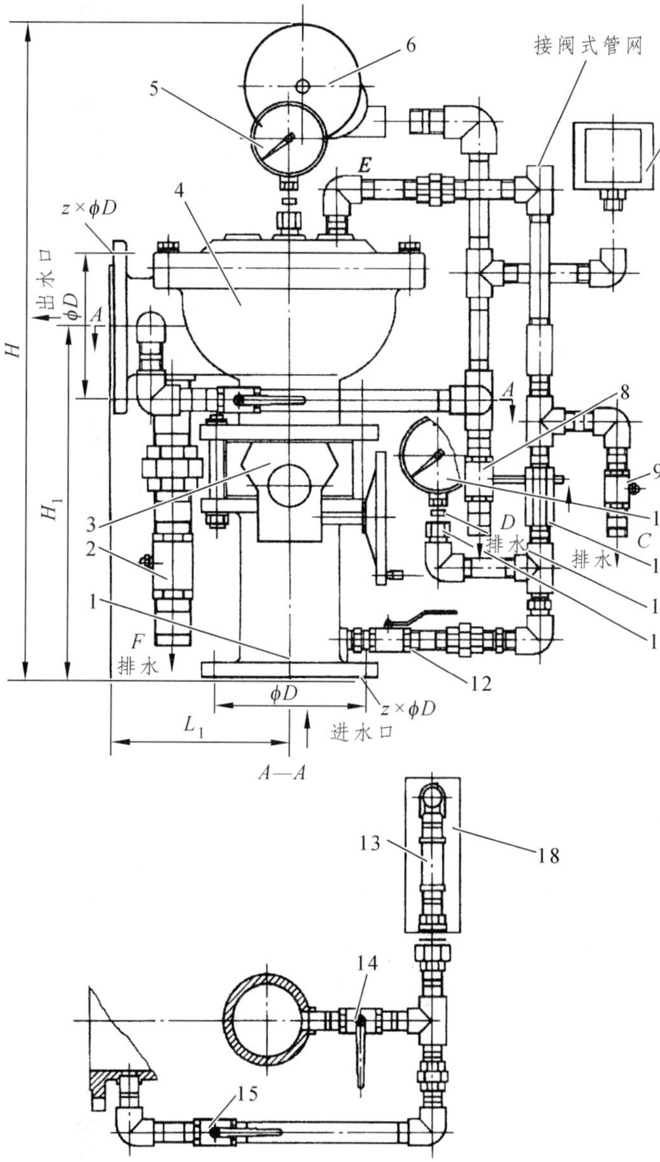

1—供水管；2—放余水阀一；3—供水蝶阀；4—主阀；5，10—压力表；6—水力警铃；
7—压力开关；8—电磁阀；9—放余水阀二；11—单向阀；12—控制管球阀；
13—过滤器；14—试警铃球阀；15—报警管球阀；16—压力表密封垫；
17—压力表接头；18—警铃接管组件。

图 5-1-8 角式雨淋阀组结构示意图

（2）角式雨淋阀的工作原理

角式雨淋阀利用隔膜的运动来实现阀瓣的启闭。隔膜将阀分为压力腔（即控制腔）、工作腔和供水腔，来自供水管的压力水流作用于隔膜下部阀瓣，也从控制管路经单向阀进入压力腔而作用于隔膜的上部，由于隔膜上、下受水作用面积的差异，保证了隔膜雨淋阀具有良好的密封性。

当保护区发生火灾时，通过火灾报警控制器直接打开隔膜雨淋阀的电磁阀，使压力腔内的水快速排出，由于压力腔泄压，作用于阀瓣下部的水迅速推起阀瓣，水流即进入工作腔，流向整个管网喷水灭火。同时，部分压力水流向报警管网，使水力警铃发出铃声报警，压力开关动作，向值班室（消防控制室）发出信号指示或直接启动消防水泵供水。此时，由于隔膜雨淋阀控制管路上的电磁阀具有自锁功能，所以雨淋阀被锁定为开启状态，灭火后，手动复位电磁阀，雨淋阀将自行复位。

2）直通雨淋阀

（1）直通雨淋阀组的组成

直通雨淋阀组由直通雨淋阀、信号蝶阀、单向阀、电磁阀、手动球阀、压力开关、水力警铃等主要部件组成。直通雨淋阀具有功能完善、安全可靠、耐蚀性好、便于安装、维护方便等特点；相对其他形式的雨淋阀而言，还具有水力性能好、水力摩阻损失小的优点。直通雨淋阀组的结构如图 5-1-9 所示。

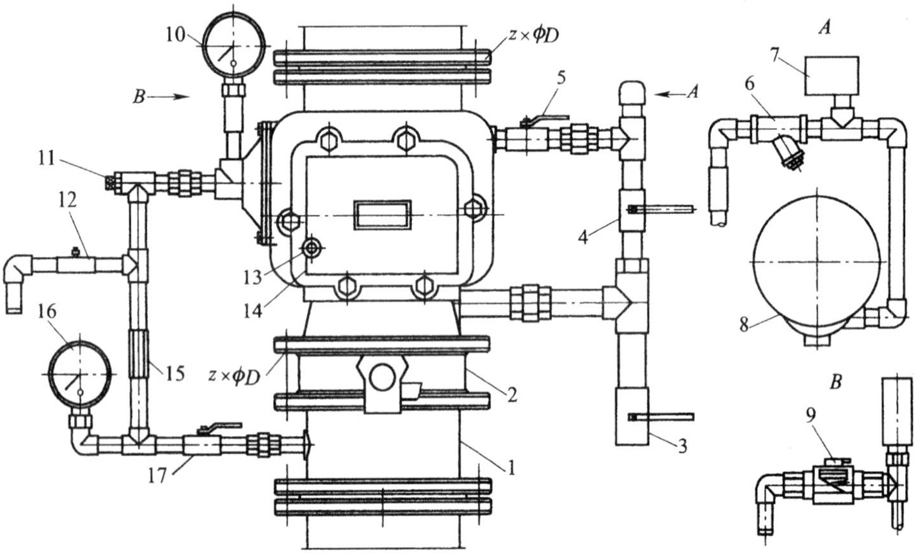

1—进水管；2—信号蝶阀；3—排水阀；4—试水阀；5—报警管阀；6—过滤器；7—压力开关；8—水力警铃；9—电磁阀；10—压力表一；11—堵头；12—控制阀；13—复位杆；14—雨淋阀；15—单向阀；16—压力表二；17—控制管阀。

图 5-1-9　直通雨淋阀组结构示意图

（2）直通雨淋阀的工作原理

直通雨淋阀利用隔膜的运动实现阀瓣的开启。由隔膜将阀分为控制腔和工作腔。来自供水管的压力水流作用于阀瓣，同时，压力水还从控制管路经单向阀进入控制腔而作用于隔膜的左部，由隔膜通过推杆将力传递到压臂上，由压臂压紧阀瓣，保证隔膜雨淋阀具有良好的密封性。

阀门具有电动控制、手动控制和传动控制三种控制方式。电动控制是当保护区发生火灾时，通过火灾报警控制器直接打开直通雨淋阀的电磁阀，使控制腔内的水快速排出。手动控制是人员手动打开控制管路上的手动球阀排水泄压，控制腔压力下降启动阀门。传动控制是依靠安装在保护区内且与系统相连的闭式喷头在火灾发生时玻璃球破裂，进而排水或排气泄压。由于控制腔的泄压，通过推杆作用在压臂上的力消除，作用于阀瓣下部的水迅速推起阀瓣，水流即进入工作腔，流向整个管网喷水灭火；同时，一部分压力水流向报警管网，使水力警铃发出铃声报警，压力开关动作，发出信号或直接启动消防水泵供水。灭火后，需手动复位雨淋阀。

3）雨淋阀组的功能及设置要求

（1）雨淋阀组应具备的功能：

① 有自动控制和手动控制两种操作方式。

② 能监测供水、出水压力。

③ 能接通或关闭水喷雾灭火系统的供水。

④ 能接收电信号电动开启雨淋阀，或能接收传动管信号液动或气动开启雨淋阀。

⑤ 能驱动水力警铃报警。

⑥ 能显示雨淋阀启、闭状态。

（2）雨淋阀组的设置要求：

① 雨淋阀组宜设在环境温度不低于 4 °C 并有排水设施的室内，其位置宜靠近保护对象并便于操作。

② 雨淋阀组设在室外时，雨淋阀组配件应具有防腐功能；设在防爆区的雨淋阀组配件应符合防爆要求。

③ 寒冷地区的雨淋阀组应采用电伴热或蒸汽伴热进行保温。

④ 并联设置的雨淋阀组，雨淋阀入口处应设止回阀。

⑤ 雨淋阀前的管道应设置可冲洗的过滤器；当水雾喷头无滤网时，雨淋阀后的管道上应设置过滤器。过滤器滤网应采用耐腐蚀金属材料，滤网的孔径应为 4 ~ 4.7 目/cm^2。

⑥ 雨淋阀的试水口应接入可靠的排水设施。

3．管　道

水喷雾灭火系统的管道分为雨淋阀前管道和阀后管道两部分。阀后管道应采用内外热镀锌钢管，且管道上不应设置其他用水设施。系统管道的工作压力不应大于 1.6 MPa，系统管道应采用沟槽式连接件（卡箍）连接，或螺纹、法兰连接。镀锌管道不得采用电焊、气焊挖孔、热煨弯或其他破坏镀锌层的操作。系统管道采用镀锌钢管时，管径不应小于 25 mm；采用不锈钢管或铜管时，管径不应小于 20 mm。系统管道的最低处或水容易聚集的地方应设置放水阀或排污口。

项目二　细水雾灭火系统

一、细水雾的定义及灭火机理

细水雾灭火系统是由供水装置、过滤装置、控制阀、细水雾喷头等组件和供水管道组成，能自动和手动启动并喷放细水雾进行灭火或控火的固定灭火系统。

1. 细水雾的定义

细水雾灭火系统的灭火机理与水雾有密切关系。细水雾是指在最小设计工作压力下，经喷头喷出并在喷头轴线下方 1 m 处的平面上形成的雾滴粒径 $D_{v0.50}$ 小于 200 μm、$D_{v0.99}$ 小于 400 μm 的水雾滴。

2. 细水雾的成雾原理

1）单流体系统射流成雾原理

液体以很快的速度被释放出来，由于液体与周围空气的速度差而被撕碎成细水雾；液体射流被冲击到一个固定的表面，由于冲击力将液体打散成细水雾；两股成分类似的液体射流相互碰撞，将液体射流打散成细水雾；超声波和静电雾化器将射流液体振动或电子粉碎成细水雾；液体在压力容器中被加热到高于沸点，突然被释放到大气压力状态形成细水雾。

2）双流体异管系统射流成雾原理

由一套管道向喷头提供灭火介质，另外一套管道提供雾化介质，在分离管道系统中传输的两种物质在喷头处混合后相互碰撞，从而产生细水雾。

3）双流体同管系统射流成雾原理

雾化介质与灭火介质在一套管道内混合，其成雾原理同单流体系统。

3. 细水雾的灭火机理

细水雾的灭火机理主要是表面冷却、窒息、辐射热阻隔和浸湿作用。除此之外，细水雾还具有乳化等作用。而在灭火过程中，几种作用往往会同时发生，从而有效灭火。

1）吸热冷却

细小水滴受热后易于汽化，在气、液相态变化过程中，从燃烧物质表面或火灾区域吸收大量的热量。燃烧物质表面温度迅速下降后，会使热分解中断，燃烧随即终止。表 5-2-1 列出了雾滴直径、每升水的表面积、汽化时间和自由下落速度的关系。从表中可以看出，雾滴直径越小，表面积就越大，汽化所需要的时间就越短，吸热作用和效率就越高。对于相同的水量，细水雾雾滴所形成的表面积至少比传统水喷淋喷头（包括水喷雾喷头）喷出的水滴所形成的表面积大 100 倍，因此细水雾灭火系统的冷却作用是非常明显的。

表 5-2-1　雾滴直径、每升水的表面积、汽化时间和自由下落速度的关系

雾滴直径/mm	每升水的表面积/m^2	汽化时间/s	自由下落速度/（m/s）
10	0.6	620	9.2
1	6	6.2	4
0.1	60	0.062	0.35
0.01	600	0.000 62	0.003

2）隔氧窒息

雾滴受热后汽化形成体积为原体积 1 680 倍的水蒸气，最大限度地排斥火场的空气，使燃烧物质周围的氧含量降低，燃烧会因缺氧而受到抑制或中断。系统启动后形成的水蒸气完全覆盖整个着火面的时间越短，窒息作用越明显。

3）辐射热阻隔

细水雾喷入火场后，形成的水蒸气迅速将燃烧物、火焰和烟羽笼罩，对火焰的辐射热具有极佳的阻隔能力，能够有效抑制辐射热引燃周围其他物品，达到防止火灾蔓延的效果。

4）浸湿作用

颗粒大、冲量大的雾滴会冲击到燃烧物表面，从而使燃烧物得到浸湿，阻止其进一步挥发可燃气体。另外，系统喷出的细水雾还可以充分将着火位置以外的燃烧物浸湿，从而抑制火灾的蔓延和发展。

二、系统分类

细水雾灭火系统主要按工作压力、应用方式、动作方式、雾化介质和供水方式进行分类。

1．按工作压力分类

1）低压系统

低压系统是指系统工作压力小于或等于 1.21 MPa 的细水雾灭火系统。

2）中压系统

中压系统是指系统工作压力大于 1.21 MPa 且小于 3.45 MPa 的细水雾灭火系统。

3）高压系统

高压系统是指系统工作压力大于或等于 3.45 MPa 的细水雾灭火系统。

2．按应用方式分类

1）全淹没应用方式

全淹没应用方式是指向整个防护区内喷放细水雾，并持续一定时间，保护其内部所有保护对象的系统应用方式。全淹没应用方式适用于扑救相对封闭空间内的火灾。

2）局部应用方式

局部应用方式是指直接向保护对象喷放细水雾，并持续一定时间，保护空间内某具体保护对象的系统应用方式。局部应用方式适用于扑救大空间内具体保护对象的火灾。

3．按动作方式分类

1）开式系统

开式系统是指采用开式细水雾喷头的细水雾灭火系统，包括全淹没应用方式和局部应用方式。系统由火灾自动报警系统控制，自动开启分区控制阀和启动水泵后，向开式细水雾喷头供水。

2）闭式系统

闭式系统是指采用闭式细水雾喷头的细水雾灭火系统，又可以分为湿式、干式和预作用三种形式。

4．按雾化介质分类

1）单流体系统

单流体系统是指使用单个管道向每个喷头供给灭火介质的细水雾灭火系统。

2）双流体系统

双流体系统是指水和雾化介质分管供给并在喷头处混合的细水雾灭火系统。

5．按供水方式分类

1）泵组式系统

泵组式系统是指采用泵组（或稳压装置）作为供水装置的细水雾灭火系统，适用于高、中和低压系统。

2）瓶组式系统

瓶组式系统是指采用储水容器储水、储气容器进行加压供水的细水雾灭火系统，适用于中、高压系统。

3）瓶组与泵组结合式系统

瓶组与泵组结合式系统是指既采用泵组又采用瓶组作为供水装置的细水雾灭火系统，适用于高、中和低压系统。

三、系统组成、工作原理与适用范围

细水雾灭火系统由水源（储水池、储水箱、储水瓶）、供水装置（泵组推动或瓶组推动）、系统管网、控制阀组、细水雾喷头、火灾自动报警及联动控制系统组成。为保证系统中形成细水雾的部件正常工作，系统对水质的要求较高。对于泵组系统，其供水的水质要符合《生活饮用水卫生标准》（GB 5749—2006）的有关规定。对于瓶组系统，其供水的水质不应低于《瓶（桶）装饮用纯净水卫生标准》（GB 17324—2003）的有关规定，而且系统补水水源的水质应与系统的水质要求一致。

1．开式细水雾灭火系统

1）系统组成

开式细水雾灭火系统包括全淹没应用方式和局部应用方式，是采用开式细水雾喷头，由配套的火灾自动报警系统自动联锁或远程控制、手动控制启动后，控制一组喷头同时喷水的自动细水雾灭火系统。系统组成如图 5-2-1 所示。

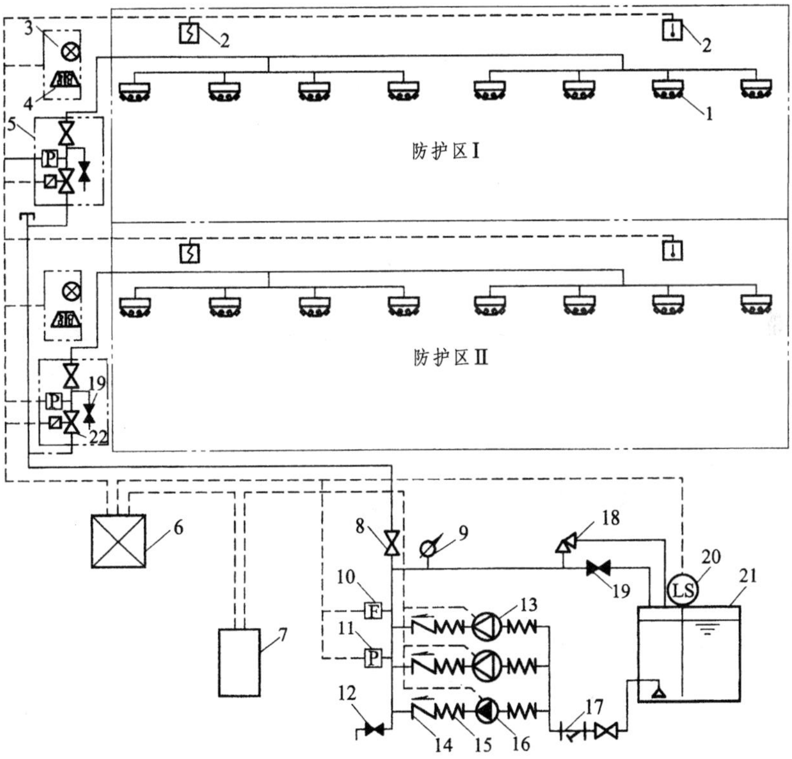

1—开式细水雾喷头；2—火灾探测器；3—喷雾指示灯；4—火灾声光报警器；5—分区控制阀组；6—火灾报警控制器；7—消防泵控制柜；8—控制阀（常开）；9—压力表；10—水流传感器；11—压力开关；12—泄水阀（常闭）；13—消防水泵；14—止回阀；15—柔性接头；16—稳压泵；17—过滤器；18—安全阀；19—泄放试验阀；20—液位传感器；21—储水箱；22—分区控制阀（电磁/气动/电动阀）。

图 5-2-1　开式细水雾灭火系统

由于供水装置的不同，细水雾灭火系统的构成略有不同。泵组式系统由细水雾喷头、控制阀组、系统管网、泵组（消防水泵和稳压装置）、水源（储水池或储水箱）、火灾自动报警及联动控制系统组成，如图 5-2-2 所示。瓶组式系统由细水雾喷头、控制阀、启动瓶、储水瓶组、瓶架、系统管网以及火灾自动报警及联动控制系统组成，如图 5-2-3 所示。

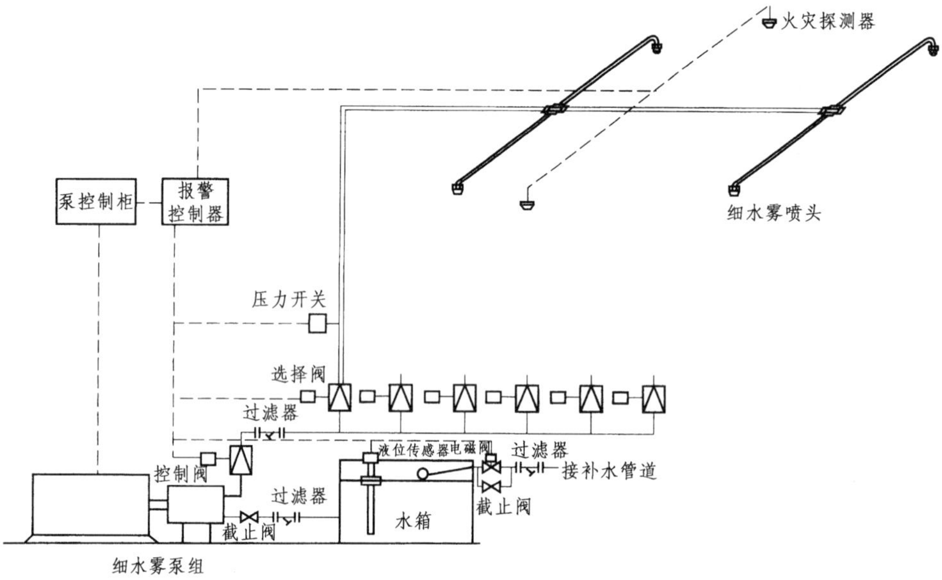

图 5-2-2　泵组式细水雾灭火系统

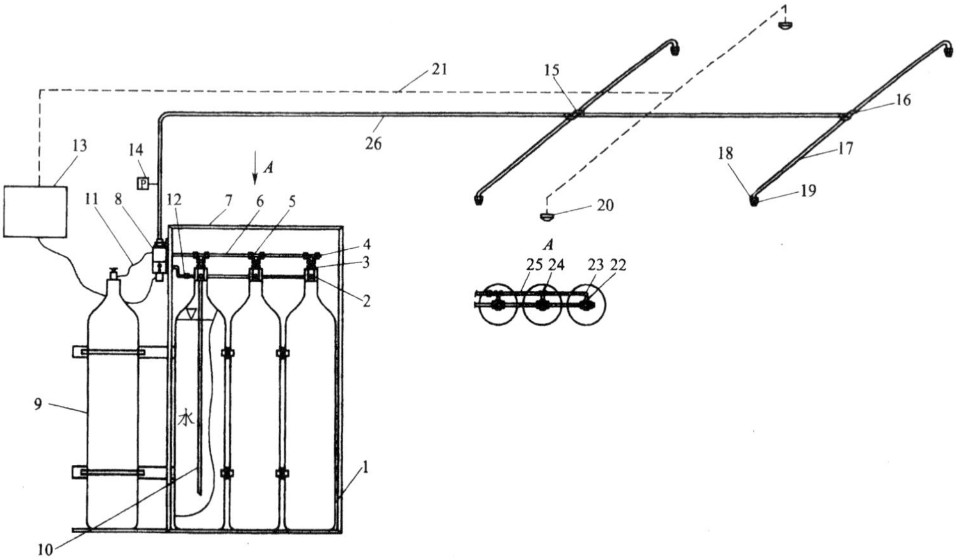

1—储水瓶；2—瓶接头体；3，22—管接头；4—管堵；5，16，24—三通；6，17，25，26—不锈钢管；7—瓶组支架；8—分配阀；9—氮气瓶；10—虹吸管；11—软连接管；12—气体单向阀；13—报警控制器；14—压力开关；15—四通；18—短管；19—喷头；20—探测器；21—探测线路；23—弯头。

图 5-2-3　瓶组式细水雾灭火系统

2）工作原理

开式细水雾灭火系统的工作原理如图 5-2-4 所示。

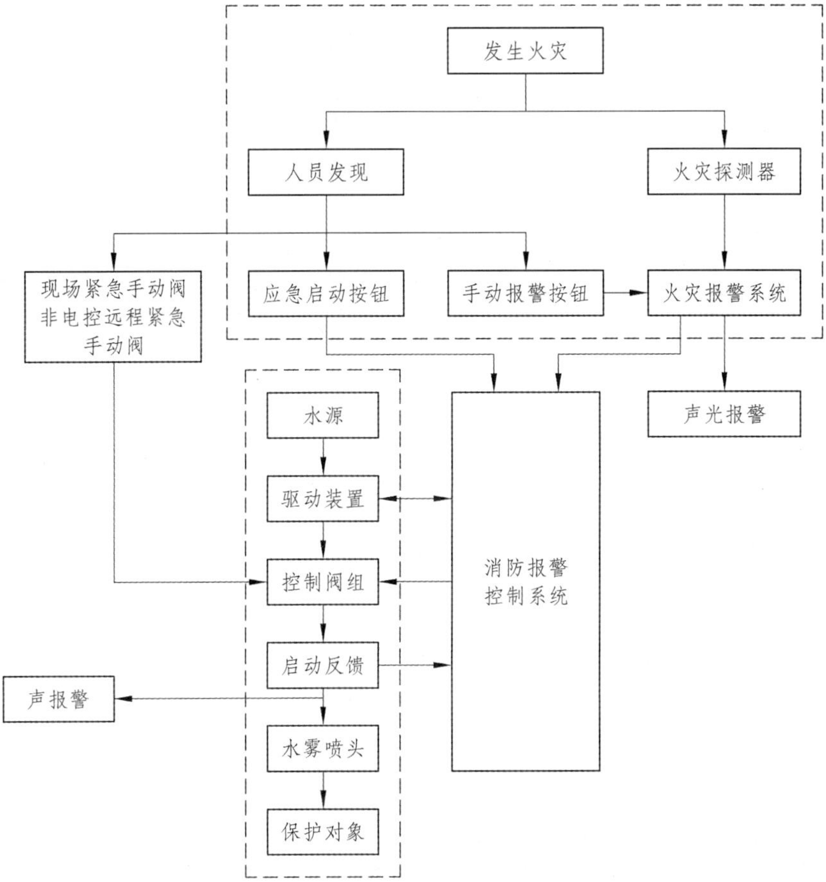

图 5-2-4　开式细水雾灭火系统工作原理

采用自动控制方式时，火灾发生后，报警控制器收到两个独立的火灾报警信号，自动启动系统控制阀组和消防水泵并向系统管网供水，水雾喷头喷出细水雾实施灭火。

2．闭式细水雾灭火系统

1）系统组成

闭式细水雾灭火系统采用闭式细水雾喷头，系统组成如图 5-2-5 所示。

根据使用场所的不同，闭式细水雾灭火系统又可以分为湿式系统、干式系统和预作用系统三种形式。闭式细水雾灭火系统适用于采用非密集柜存储的图书库、资料库和档案库等保护对象。

2）工作原理

除喷头不同外，闭式细水雾灭火系统的工作原理与闭式自动喷水灭火系统相同，有关闭式细水雾灭火系统的组成与工作原理参见闭式自动喷水灭火系统相关内容。

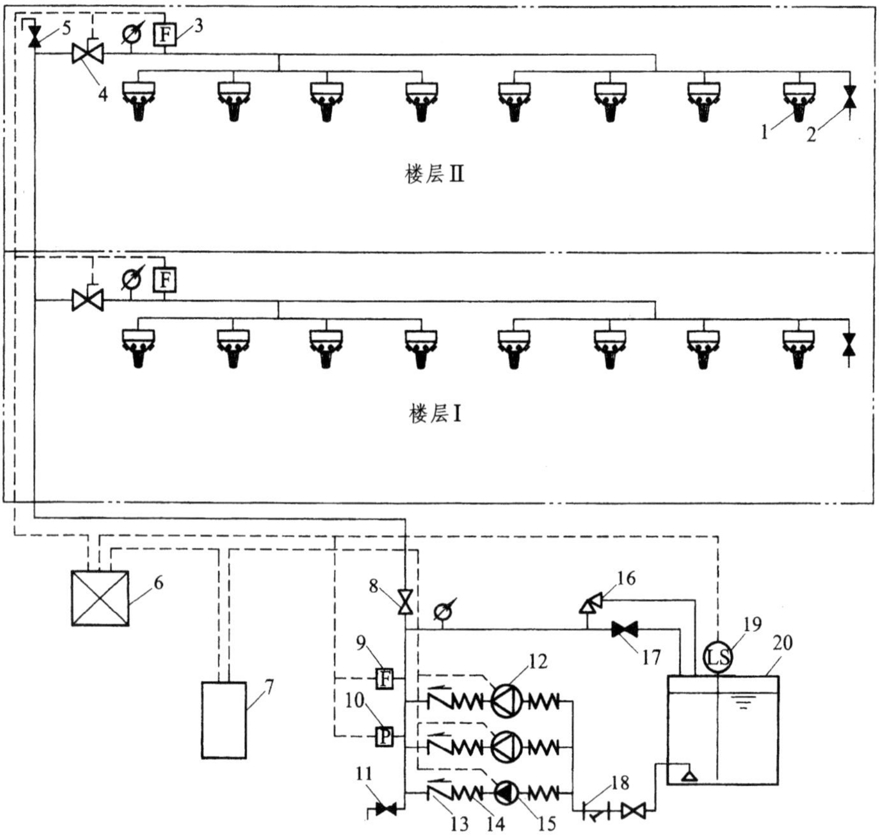

1—闭式细水雾喷头；2—末端试水阀；3—水流传感器；4—分区控制阀（常开，反馈阀门开启信号）；5—排气阀（常闭）；6—火灾报警控制器；7—消防泵控制柜；8—控制阀（常开）；9—水流传感器；10—压力开关；11—泄水阀（常闭）；12—消防水泵；13—止回阀；14—柔性接头；15—稳压泵；16—安全阀；17—泄放试验阀；18—过滤器；19—液位传感器；20—储水箱。

图 5-2-5　闭式细水雾灭火系统

3．系统适用范围

1）适用范围

细水雾灭火系统适用于扑救以下火灾：

（1）可燃固体火灾（A 类）

细水雾灭火系统可以有效扑救相对封闭空间内的可燃固体表面火灾，包括纸张、木材、纺织品和塑料泡沫、橡胶等固体火灾。

（2）可燃液体火灾（B 类）

细水雾灭火系统可以有效扑救相对封闭空间内的可燃液体火灾，包括正庚烷或汽油等低闪点可燃液体和润滑油、液压油等中、高闪点可燃液体火灾。

（3）电气火灾（E 类）

细水雾灭火系统可以有效扑救电气火灾，包括电缆、控制柜等电子、电气设备火灾和变压器火灾等。

2）不适用范围

（1）遇水能发生剧烈反应或产生大量有害物质的活泼金属火灾

细水雾灭火系统不适用于遇水能发生剧烈反应或产生大量有害物质的活泼金属及其化合物火灾，包括：

① 活性金属，例如锂、钠、钾、镁、钛、锆、铀、钚等。

② 金属醇盐，例如甲醇钠等。

③ 金属氨基化合物，例如氨基钠等。

④ 碳化物，例如碳化钙等。

⑤ 卤化物，例如氯化甲酰、氯化铝等。

⑥ 氢化物，例如氢化铝锂等。

⑦ 卤氧化物，例如三溴氧化磷等。

⑧ 硅烷，例如三氯一氟甲烷等。

⑨ 硫化物，例如五硫化二磷等。

⑩ 氰酸盐，例如甲基氰酸盐等。

（2）可燃气体火灾

细水雾灭火系统不适用于可燃气体火灾，包括液化天然气等低温液化气体的火灾。

（3）可燃固体深位火灾

细水雾灭火系统不适用于可燃固体的深位火灾。

四、系统选型与设计参数

在综合分析细水雾灭火系统设置场所的火灾危险性及其火灾特点、设计防护目的、防护对象的特征和环境条件的基础上，合理选择系统类型，确定系统设计参数。

1. 系统选型

细水雾灭火系统的设计，应综合考虑保护对象的火灾危险性及其火灾特性、防护目的和环境条件等因素，合理选型。

（1）下列场所宜选择全淹没应用方式的开式系统：液压站、配电室、电缆隧道、电缆夹层、电子信息系统机房、文物库，以及采用密集柜存储的图书库、资料库和档案库。

（2）下列场所宜选择局部应用方式的开式系统：油浸变压器室、涡轮机房、柴油发电机房、润滑油站和燃油锅炉房、厨房内烹饪设备及其排烟罩和排烟管道部位。

（3）下列场所可选择闭式系统：采用非密集柜存储的图书库、资料库和档案库。

（4）系统宜采用泵组式系统。难以设置泵房或消防供电不能满足系统工作要求的场所，可选择瓶组系统，但闭式系统不应采用瓶组系统。

2．设计参数

细水雾灭火系统的基本设计参数应根据细水雾灭火系统的特性和防护区的具体情况确定。喷头的最低设计工作压力不应小于 1.2 MPa。

1）闭式系统的设计参数

闭式系统的作用面积不宜小于 140 m^2，每套泵组所带喷头数量不应超过 100 只。系统的喷雾强度、喷头的布置间距和安装高度宜根据实体火灾模拟试验结果确定。当喷头的设计工作压力不小于 10.0 MPa 时，也可根据喷头的安装高度按表 5-2-2 确定系统的最小喷雾强度和喷头的布置间距；当喷头的设计工作压力小于 10.0 MPa 时，应经试验确定系统的最小喷雾强度、喷头的布置间距和安装高度。

表 5-2-2 闭式系统的喷雾强度、喷头的布置间距和安装高度

应用场所	喷头的安装高度/m	系统的最小喷雾强度/[L/(min·m^2)]	喷头的布置间距/m
采用非密集柜存储的图书库、资料库和档案库	>3 且≤5	3	>2 且≤3
	≤3	2	

2）全淹没应用方式的开式系统的设计参数

采用全淹没应用方式的开式系统，其喷雾强度、喷头的布置间距、安装高度和工作压力宜根据实体火灾模拟试验结果确定，也可根据喷头的安装高度按表 5-2-3 确定系统的最小喷雾强度和喷头的布置间距。当喷头的实际安装高度介于表 5-2-3 中规定的高度值之间时，系统的最小喷雾强度应取较高安装高度时的规定值。

3）全淹没应用方式的开式系统的防护区容积

采用全淹没应用方式的开式系统，其单个防护区的容积，泵组系统不宜大于 3 000 m^3，瓶组系统不宜超过 260 m^3，且瓶组系统所保护的防护区不宜超过 3 个。当大于该容积时，宜将该防护区分成多个更小的防护区进行保护，并应符合下列规定：

（1）当各分区的火灾危险性相同或相近时，系统的设计参数可根据其中容积最大分区的参数确定。

（2）当各分区的火灾危险性存在较大差异时，系统的设计参数应分别按各自分区的参数确定。

（3）当应用条件与表 5-2-3 不相符合时，应经实体火灾模拟试验确定。

表 5-2-3 采用全淹没应用方式开式系统喷头的工作压力、安装高度、喷雾强度和喷头的布置间距

<table>
<tr><th colspan="2">应用场所</th><th>喷头的工作压力/MPa</th><th>喷头的安装高度/m</th><th>系统的最小喷雾强度/[L/(min · m^2)]</th><th>喷头的最大布置间距/m</th></tr>
<tr><td colspan="2">油浸变压器室，液压站，润滑油站，柴油发电机室，燃油锅炉房等</td><td rowspan="3">>1.2 且≤3.5</td><td>≤7.5</td><td>2</td><td rowspan="3">2.5</td></tr>
<tr><td colspan="2">电缆隧道，电缆夹层</td><td>≤5</td><td>2</td></tr>
<tr><td colspan="2">文物库，以密集柜存储的图书库、资料库、档案库</td><td>≤3</td><td>0.9</td></tr>
<tr><td colspan="2">油浸变压器室，涡轮机房等</td><td rowspan="9">≥10.0</td><td>≤7.5</td><td>1.2</td><td rowspan="9">3</td></tr>
<tr><td colspan="2">液压站，柴油发电机室，燃油锅炉房等</td><td>≤5</td><td>1</td></tr>
<tr><td colspan="2" rowspan="2">电缆隧道，电缆夹层</td><td>>3 且≤5</td><td>2</td></tr>
<tr><td>≤3</td><td>1</td></tr>
<tr><td colspan="2" rowspan="2">文物库，以密集柜存储的图书库、资料库、档案库</td><td>>3 且≤5</td><td>2</td></tr>
<tr><td>≤3</td><td>1</td></tr>
<tr><td rowspan="2">电子信息系统机房、通信机房</td><td>主机工作空间</td><td>≤3</td><td>0.7</td></tr>
<tr><td>地板夹层</td><td>≤0.5</td><td>0.3</td></tr>
</table>

4）局部应用方式的开式系统的保护面积

采用局部应用方式的开式系统，其保护面积应按下列规定确定：

（1）对于外形规则的保护对象，应为该保护对象的外表面面积。

（2）对于外形不规则的保护对象，应为包容该保护对象的最小规则形体的外表面面积。

（3）对于可能发生可燃液体流淌火或喷射火的保护对象，除应符合上述要求外，还应包括可燃液体流淌火或喷射火可能影响到的区域的水平投影面积。

5）局部应用方式的开式系统的设计参数

采用局部应用方式的开式系统，当保护存在可燃液体火灾的场所时，系统的设计参数应根据国家授权的认证检验机构认证检验时获得的试验数据确定，且不应超出试验限定的条件。

6）系统设计响应时间

开式系统的设计响应时间不应大于 30 s。采用全淹没应用方式的瓶组式系统，当同一防护区内采用多组瓶组时，各瓶组必须能同时启动，其动作响应时差不应大于 2 s。

7）系统持续喷雾时间

系统的设计持续喷雾时间应符合表 5-2-4 的规定。

表 5-2-4 细水雾灭火系统的设计持续喷雾时间

保护对象	设计持续喷雾时间
油浸变压器室、柴油发电机房	
液压站、润滑油站	不小于 20 min
燃油锅炉房、涡轮机房	
配电室、电气设备间、电缆夹层、电缆隧道	
电子信息系统机房、通信机房等电子机房	不小于 30 min
图书库、资料库、档案库、文物库	
厨房烹饪设备、排烟罩、排烟管道	设计持续喷雾时间不小于 15 s，设计冷却时间不小于 15 min

8）实体模拟试验结果的应用

在工程应用中采用实体模拟试验结果时，应符合下列规定：

（1）系统设计喷雾强度不应小于试验所用喷雾强度。

（2）喷头最低工作压力不应小于试验测得最不利点喷头的工作压力。

（3）喷头布置间距和安装高度分别不应大于试验时的喷头间距和安装高度。

（4）喷头的安装角度应与试验安装角度一致。

五、系统组件及其设置要求

细水雾灭火系统主要由供水装置、细水雾喷头、控制阀、过滤装置、试水阀、泄水阀、排气阀和管网等组件组成。

1. 供水装置

1）泵组供水装置

泵组系统的供水装置由储水箱、水泵、水泵控制柜（盘）、安全阀等部件组成。

（1）储水箱

系统的储水箱应采用密闭结构，并应采用不锈钢或其他能保证水质的材料制作，且应具有防尘、避光的技术措施。储水箱应设置保证自动补水的装置，并应设置液位显示装置，高低液位报警装置和溢流、透气、放空装置。

（2）水　泵

泵组系统应设置独立的水泵。水泵应具有自动和手动启动功能以及巡检功能，当巡检中接到启动指令时，应能立即退出巡检，进入正常运行状态。系统的水泵应设置备用泵，其工作性能应与最大一台主泵相同，主、备用泵应具有自动切换功能，并应能手动操作停泵。水泵应采用自灌式引水或其他可靠的引水方式，泵的出水总管上应设置压力显示装置、安全阀和泄放试验阀。每台泵的出水口均应设置止回阀。当水泵采用柴油机作为动力时，应保证其能持续运行 60 min。闭式系统的泵组系统应设置稳压泵，其流量不应大于系统中水力最不利点一只喷头的流量，工作压力应满足工作泵的启动要求。

（3）水泵控制柜（盘）

水泵控制柜（盘）应布置在干燥、通风的部位，便于操作和检修，其防护等级不应低于 IP54。

（4）安全阀

安全阀设置在水泵的出水总管上，其动作压力应为系统最大工作压力的 1.15 倍。

2）瓶组供水装置

瓶组系统的供水装置由储水容器、储气容器和压力显示装置等部件组成。储水容器、储气容器均应设置安全阀。使用多个储水容器和储气容器的瓶组系统，同一集流管下储水容器或储气容器的规格、充装量和充装压力应分别一致。储水量和储气量应根据保护对象的重要性、维护恢复时间等设置备用量。对于恢复时间超过 48 h 的瓶组系统，应按主用量的 100% 设置备用量。容器组的布置应便于检查、测试、重新灌装和维护，其操作面距墙或操作面之间的距离不宜小于 0.8 m。

2．细水雾喷头

细水雾喷头是将水流进行雾化并实施喷雾灭火的重要部件。根据成雾原理的不同，细水雾喷头的构造也不同，如 7 孔开式细水雾喷头由喷头体、微型喷嘴、芯体、滤网等 8 个零件构成。一定压力的水通过滤网进入喷头后，在压力的作用下沿弹簧、喷嘴和喷嘴芯围成的螺旋空间产生高速旋转运动，水流到达喷头小孔后被完全击碎，沿喷嘴出口锥面射出，形成极微小的雾滴。

1）喷头的分类

（1）按动作方式分类

细水雾灭火系统的喷头按动作方式可以分为开式细水雾喷头和闭式细水雾喷头。

（2）按细水雾产生原理分类

细水雾灭火系统的喷头按细水雾产生原理可以分为撞击式细水雾喷头和离心式细水雾喷头。

（3）按开孔数量分类

细水雾灭火系统的喷头按开孔数量可以分为单孔细水雾喷头和多孔细水雾喷头。

（4）按材质分类

细水雾灭火系统的喷头按材质可以分为不锈钢细水雾喷头和黄铜细水雾喷头。

（5）按适用性分类

细水雾灭火系统的喷头按适用性可以分为通用喷头和专用喷头，如电缆类电气火灾专用喷头、可燃液体火灾专用喷头、可燃固体火灾专用喷头、计算机类电气火灾专用喷头等。

（6）按作用分类

细水雾灭火系统的喷头按所起作用可以分为灭火专用喷头、冷却防护喷头和水雾封堵喷头等。

2）喷头的选择

（1）对于喷头的喷孔易被外部异物堵塞的场所，应选用具有相应防护措施且不影响细水雾喷放效果的喷头，如粉尘场所应选用带防尘罩（端盖）的喷头，但在喷雾时不应阻挡水雾和对人员造成伤害。

（2）对于电子数据处理机房、通信机房的地板夹层，宜选择适用于低矮空间的喷头。

（3）对于闭式系统，应选择响应时间指数不大于 50（m·s）$^{0.5}$ 的喷头，其公称动作温度宜高于环境最高温度 30℃且同一防护区内应采用相同热敏性能的喷头。

（4）对于腐蚀性环境，应选用采用防腐材料或具有防腐镀层的喷头。

（5）对于电气火灾危险场所的细水雾灭火系统，不宜采用撞击雾化型细水雾喷头。

3）喷头的布置要求

（1）闭式系统喷头布置要求

闭式系统的喷头布置应能保证细水雾喷放均匀并完全覆盖保护区域；喷头与墙壁的距离不应大于喷头最大布置间距的 1/2；喷头与其他遮挡物的距离应保证遮挡物不影响喷头正常喷放细水雾，当无法避免时，应采取补偿措施；喷头的感温组件与顶棚或梁底的距离不宜小于 75 mm，且不宜大于 150 mm。当场所内设置吊顶时，喷头可贴邻吊顶布置。

（2）开式系统喷头布置要求

开式系统的喷头布置与闭式系统的喷头布置要求相同，但对于电缆隧道或夹层，喷头宜布置在电缆隧道或夹层的上部，并应能使细水雾完全覆盖整个电缆或电缆桥架。

（3）局部应用方式的开式系统喷头布置要求

采用局部应用方式的开式系统，其喷头布置应能保证细水雾完全包容或覆盖保护对象或部位，喷头与保护对象的距离不宜小于 0.5 m。用于保护室内油浸变压器时，变压器高度超过 4m 的，喷头宜分层布置；冷却器距变压器本体超过 0.7 m 的，应在其间隙内增设喷头；喷头不应直接对准高压进线套管；变压器下方设置集油坑的，喷头布置应能使细水雾完全覆盖集油坑。

（4）喷头与无绝缘带电设备的间距

喷头与无绝缘带电设备的最小距离不应小于表 5-2-5 的规定。

表 5-2-5　喷头与无绝缘带电设备的最小距离

带电设备额定电压等级 V/kV	最小距离/m
$110<V\leq 220$	2.2
$35<V\leq 110$	1.1
$V\leq 35$	0.5

（5）喷头备品

系统应按喷头的型号、规格储存备用喷头，其数量不应小于相同型号、规格喷头实际设计使用总数的 1%，且分别不应少于 5 只。

3．控制阀组

控制阀是细水雾灭火系统的重要组件，是执行火灾自动报警系统控制器启/停指令的重要部件。控制阀的设置应符合以下要求。

1）控制阀的选择

（1）雨淋阀

中、低压细水雾灭火系统的控制阀可以采用雨淋阀。但细水雾灭火系统中使用的雨淋阀的工作压力应满足系统工作的压力要求。

（2）分配阀

高压细水雾灭火系统的控制阀组通常采用分配阀，它类似于气体灭火系统中的选择阀，不仅具备了选择阀的功能，而且具有启动系统和关闭系统的双重功能，还可采用电动阀和手动阀组合的方式完成控水阀组的功能。

2）控制阀的设置

开式系统应按防护区设置分区控制阀，且宜在分区控制阀上或阀后邻近位置设置泄放试验阀。闭式系统应按楼层或防火分区设置分区控制阀，且应为带开关锁定或开关指示的阀组。分区控制阀宜靠近防护区设置，并应设置在防护区外便于操作、检查和维护的位置。

3）动作信号反馈装置

分区控制阀上宜设置系统动作信号反馈装置。当分区控制阀上无系统动作信号反馈装置时，应在分区控制阀后的配水干管上设置系统动作信号反馈装置。

4．过滤装置

过滤装置是细水雾灭火系统中重要的组件之一。过滤器的设置应符合下列要求：

（1）在储水箱进水口处以及出水口处或控制阀前应设置过滤器。系统控制阀组前的管道应就近设过滤器；当细水雾喷头无滤网时，雨淋控制阀组后应设过滤器；最大的过滤器过滤等级或目数应保证不大于喷头最小过流尺寸的 80%。

（2）在每个细水雾喷头的供水侧应设一个喷头过滤网，对于喷口最小过流尺寸大于 1.2 mm 的多喷嘴喷头或喷口最小过流尺寸大于 2 mm 的单喷嘴喷头，可不设喷头过滤网。

（3）管道过滤器的最小尺寸应根据系统的最大过流流量和工作压力确定。

（4）管道过滤器应具有防锈功能，并设在便于维护、更换的位置，且应设旁通管，以便清洗。

5．试水阀、泄水阀和排气阀

1）试水阀

细水雾灭火系统的闭式系统应在每个分区阀后管网的最不利点处设置试水阀，其设置要求同自动喷水灭火系统，并应符合下列规定：

（1）试水阀前应设置压力表。

（2）试水阀出口的流量系数应与一只喷头的流量系数等效。

（3）试水阀的接口大小应与管网末端的管道一致，测试水的排放不应对人员和设备等造危害。

细水雾灭火系统的开式系统应在分区控制阀上或阀后邻近位置设置泄放试验阀。

2）泄水阀

细水雾灭火系统的管网最低点处应设置泄水阀，如系统管网有多个最低点，则应根据管网情况设置多个泄水阀。

3）排气阀

细水雾灭火系统的闭式系统的最高点处宜设置手动排气阀，在系统管网充满水形成准工作状态时使用。

6．系统管网

细水雾灭火系统的管道应采用冷拔法制造的奥氏体不锈钢钢管或其他耐腐蚀和耐压性能相当的金属管道。管道的材质和性能应符合《流体输送用不锈钢无缝钢管》（GB/T 14976—2012）和《流体输送用不锈钢焊接钢管》（GB/T 12771—2019）的有关规定。系统最大工作压力不小于 3.5 MPa 时，应采用《不锈钢和耐热钢　牌号及化学成分》（GB/T 20878—2007）中规定的奥氏体不锈钢无缝钢管。

系统管道连接件的材质应与管道相同。系统管道宜采用专用接头或法兰连接，也可采用氩弧焊焊接。

系统管道和管道附件的公称压力不应小于系统的最大工作压力。对于泵组式系统，水泵吸水口至储水箱之间的管道、管道附件、阀门的公称压力不应小于 1.0 MPa。

采用全淹没应用方式的开式系统，管网宜均衡布置。当油浸变压器作为保护对象时，系统管道不宜横跨变压器的顶部，且不应影响设备的正常操作。

系统管道应采用防晃金属支架、吊架固定在建筑构件上，并应能承受管道充满水时的质量及冲击。系统管道支架、吊架的间距不应大于表 5-2-6 的规定。

设置在有爆炸危险环境中的细水雾灭火系统，其管网和组件应采取可靠的静电导除措施。

表 5-2-6　细水雾灭火系统管道支架、吊架的最大间距

管道外径/mm	≤16	20	24	28	32	40	48	60	≥76
最大间距/m	1.5	1.8	2	2.2	2.5	2.8	2.8	3.2	3.8

思考题

1. 水喷雾灭火系统的典型设置场所有哪些？
2. 水喷雾灭火系统喷头的两种布置方式有什么不同？
3. 细水雾灭火系统的分类有哪几种？

模块五 课件与微课

模块六 自动跟踪定位射流灭火系统

● **教学目标**

知识目标：1. 了解自动跟踪定位射流灭火系统的动作原理及组成。
2. 了解自动跟踪定位射流的系统组件及设置要求。

能力目标：1. 能够了解国内最新规范的要求及行业最新动态。
2. 具备大空间灭火设施设置的能力。

素质目标：1. 强调国家标准的科学性、规范性和严肃性，提升学生守规范的意识。
2. 强化学生严谨、认真的学习态度和工作态度。

● **思政目标**

理解事物的多样性，懂得具体问题具体分析，从而理解“一国两制”的含义。进而领会祖国的和平统一是大势所趋，民心所向。

案例导入

沈阳某体育馆长 160 m，宽 130 m，净空高度约 35 m，具有内部空间跨度长、室内净空高的特点，为典型的高大空间场所，已超过了适用自动喷水灭火系统的高度。比赛大厅及观众坐席属于人员密集场所，火灾危险性大，要求必须迅速扑救初期火灾。

由于受体育馆屋顶结构、观众大厅高度以及大空间烟气形成特点的限制，传统的探测方式及防护方法显然不适用。经论证，最终采用吸气型感烟探测装置来探测火灾，采用自动跟踪定位射流系统来进行防护。在屋顶马道下方吊装 10 门 20 L/s，射程 50 m 的自动消防水炮，设计间距应保证被保护空间任意一点，均有两股水柱同时到达。

探测部分，由于体育馆的长宽已超出火灾探测器的最大探测距离，因此采用分段式覆盖的布点方式。自动消防水炮部分可自动扫描着火点，定位成功后喷水灭火，也可人工控制。对于民用建筑的高大空间场所（体育馆、影剧院、音乐厅、商场、中庭）的自动灭火装置，在目前的技术水平上说，最佳的选择就是自动跟踪定位射流系统，该系统可以有效地扑灭初期火灾，为火势的控制和人员疏散时间的争取都具有重大意义。

在本模块中介绍了自动跟踪定位灭火系统的组成及设计要求。

项目一　系统概述

一、定义、分类与组成

1. 系统的定义和特点

自动跟踪定位射流灭火系统是指以水为射流介质，利用探测装置对初期火灾进行自动探测、跟踪、定位，并运用自动控制方式来实现射流灭火的固定灭火系统，包括灭火装置、探测装置、控制装置、水流指示器、模拟末端试水装置以及管网、供水设施等主要组件。

自动跟踪定位射流灭火系统是指利用红外线、数字图像或其他火灾探测组件对火、温度进行探测，对早期火灾的自动跟踪定位，并运用自动控制方式来实现灭火的各种室内外固定射流灭火系统。系统由带探测组件及自动控制部分的灭火装置和消防供液部分组成。灭火装置分为自动跟踪定位消防炮灭火装置（以下简称消防炮灭火装置）和自动跟踪定位射流灭火装置（以下简称自动射流灭火装置）。

自动跟踪定位射流灭火装置系统能够将红外传感技术、信号处理技术、通信控制技术、计算机技术和机械传动技术有机地结合在一起，能全天候自动监测保护范围内的火灾，使用效果显著。该系统可与其他火灾报警器实现联动，采用图像技术，实现可视化灭火；还可实现自动探测报警并自动定位着火点，具有自动控制、远程手动控制和现场手动控制功能。探测距离远，保护面积大，响应速度快，探测灵敏度高，自动定位、远程定点灭火，减少了扑救过程中造成的损失。系统同时具有防火、灭火、监控功能，提高了系统的可靠性。

自动跟踪定位射流灭火系统特点：

（1）消防水炮采用双功能红外紫外复合探测传感信号处理技术。可以主动早期发现火源，并能有效识别真假火源；经过微处理器根据精密的射水数学模型，软件数字化处理技术和自动控制技术处理后，使消防水炮定位很精确；能有效地抑制阳光和普通照明灯光，很大程度上减小了误报率。

（2）具有视频定位功能。留有 CAN 总线接口同火灾报警控制器联网使用，并配合视频进行定位，以达到远程控制的目的。

（3）具有激光定位检测功能，可以准确指示火源的方向是否正确。

（4）装置结构设计为双喷水嘴，射水覆盖面积大，更有效地包容起火点。

（5）机械驱动采用航空专用步进电机，器件为工业以上标准，使水炮扫描定位更加精确可靠。

2. 系统的分类与组成

自动跟踪定位射流灭火系统可分为自动消防炮灭火系统、喷射型自动射流灭火系统和喷洒型自动射流灭火系统。具体分类见表 6-1-1。

自动跟踪定位射流灭火系统的组成见图 6-1-1 所示。

表 6-1-1　自动跟踪定位射流灭火系统分类

类　型	定　义
自动消防炮灭火系统	灭火装置的流量大于 16 L/s
喷射型自动射流灭火系统	灭火装置的流量不大于 16 L/s，且不小于 5 L/s；射流方式为喷射型
喷洒型自动射流灭火系统	灭火装置的流量不大于 16 L/s，且不小于 5 L/s；射流方式为喷洒型

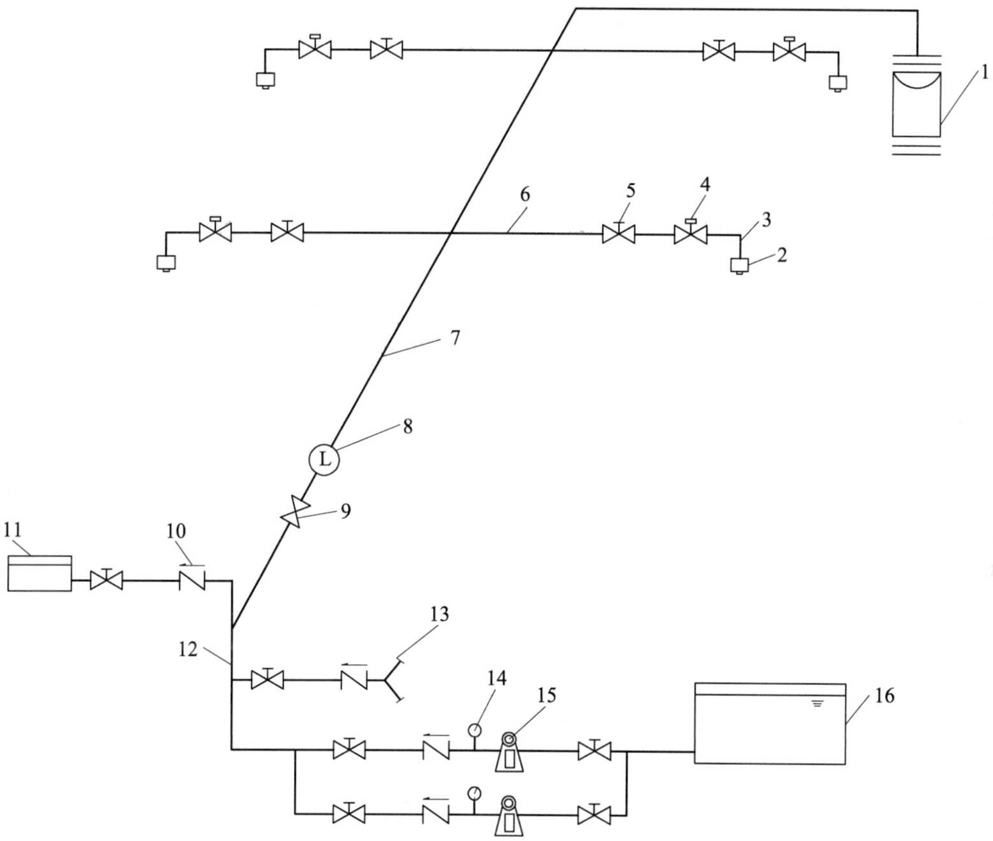

1—模拟末端试水装置；2—自动射流灭火装置（自动消防炮）；3—短立管；4—电磁阀；5—信号阀；6—配水支管；7—配水管；8—水流指示器；9—信号阀；10—止回阀；11—高位水箱；12—配水干管；13—水泵接合器；14—压力表；15—消防水泵；16—消防水池。

图 6-1-1　自动跟踪定位射流灭火系统基本组成示意图

二、适用场所

自动跟踪定位射流灭火系统可用于扑救高大空间的民用建筑和丙类生产车间、丙类库房中，火灾类别为 A 类的下列场所：

（1）净空高度大于 12 m 的高大空间场所。

（2）净空高度大于 8 m 且不大于 12 m，难以设置自动喷水灭火系统的高大空间场所。

自动跟踪定位射流灭火系统不应用于下列场所：

（1）经常有明火作业。

（2）不适宜用水保护。

（3）存在明显遮挡。

（4）火灾水平蔓延速度快。

（5）高架仓库的货架区域。

（6）火灾危险等级为《自动喷水灭火系统设计规范》（GB 50084—2017）规定的严重危险级。

三、系统选型

自动跟踪定位射流灭火系统的选型，应根据设置场所的火灾类别、火灾危险等级、环境条件、空间高度、保护区域特点等因素来确定。设置场所的火灾危险等级可按《自动喷水灭火系统设计规范》（GB 50084—2017）有关四类八项的规定来划分。

自动跟踪定位射流灭火系统的选型宜符合下列规定：

（1）轻危险级场所宜选用喷射型自动射流灭火系统或喷洒型自动射流灭火系统。

（2）中危险级场所宜选用喷射型自动射流灭火系统、喷洒型自动射流灭火系统或自动消防炮灭火系统。

（3）丙类库房宜选用自动消防炮灭火系统。

（4）同一保护区内宜采用一种系统类型。当确有必要时，可采用两种类型系统组合设置。

项目二　系统设计参数

一、一般规定

（1）灭火装置的布置应根据设置场所的净空高度、平面布局等建筑条件合理确定。

（2）自动跟踪定位射流灭火系统的供水管路设计应符合下列规定：

① 自动控制阀前应采用湿式管路。

② 在可能发生冰冻的场所，应采取防冻措施。

③ 自动控制阀后的干式管路长度不宜大于 30 m。

二、流量及压力

（1）自动消防炮灭火系统和喷射型自动射流灭火系统应保证至少 2 台灭火装置的

射流能到达被保护区域的任一部位。

（2）自动消防炮灭火系统用于扑救民用建筑内火灾时，单台炮的流量不应小于 20 L/s；用于扑救工业建筑内火灾时，单台炮的流量不应小于 30 L/s。

（3）喷射型自动射流灭火系统用于扑救轻危险级场所火灾时，单台灭火装置的流量不应小于 5 L/s；用于扑救中危险级场所火灾时，单台灭火装置的流量不应小于 10 L/s。

（4）喷洒型自动射流灭火系统的灭火装置布置应能使射流完全覆盖被保护场所及被保护物。系统的设计参数不应低于表 6-2-1 的规定。

表 6-2-1　喷洒型自动射流灭火系统的设计参数

火灾危险等级		最大净空高 h/m	喷水强度/[L/（min · m^2）]	作用面积/m^2
轻危险级		≤25	4	300
中危险级	Ⅰ级		6	
	Ⅱ级		8	

（5）自动消防炮灭火系统和喷射型自动射流灭火系统灭火装置的设计同时开启数量应按 2 台确定。

（6）喷洒型自动射流灭火系统灭火装置的设计同时开启数量，应按保护场所内任何一点着火时可能开启射流的灭火装置的最大数量确定，且应符合表 6-2-2 的规定。

表 6-2-2　喷洒型设计同时开启数量 N 台

火灾危险等级		灭火装置的流量规格	
		5 L/s	10 L/s
轻危险级		$4 \leqslant N \leqslant 6$	$N=2$ 或 $N=3$
中危险级	Ⅰ级	$6 \leqslant N \leqslant 9$	$3 \leqslant N \leqslant 5$
	Ⅱ级	$8 \leqslant N \leqslant 12$	$4 \leqslant N \leqslant 6$

（7）自动跟踪定位射流灭火系统的设计流量应为设计同时开启的灭火装置流量之和，且不应小于 10 L/s。

（8）自动跟踪定位射流灭火系统的设计持续喷水时间应不小于 1 h。

（9）灭火装置的选用应符合下列规定：

① 灭火装置的最大保护半径应按产品在额定工作压力时的指标值确定。

② 灭火装置的设计工作压力与产品额定工作压力不同时，应在产品规定的工作压力范围内选用。

（10）灭火装置与端墙之间的距离不宜超过灭火装置同向布置间距的一半。

项目三　系统组件及其设置要求

一、灭火装置

灭火装置应满足相应使用环境和介质的防腐蚀要求，并应符合下列规定：

（1）灭火装置的功能：跟踪的探测功能、机械自动的定位功能、射流水的灭火功能。

（2）自动消防炮和喷射型自动射流灭火装置的俯仰和水平回转角度应满足使用要求。

（3）自动消防炮应具有直流—喷雾的转换功能。

自动消防炮、喷射型自动射流灭火装置、喷洒型自动射流灭火装置的性能参数应符合表 6-3-1 ~ 表 6-3-3 的规定。

表 6-3-1　自动消防炮的性能参数

额定流量/（L/s）	额定工作压力上限/MPa	最大保护半径/m	定位时间/s	最小安装高度/m	最大安装高度/m
20	1.0	42	≤60	8	35
30		50			
40		52			
50		55			

表 6-3-2　喷射型自动射流灭火装置的性能参数

额定流量/（L/s）	额定工作压力上限/MPa	最大保护半径/m	定位时间/s	最小安装高度/m	最大安装高度/m
5	0.8	20	≤30	8	20
10		28			25

表 6-3-3　喷洒型自动射流灭火装置的性能参数

额定流量/（L/s）	额定工作压力上限/MPa	最大保护半径/m	定位时间/s	最小安装高度/m	最大安装高度/m
5	0.6	6	≤30	8	25
10		7			

灭火装置安装的设计应符合下列规定：

（1）安装位置应满足灭火装置正常使用和维护的要求。

（2）固定支架或安装平台应能满足灭火装置的喷射、喷洒反作用力要求，且结构设计应能满足灭火装置正常使用的要求。

二、探测装置

探测装置的设计应符合下列规定：

（1）应采用复合探测方式，并应能有效探测和判定保护区域内的火源。常用的是图像型或火焰型探测器。

（2）监控半径应与对应灭火装置的保护半径或保护范围相匹配。

（3）探测装置的布置应保证保护区域内无探测盲区。

（4）探测装置应满足相应使用环境的防尘、防水、抗现场干扰等要求。

三、控制装置

控制装置包括：控制主机、信号处理器、现场控制箱、水泵控制柜等。

（1）控制主机应具有与火灾自动报警系统和其他联动控制设备的通信接口。

（2）控制主机和现场控制箱应具有下列功能：

① 应控制自动消防炮或喷射型自动射流灭火装置的水平、俯仰回转动作、射流状态转换。

② 应控制自动控制阀的开启和关闭。

③ 应远程启动消防水泵，但不应自动和远程停止消防水泵。

④ 控制主机在自动控制状态下，应按设定程序控制灭火装置动作。

⑤ 控制主机应具有消防水泵、灭火装置、自动控制阀、信号阀和水流指示器等的状态显示功能。

⑥ 现场控制箱应具有消防水泵、自动控制阀等的状态显示功能。

（3）控制主机除符合以上规定外，还应具有下列功能：

① 自检功能。

② 声、光报警功能。

③ 故障报警功能。

④ 消声复位功能。

⑤ 报警信息显示、记忆和打印功能。

⑥ 火灾现场视频实时监控和记录功能。

（4）现场控制箱应符合下列规定：

① 应设置在灭火装置的附近，便于现场手动操作，并应能观察到灭火装置动作。

② 应具有防误操作的措施。

（5）系统应设置声、光警报器，并应满足下列要求：

① 保护区内应均匀设置声、光警报器，可与火灾自动报警系统合用。

② 声、光警报器的声压级不应小于 60 dB；在环境噪声大于 60 dB 的场所，其声压级应高于背景噪声 15 dB。

四、水流指示器

水流指示器应符合下列规定：

（1）每台自动消防炮及喷射型自动射流灭火装置、每组喷洒型自动射流灭火装置的供水支管上应设置水流指示器，且应安装在手动控制阀的出口之后。

（2）水流指示器的公称压力不应小于系统工作压力的 1.2 倍。

（3）水流指示器应安装在便于检修的位置，当安装在吊顶内时，吊顶应预留检修孔。

（4）水流指示器的公称直径应与供水支管的管径相同。

五、末端试水装置

（1）每个保护区的管网最不利点处应设模拟末端试水装置，并应便于排水。

（2）模拟末端试水装置应由探测部件、压力表、自动控制阀、手动试水阀、试水接头及排水管组成，并应符合下列规定：

① 探测部件应与系统所采用的型号规格一致。

② 自动控制阀和手动试水阀的公称直径应与灭火装置前供水支管的管径相同。

③ 试水接头的流量系数（K 值）应与灭火装置相同。

（3）模拟末端试水装置的出水，应采取孔口出流的方式排入排水管道。排水立管宜设伸顶通气管，管径应经计算确定，且不应小于 75 mm。

（4）模拟末端试水装置宜安装在便于进行操作测试的地方。

（5）模拟末端试水装置应设置明显的标识，试水阀距地面的高度宜为 1.5 m，并应采取不被他用的措施。

六、管道与阀门

（1）自动消防炮灭火系统和喷射型自动射流灭火系统每台灭火装置、喷洒型自动射流灭火系统每组灭火装置之前的供水管路应布置成环状管网。环状管网的管道管径应按对应的设计流量确定。

（2）系统的环状供水管网上应设置具有信号反馈的检修阀。检修阀的设置应确保在管路检修时，受影响的供水支管不大于 5 根。

（3）每台自动消防炮或喷射型自动射流灭火装置、每组喷洒型自动射流灭火装置的供水支管上应设置自动控制阀和具有信号反馈的手动控制阀，自动控制阀应设置在靠近灭火装置进口的部位。

（4）信号阀、自动控制阀的启、闭信号应传至消防控制室。

（5）室内、室外架空管道宜采用热浸锌镀锌钢管等金属管材。架空管道的连接宜采用沟槽连接件（卡箍）、螺纹、法兰、卡压等方式，不宜采用焊接连接。

（6）埋地管道宜采用球墨铸铁管、钢丝网骨架塑料复合管和加强防腐的钢管等管材。埋地金属管道应采取可靠的防腐措施。

（7）阀门应密封可靠，并应有明显的启、闭标志。

（8）在系统供水管道上应设泄水阀或泄水口，并应在可能滞留空气的管段顶端设自动排气阀。

（9）水平安装的管道宜有不小于 1% 的坡度，并应坡向泄水阀。

（10）当管道穿越建筑变形缝时，应采取吸收变形的补偿措施。

（11）当管道穿越承重墙时，应设金属套管；当穿越地下室外墙时，还应采取防水措施。

项目四　系统供水设计要求

一、消防水泵

（1）自动消防炮灭火系统应设置独立的消防水泵和供水管网，喷射型自动射流灭火系统和喷洒型自动射流灭火系统宜设置独立的消防水泵和供水管网。

（2）当喷射型自动射流灭火系统或喷洒型自动射流灭火系统与自动喷水灭火系统共用消防水泵及供水管网时，应符合下列规定：

① 两个系统同时工作时，系统设计水量、水压及一次灭火用水量应满足两个系统同时使用的要求。

② 两个系统不同时工作时，系统设计水量、水压及一次灭火用水量应满足较大一个系统使用的要求。

③ 两个系统应能正常运行，互不影响。

（3）消防水泵应按一用一备或两用一备的比例设置备用泵。备用泵的工作能力不应小于其中工作能力最大的一台工作泵。

二、管　网

（1）每台消防水泵宜设独立的吸水管从消防水池吸水。当每台消防水泵单独从消防水池吸水有困难时，可采取单独从吸水总管上吸水。吸水总管伸入消防水池的引水管不应少于 2 根，当其中 1 根关闭时，其余的引水管应能通过全部的用水量。

（2）每组消防水泵应有不少于 2 根出水管与系统供水管道连接。当其中 1 根出水管关闭时，其余的出水管应能通过系统的全部用水量。

（3）消防水泵吸水管上应设置过滤器、真空压力表和控制阀。

（4）消防水泵出水管上应设止回阀、控制阀、压力表和公称直径不小于 65 mm 的试水阀。压力表量程应为消防水泵额定工作压力的 2 ~ 2.5 倍。当消防水泵的最大出口压力大于 1.0 MPa 时，消防水泵出水管上应采取防止系统超压的措施。消防水泵出水管上还应设置流量和压力检测装置。

（5）消防水泵吸水管和出水管上设置的控制阀应采用明杆闸阀或带自锁装置的蝶阀。

三、系统稳压

（1）采用临时高压给水系统的自动跟踪定位射流灭火系统，宜设高位消防水箱。自动跟踪定位射流灭火系统可与消火栓系统或自动喷水灭火系统合用高位消防水箱。

（2）高位消防水箱的设置高度应高于其所服务的灭火装置，且最低有效水位高度应满足最不利点灭火装置的工作压力，其有效储水量应符合现行国家标准《消防给水及消火栓系统技术规范》（GB 50974—2014）的有关规定。

（3）当无法设置高位消防水箱时，系统应设气压稳压装置。气压稳压装置的设置应符合下列规定：

① 供水压力应保证系统最不利点灭火装置的设计工作压力。

② 稳压泵流量宜为 1 ~ 5 L/s，并不小于一个最小流量灭火装置工作时的流量。

③ 稳压泵应设备用泵。

④ 气压稳压装置的气压罐宜采用隔膜式气压罐，其调节水容积应根据稳压泵启动次数不大于 15 次/h 计算确定，且不宜小于 150 L。

四、水泵接合器

（1）系统应设消防水泵接合器，其数量应根据系统的设计流量计算确定，每个消防水泵接合器的流量宜按 10 ~ 15 L/s 计算。

（2）消防水泵接合器应设置在便于消防车接近的人行道或非机动车行驶地段，距室外消火栓或消防水池取水口的距离宜为 15 ~ 40 m。

思 考 题

1. 自动跟踪定位射流灭火系统的特点是什么？

2. 自动跟踪定位射流灭火系统的适用及不适用场所有哪些？

模块六 课件与微课

模块七

泡沫灭火系统

- **教学目标**

知识目标：1. 掌握泡沫灭火系统的灭火机理及系统组成。

2. 了解泡沫灭火系统的选型及设置要求。

能力目标：1. 初步具备石化企业罐区灭火系统的设计能力。

2. 要将创新精神和创新能力目标具体分解和落实到实操过程之中。

素质目标：1. 培养学生有明确的学习目标、对知识充满求知的欲望。

2. 培养学生化繁为简、归纳总结的能力。

- **思政目标**

建立以人民为中心的价值观和中国特色社会主义道路自信、理论自信、制度自信、文化自信。

案例导入

影片《烈火英雄》根据真实事件改编。该影片温暖和震撼了观影者的心田，无数消防官兵用身躯筑造生命之墙的画面深深映入大家的脑海之中。

该影片的原型是2010年辽宁大连“7·16”事件。2010年7月16日晚18时左右，辽宁省大连市金川区新港一输油管线爆炸，引发原油泄露入海，同时火势急速蔓延逼近旁边的油罐区。交通运输部部长立即组织专家组连夜赶赴大连，现场指挥交通系统及应急救援系统的所属力量，开展消防清污工作，协助地方政府开展海上油污应急处置。最终在4 200名官兵的努力下，耗时15个小时成功灭火，创造了世界火灾扑救史奇迹。

在本次应急救援中，主要采用的是什么灭火系统呢？是泡沫灭火系统。对于甲、乙、丙类液体的储罐区造成火灾蔓延的主要因素是“流淌火”。流淌火势可在地面无阻碍流动、扩散并引燃周围储罐的火灾类型。“7·16”事件中的油罐泄漏，在很短时间内就形成了十几米的流淌火，形式之严峻，我们可以想象。

安全无小事，需警钟长鸣，切实加强各大储罐区的灭火设施的投入与管理，持续开展隐患排查治理工作，防患于未然的同时，做好各项应急预案管理工作与现场处置方案。

在本模块中，介绍了泡沫灭火系统的灭火原理及系统的组成，工作原理及设计参数。

项目一　系统概述

一、泡沫灭火系统的发展历史

泡沫灭火系统是随着石油工业的发展而产生的。早在 20 世纪 30 年代，就出现了泡沫灭火系统。我国从 20 世纪 60 年代开始研究并应用泡沫灭火系统。进入 20 世纪 80 年代后，随着相应技术规范的先后颁布，泡沫灭火系统得到广泛使用。泡沫灭火系统的合理设计才能保障施工质量和使用功能，减少火灾危害。

泡沫灭火系统是通过机械作用将泡沫灭火剂、水与空气充分混合并产生泡沫实施灭火的灭火系统，具有安全可靠、经济实用、灭火效率高、无毒性等优点。随着泡沫灭火技术的发展，泡沫灭火系统的应用领域更加广泛。

二、泡沫灭火系统的灭火机理

泡沫灭火系统的灭火机理主要体现在以下几个方面。

1. 隔氧窒息作用

在燃烧物表面形成泡沫覆盖层，使燃烧物表面与空气隔绝，同时泡沫受热蒸发产生的水蒸气可以降低燃烧物附近氧气的浓度，起到窒息灭火作用。

2. 辐射热阻隔作用

泡沫层能阻止燃烧区的热量作用于燃烧物质的表面，因此可防止可燃物本身和附近可燃物质的蒸发。

3. 吸热冷却作用

泡沫析出的水可对燃烧物表面进行冷却。

泡沫灭火系统灭火过程如图 7-1-1 所示。

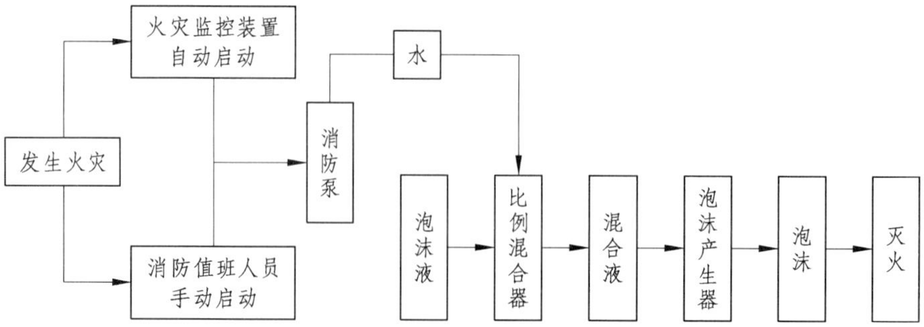

图 7-1-1　泡沫灭火系统灭火过程图

三、设置场所

泡沫灭火系统已在石油化工企业、油库、地下工程、汽车库、仓库、煤矿、大型飞机库、船舶等场所得到广泛应用，是扑灭甲、乙、丙类液体火灾和某些固体火灾的一种主要灭火设施。

《建筑设计防火规范》（GB 50016—2014）规定甲、乙、丙类液体储罐的灭火系统设置应符合下列规定：

（1）单罐容量大于 1 000 m^3 的固定顶罐应设置固定式泡沫灭火系统。

（2）罐壁高度小于 7 m 或容量不大于 200 m^3 的储罐可采用移动式泡沫灭火系统。

（3）其他储罐宜采用半固定式泡沫灭火系统。

（4）石油库、石油化工、石油天然气工程中甲、乙、丙类液体储罐的灭火系统设置，应符合现行国家标准《石油库设计规范》（GB 50074—2014）等标准的规定。

项目二　系统组成与分类

基于泡沫灭火系统的保护对象（储存或生产使用的甲、乙、丙类液体）的特性或储罐形式的特殊要求，其分类有多种形式，但其系统组成大致是相同的。

可燃液体分为水溶性液体和非水溶性液体。水溶性液体指化学结构中有亲水基团，能迅速溶于水的液体，例如醇、醛、酸等；非水溶性一般是指原油、成品燃料油（汽油）、苯等微溶于水的液体。

水溶性液体火灾必须选用抗溶性泡沫液。扑救水溶性液体火灾应采用液上喷射，不能采用液下喷射泡沫。对于非水溶性液体火灾，当采用液上喷射泡沫灭火时，选用蛋白、氟蛋白、成膜氟蛋白或水成膜泡沫液均可；当采用液下喷射泡沫灭火时，必须选用氟蛋白、成膜氟蛋白或水成膜泡沫液。泡沫液的储存温度应为 0 ~ 40 °C。

一、系统组成

泡沫灭火系统一般由泡沫液储罐、泡沫消防水泵、泡沫比例混合器（装置）、泡沫产生装置、火灾探测与启动控制装置、控制阀门及管道等系统组件组成。

二、系统分类

1．按发泡倍数划分

发泡倍数是指泡沫体积与形成该泡沫混合液体积的比值。

1）低倍数泡沫灭火系统

低倍数泡沫灭火系统是指发泡倍数小于 20 的泡沫灭火系统。该系统是甲、乙、丙类液体储罐及石油化工装置区等场所的首选灭火系统。

2）中倍数泡沫灭火系统

中倍数泡沫灭火系统是指发泡倍数为 20～200 的泡沫灭火系统。中倍数泡沫灭火系统在实际中应用较少，且多用作辅助灭火设施。

3）高倍数泡沫灭火系统

高倍数泡沫灭火系统是指发泡倍数大于 200 的泡沫灭火系统。

2．按系统结构划分

1）固定式系统

固定式系统是指由固定的泡沫消防水泵、泡沫比例混合器（装置）、泡沫产生器（或喷头）和管道等组成的灭火系统。

2）半固定式系统

半固定式系统是指由固定的泡沫产生器与部分连接管道、泡沫消防车或机动消防泵，用水带连接组成的灭火系统。

3）移动式系统

移动式系统是指由消防车、机动消防泵或有压水源、泡沫比例混合器、泡沫枪、泡沫炮或移动式泡沫产生器，用水带等连接组成的灭火系统。移动式高倍数灭火系统可作为固定系统的辅助设施，也可作为独立系统用于某些场所。

3．按喷射方式划分（低倍数泡沫灭火系统）

1）液上喷射系统

液上喷射系统是指泡沫从液面上喷入被保护储罐内的灭火系统，如图 7-1-2 所示。与液下喷射系统相比较，这种系统具有泡沫不易受油的污染、可以使用廉价的普通蛋白泡沫等优点。它有固定式、半固定式和移动式三种应用形式。

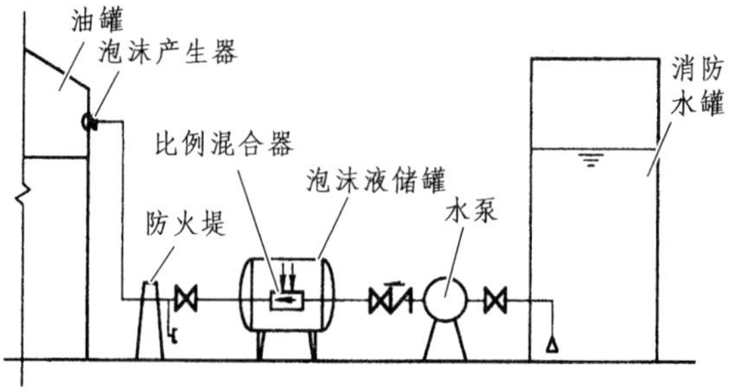

图 7-1-2　固定式液上喷射泡沫灭火系统（压力式）

2）液下喷射系统

液下喷射系统是指泡沫从液面下喷入被保护储罐内的灭火系统。泡沫在注入液体燃烧层下部之后，上升至液体表面并扩散开，形成一个泡沫层的灭火系统，如图 7-1-3 所示。该系统通常设计为固定式和半固定式。

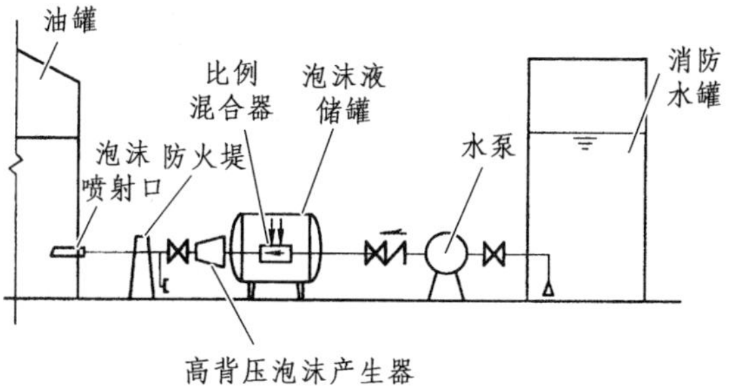

图 7-1-3　固定式液下喷射泡沫灭火系统（压力式）

4. 几种常用的泡沫灭火系统术语

1）全淹没系统

由固定式泡沫产生器将泡沫喷洒到封闭或被围挡的防护区内，并在规定的时间内达到一定泡沫淹没深度的灭火系统。

2）局部应用系统

由固定式泡沫产生器直接或通过导泡筒将泡沫喷洒到火灾部位的灭火系统。

3）泡沫-水喷淋（水雨淋）系统

由喷头、报警阀组、水流报警装置（水流指示器或压力开关）等组件，以及管道、泡沫液与水供给设施组成，并能在发生火灾时按预定时间与供给强度向防护区依次喷洒泡沫与水的自动喷水灭火系统。水雨淋系统所用喷头为开式喷头。

4）泡沫喷雾系统

采用离心雾化型水雾喷头，在发生火灾时按预定时间与供给强度向被保护设备或防护区喷洒泡沫的自动灭火系统。

项目三　系统选型与泡沫液的选择

泡沫灭火系统的选用，应符合《泡沫灭火系统技术标准》（GB 50151—2021）的相关规定。

一、系统选择基本要求

1．不应选用泡沫灭火系统的物质

（1）硝化纤维、炸药等在无空气的环境中仍能迅速氧化的化学物质和强氧化剂。

（2）钾、钠、烷基铝、五氧化二磷等遇水发生危险化学反应的活泼金属和化学物质。

（3）沸点低于 45 °C、碳 5 及以下组分摩尔百分数占比不低于 30% 的低沸点易燃液体储罐，不宜选用空气泡沫灭火系统。

2．系统适用场所

（1）全淹没式中高倍数泡沫灭火系统可用于下列场所：

① 封闭空间场所。

② 设有阻止泡沫流失的固定围墙或其他围挡设施的场所。

③ 小型封闭空间场所与设有阻止泡沫流失的固定围墙或其他围挡设施的小场所，宜设置中倍数泡沫灭火系统。

（2）局部应用式中高倍数泡沫灭火系统可用于下列场所：

① 中倍数泡沫局部应用系统可用于固定位置面积不大于 100 m^2 的流淌 B 类火灾场所。

② 高倍数泡沫局部应用系统可用于四周不完全封闭的 A 类火灾与 B 类火灾场所、天然气液化站与接收站的集液池或储罐围堰区。

（3）移动式中高倍数泡沫灭火系统可用于下列场所：

① 发生火灾的部位难以确定或人员难以接近的场所。

② 发生火灾时需要排烟、降温或排除有害气体的封闭空间。

③ 中倍数泡沫系统还可用于面积不大于 100 m^2 的可燃液体流淌火灾场所。

（4）泡沫-水喷淋系统可用于下列场所：

① 具有非水溶性液体泄漏火灾危险的室内场所。

② 存放量不超过 25 L/m^2 或超过 25 L/m 但有缓冲物的水溶性液体室内场所。

（5）泡沫喷雾系统可用于下列场所：

① 独立变电站的油浸电力变压器。

② 面积不大于 200 m^2 的非水溶性液体室内场所。

二、泡沫液的选择与存储

泡沫液是指可按适宜的混合比与水混合形成泡沫溶液的浓缩液体。泡沫混合液是指泡沫液与水按特定混合比配制成的泡沫溶液。

（1）非水溶性甲、乙、丙类液体储罐固定式低倍数泡沫灭火系统泡沫液的选择应符合下列规定：

① 应选用 3% 型氟蛋白或水成膜泡沫液。

② 临近生态保护红线、饮用水源地、永久基本农田等环境敏感地区，应选用不含强酸强碱盐的 3% 型氟蛋白泡沫液。

③ 当选用水成膜泡沫液时，泡沫液的抗烧水平不应低于 C 级。

（2）保护非水溶性液体的泡沫-水喷淋系统、泡沫枪系统、泡沫炮系统泡沫液的选择应符合下列规定：

① 当采用吸气型泡沫产生装置时，可选用 3% 型氟蛋白、水成膜泡沫液。

② 当采用非吸气型喷射装置时，应选用 3% 型水成膜泡沫液。

（3）对于水溶性甲、乙、丙类液体及其他对普通泡沫有破坏作用的甲、乙、丙类液体，必须选用抗溶水成膜、抗溶氟蛋白或低黏度抗溶氟蛋白泡沫液。

（4）当保护场所同时存储水溶性液体和非水溶性液体时，泡沫液的选择应符合下列规定：

① 当储罐区储罐的单罐容量均小于或等于 10 000 m^3 时，可选用抗溶水成膜、抗溶氟蛋白或低黏度抗溶氟蛋白泡沫液；当储罐区存在单罐容量大于 10 000 m^3 的储罐时，应对水溶性液体储罐和非水溶性液体储罐分别选取相应的泡沫液。

② 当保护场所采用泡沫-水喷淋系统时，应选用抗溶水成膜、抗溶氟蛋白泡沫液。

（5）固定式中倍数或高倍数泡沫灭火系统应选用 3%型泡沫液。

（6）当采用海水作为系统水源时，必须选择适用于海水的泡沫液。

（7）泡沫液宜储存在干燥通风的房间或敞棚内；储存的环境温度应满足泡沫液使用温度的要求。

项目四　系统设计要求

泡沫灭火系统的设计要求应根据保护对象的设置形式、储存物质的属性以及泡沫灭火系统类型的不同，以《泡沫灭火系统技术标准》（GB 50151—2021）等标准和规范为依据，确定设计基本参数。

一、低倍数泡沫灭火系统

1．基本要求

（1）甲、乙、丙类液体储罐固定式、半固定式或移动式系统的选择应符合国家现行有关标准的规定，且储存温度大于 100 °C 的高温可燃液体储罐不宜设置固定式系统。

（2）储罐区低倍数泡沫灭火系统的选择应符合下列规定：

① 非水溶性甲、乙、丙类液体固定顶储罐，可选用液上喷射系统，条件适宜时也可选用液下喷射系统。

② 水溶性甲、乙、丙类液体和其他对普通泡沫有破坏作用的甲、乙、丙类液体固

定顶储罐，应选用液上喷射系统。

③ 外浮顶和内浮顶储罐应选用液上喷射系统。

④ 非水溶性液体外浮顶储罐、内浮顶储罐、直径大于 18 m 的固定顶储罐及水溶性甲、乙、丙类液体立式储罐，不得选用泡沫炮作为主要灭火设施。

⑤ 高度大于 7 m 或直径大于 9 m 的固定顶储罐，不得选用泡沫枪作为主要灭火设施。

（3）储罐区泡沫灭火系统扑救一次火灾的泡沫混合液设计用量，应按罐内用量、该罐辅助泡沫枪用量、管道剩余量三者之和最大的储罐确定。

（4）当已知泡沫比例混合装置的混合比时，可按实际混合比计算泡沫液用量；当未知泡沫比例混合装置的混合比时，3% 型泡沫液应按混合比 3.9% 计算泡沫液用量，6% 型泡沫液应按混合比 7% 计算泡沫液用量。

（5）设置固定式系统的储罐区，应配置用于扑救液体流散火灾的辅助泡沫枪，泡沫枪的数量及其泡沫混合液连续供给时间不应小于表 7-4-1 的规定。每支辅助泡沫枪的泡沫混合液流量不应小于 240 L/min。

表 7-4-1　泡沫枪数量和泡沫混合液连续供给时间

储罐直径/m	泡沫枪数量/支	泡沫液连续供应时间/min
≤10	1	10
>10 且≤20	1	20
>20 且≤30	2	20
>30 且≤40	2	30
>40	3	30

（6）当固定顶储罐区固定式系统的泡沫混合液流量大于或等于 100 L/s 时，系统的泵、比例混合装置及其管道上的控制阀、干管控制阀应具备远程控制功能；浮顶储罐泡沫灭火系统的控制应执行现行相关国家标准的规定。

（7）在固定式系统的泡沫混合液主管道上应留出泡沫混合液流量检测仪器的安装位置；在泡沫混合液管道上应设置试验检测口；在防火堤外侧最不利和最有利水力条件处的管道上宜设置供检测泡沫产生器工作压力的压力表接口。

（8）石油储备库、三级及以上独立石油库与油品站场的泡沫灭火系统与消防冷却水系统的消防给水泵与管道应分开设置；当其他生产加工企业的储罐区固定式泡沫灭火系统与消防冷却水系统合用一组消防给水泵时，应有保障泡沫混合液供给强度满足设计要求的措施，且不得以火灾时临时调整的方式来保障。

（9）采用固定式系统的储罐区，当邻近消防站的泡沫消防车 5 min 内无法到达现场时，应沿防火堤外均匀布置泡沫消火栓，且泡沫消火栓的间距不应大于 60 m；当未设置泡沫消火栓时，应有保证满足泡沫液供给的时间和流量。

（10）固定式系统的设计应满足自泡沫消防水泵启动至泡沫混合液或泡沫输送到保

护对象的时间不大于 5 min 的要求。

2．固定顶储罐

固定顶储罐的燃液暴露面为其储罐的横截面，泡沫须覆盖全部燃液表面方能灭火，所以固定顶储罐的保护面积应按储罐横截面面积计算。

1）泡沫混合液供给强度和连续供给时间的规定

（1）非水溶性液体储罐液上喷射泡沫灭火系统，其泡沫混合液供给强度和连续供给时间不应小于表 7-4-2 的规定。

表 7-4-2　泡沫混合液供给强度和连续供给时间（一）

系统形式	泡沫液种类	供给强度/[L/(min · m²)]	连续供给时间/min		
			甲类液体	乙类液体	丙类液体
固定式、半固定式系统	氟蛋白、水成膜	6	60	45	30
移动式系统	氟蛋白	8	60	60	45
	水成膜	6.5	60	60	45

（2）非水溶性液体储罐液下喷射系统，其泡沫混合液供给强度不应小于 6.0 L/(min · m²)，连续供给时间不应小于 60 min。

（3）水溶性液体和其他对普通泡沫有破坏作用的甲、乙、丙类液体储罐，其泡沫混合液供给强度和连续供给时间不应小于表 7-4-3 的规定（表中列举代表性物质）。

表 7-4-3　泡沫混合液供给强度和连续供给时间（二）

液体类别	供给强度/[L/(min · m²)]	连续供给时间/min
丙酮、异丙醇、甲基异丁酮	8	30
甲醇、乙醇、正丁醇、丁酮、丙烯腈	10	30
含氧添加剂含量体积比大于 10% 的汽油	6	40

2）液上喷射系统泡沫产生器

（1）泡沫产生器的型号及数量，应根据规定计算所需的泡沫混合液流量确定，且设置数量不应小于表 7-4-4 的规定。

表 7-4-4　泡沫产生器设置数量

储罐直径/m	泡沫产生器设置数量/个
≤10	1
>10 且≤25	2
>25 且≤30	3
>30 且≤35	4

（2）当一个储罐所需的泡沫产生器数量大于 1 个时，宜选用同规格的泡沫产生器，且应沿罐周均匀布置。

（3）水溶性液体储罐应设置泡沫缓释罩。

3）液下喷射系统高背压泡沫产生器

（1）高背压泡沫产生器应设置在防火堤外，设置数量及型号应根据所需的泡沫混合液流量确定。

（2）当一个储罐所需的高背压泡沫产生器数量大于 1 个时，宜并联使用。

（3）在高背压泡沫产生器的进口侧应设置检测压力表接口，在其出口侧应设置压力表、背压调节阀和泡沫取样口。

4）液下喷射系统泡沫喷射口

（1）泡沫进入甲、乙类液体的速度不应大于 3 m/s，泡沫进入丙类液体的速度不应大于 6 m/s。

（2）泡沫喷射口宜采用向上的斜口型，其斜口角度宜为 45°，泡沫喷射管的长度不得小于喷射管直径的 20 倍。当设有 1 个喷射口时，喷射口宜设在储罐中心；当设有 1 个以上喷射口时，应沿罐周均匀设置，且各喷射口的流量宜相等。

（3）泡沫喷射口应安装在高于储罐积水层 0.3 m 的位置，泡沫喷射口的设置数量不应小于表 7-4-5 的规定。直径大于 40 m 的储罐，其横截面积每增加 400 m^2，应至少增加 1 个泡沫喷射口。

表 7-4-5　泡沫喷射口设置数量

储罐直径/m	喷射口数量/个
≤23	1
>23 且≤33	2
>33 且≤40	3

5）储罐上液上喷射系统泡沫混合液管道

（1）每个泡沫产生器应用独立的混合液管道引至防火堤外。

（2）除立管外，其他泡沫混合液管道不得设置在罐壁上。

（3）连接泡沫产生器的泡沫混合液立管应用管卡固定在罐壁上，管卡间距不宜大于 3 m。

（4）泡沫混合液的立管下端应设锈渣清扫口。

6）防火堤内泡沫混合液或泡沫管道

（1）地上泡沫混合液或泡沫水平管道应敷设在管墩或管架上，与罐壁上的泡沫混合液立管之间应用金属软管连接。

（2）埋地泡沫混合液管道或泡沫管道距离地面的深度应大于 0.3 m，与罐壁上的泡沫混合液立管之间应用金属软管连接。

（3）泡沫混合液或泡沫管道应有 3‰ 的放空坡度。

（4）在液下喷射系统靠近储罐的泡沫管线上，应设置供系统试验用的带可拆卸盲板的支管。

（5）液下喷射系统的泡沫管道上应设钢质控制阀和逆止阀，并应设置不影响泡沫灭火系统正常运行的防油品渗漏设施。

7）防火堤外泡沫混合液或泡沫管道

（1）固定式液上喷射系统，对每个泡沫产生器应在防火堤外设置独立的控制阀。

（2）半固定式液上喷射系统，对每个泡沫产生器应在防火堤外距地面 0.7m 处设置带闷盖的管牙接口；半固定式液下喷射系统的泡沫管道应引至防火堤外，并应设置相应的高背压泡沫产生器快装接口。

（3）泡沫混合液管道或泡沫管道上应设置放空阀，且其管道应有 2‰ 的坡度坡向放空阀。

3．外浮顶储罐

（1）钢制单盘式、双盘式外浮顶储罐的保护面积应按罐壁与泡沫堰板间的环形面积确定。

（2）非水溶性液体的泡沫混合液供给强度不应小于 12.5 L/（min · m^2），连续供给时间不应小于 60 min，单个泡沫产生器的最大保护周长不应大于 24 m。

（3）外浮顶储罐的泡沫导流罩应设置在罐壁顶部，其泡沫堰板的设计应符合下列规定：

① 泡沫堰板应高出密封 0.2 m。

② 泡沫堰板与罐壁的间距不应小于 0.9 m。

③ 泡沫堰板的最低部位应设排水孔，其开孔面积宜按每 1 m^2 环形面积 280 mm^2 确定，排水孔高度不宜大于 9 mm。

（4）泡沫产生器与泡沫导流罩：

① 泡沫产生器的型号和数量应按规定计算确定。

② 应在罐壁顶部设置对应于泡沫产生器的泡沫导流罩。

（5）储罐上泡沫混合液管道：

① 可每两个泡沫产生器合用一根泡沫混合液立管。

② 当 3 个或 3 个以上泡沫产生器一组在泡沫混合液立管下端合用一根管道时，宜在每个泡沫混合液立管上设常开阀门。

③ 每根泡沫混合液管道应引至防火堤外，且半固定式系统的每根泡沫混合液管道所需的混合液流量不应大于一辆泡沫消防车的供给量。

④ 连接泡沫产生器的泡沫混合液立管应用管卡固定在罐壁上，管卡间距不宜大于

3 m，泡沫混合液的立管下端应设锈渣清扫口。

（6）防火堤外泡沫混合液管道：

① 固定式系统的每组泡沫产生器应在防火堤外设置独立的控制阀。

② 半固定式系统的每组泡沫产生器应在防火堤外距地面 0.7 m 处设置带闷盖的管牙接口。

③ 泡沫混合液管道上应设置放空阀，且其管道应有 2‰ 的坡度坡向放空阀。

（7）储罐各梯子平台上应设置二分水器：

① 二分水器应由管道接至防火堤外，且管道的管径应满足所配泡沫枪的压力、流量要求。

② 应在防火堤外的连接管道上设置管牙接口，其距地面高度宜为 0.7 m。

③ 当与固定式系统连通时，应在防火堤外设置控制阀。

4．内浮顶储罐

（1）钢制单盘式、双盘式内浮顶储罐的保护面积应按罐壁与泡沫堰板间的环形面积确定；直径不大于 48 m 的易熔材料浮盘内浮顶储罐应按固定顶储罐对待。

（2）钢制单盘式、双盘式内浮顶储罐的泡沫堰板设置、单个泡沫产生器保护周长及泡沫混合液供给强度与连续供给时间，应符合下列规定：

① 泡沫堰板距离罐壁不应小于 0.55 m，其高度不应小于 0.5 m。

② 单个泡沫产生器保护周长不应大于 24 m。

③ 非水溶性液体及加醇汽油的泡沫混合液供给强度不应小于 12.5 L/（min·m^2），水溶性液体的泡沫混合液供给强度不应小于表 7-4-3 规定的 1.5 倍。

④ 泡沫混合液连续供给时间不应小于 60 min。

（3）按固定顶储罐对待的内浮顶储罐，其泡沫混合液供给强度和连续供给时间及泡沫产生器的设置应符合规定。

（4）钢制单盘式、双盘式内浮顶储罐、按固定顶储罐对待的水溶性液体内浮顶储罐，其泡沫释放口处应设置泡沫缓释罩。

（5）按固定顶储罐对待的内浮顶储罐，其泡沫混合液管道的设置应符合规定。

5．其他场所

（1）当甲、乙、丙类液体槽车装卸栈台设置泡沫炮或泡沫枪系统时，应符合下列规定：

① 应能保护泵、计量仪器、车辆及与装卸产品有关的各种设备。

② 火车装卸栈台的泡沫混合液流量不应小于 30 L/s。

③ 汽车装卸栈台的泡沫混合液流量不应小于 8 L/s。

④ 泡沫混合液连续供给时间不应小于 30 min。

（2）设有围堰的非水溶性液体流淌火灾场所，其保护面积应按围堰包围的地面面积与其中不燃结构占据的面积之差计算，其泡沫混合液供给强度与连续供给时间不应小于表 7-4-6 的规定。

表 7-4-6　泡沫混合液供给强度和连续供给时间（三）

泡沫液种类	供给强度/[L/（min · m^2）]	连续供给时间/min	
		甲、乙类	丙类
氟蛋白	6.5	40	30
水成膜	6.5	30	20

（3）当甲、乙、丙类液体泄漏导致的室外流淌火灾场所设置泡沫枪、泡沫炮系统时，应根据保护场所的具体情况确定最大流淌面积，其泡沫混合液供给强度和连续供给时间不应小于表 7-4-7 的规定。

表 7-4-7　泡沫混合液供给强度和连续供给时间（四）

泡沫液种类	供给强度/[L/（min · m^2）]	连续供给时间/min	液体种类
氟蛋白	6.5	15	非水溶性液体
水成膜	5.0	15	
抗溶泡沫	12	15	水溶性液体

（4）公路隧道泡沫消火栓箱的设置应符合下列规定：

① 设置间距不应大于 50 m。

② 应配置带开关的吸气型泡沫枪，其泡沫混合液流量不应小于 30 L/min，射程不应小于 6 m。

③ 泡沫混合液连续供给时间不应小于 20 min，且宜配备水成膜泡沫液。

④ 软管长度不应小于 25 m。

二、高倍数与中倍数泡沫灭火系统

1. 一般规定

（1）全淹没系统或固定式局部应用系统应设置火灾自动报警系统，并应符合下列规定：

① 全淹没系统应同时具备自动、手动和应急机械手动启动功能。

② 自动控制的固定式局部应用系统应同时具备手动和应急机械手动启动功能；手动控制的固定式局部应用系统尚应具备应急机械手动启动功能。

③ 消防控制中心（室）和防护区应设置声光报警装置。

④ 消防自动控制设备宜与防护区内门窗的关闭装置、排气口的开启装置以及生产、照明电源的切断装置等联动。

（2）当系统以集中控制方式保护两个或两个以上的防护区时，其中一个防护区发生火灾不应危及其他防护区；泡沫液和水的储备量应按最大一个防护区的用量确定；手动与应急机械控制装置应有标明其所控制区域的标记。

（3）中倍数、高倍数泡沫产生器：

① 高度应在泡沫淹没深度以上。

② 宜接近保护对象，但泡沫产生器整体不应设置在防护区内。

③ 当泡沫产生器的进风侧不直通室外时，应设置进风口或引风管。

④ 应使防护区形成比较均匀的泡沫覆盖层。

⑤ 应便于检查、测试及维修。

⑥ 当泡沫产生器在室外或坑道应用时，应采取防止风对泡沫产生器发泡和泡沫分布产生影响的措施。

（4）高倍数泡沫产生器的出口设置的导泡筒：

① 导泡筒的横截面积宜为泡沫产生器出口横截面积的 1.05 ~ 1.10 倍。

② 当导泡筒上设有闭合器件时，其闭合器件不得阻挡泡沫的通过。

（5）固定安装的中倍数、高倍数泡沫产生器前应设置管道过滤器、压力表和手动阀门。

（6）固定安装的泡沫液桶（罐）和比例混合器不应设置在防护区内。

（7）系统干式水平管道最低点应设排液阀，且坡向排液阀的管道坡度不宜小于 3‰。

（8）系统管道上的控制阀门应设在防护区以外，自动控制阀门应具有手动启闭功能。

2．全淹没系统

（1）全淹没系统的防护区：

① 泡沫的围挡应为不燃结构，且应在系统设计灭火时间内具备围挡泡沫的能力。

② 在保证人员撤离的前提下，门、窗等位于设计淹没深度以下的开口，应在泡沫喷放前或泡沫喷放的同时自动关闭；对于不能自动关闭的开口，全淹没系统应对其泡沫损失进行相应补偿。

③ 利用防护区外部空气发泡的封闭空间，应设置排气口，排气口的位置应避免燃烧产物或其他有害气体回流到泡沫产生器进气口。

④ 在泡沫淹没深度以下的墙上设置窗口时，应在窗口部位设置网孔基本尺寸不大于 3.15 mm 的钢丝网或钢丝纱窗。

⑤ 排气口在灭火系统工作时应自动或手动开启，其排气速度不宜超过 5 m/s。

⑥ 防护区内应设置排水设施。

（2）泡沫淹没深度：

① 当用于扑救 A 类火灾时，泡沫淹没深度不应小于最高保护对象高度的 1.1 倍，且应高于最高保护对象最高点 0.6 m。

② 当用于扑救 B 类火灾时，汽油、煤油、柴油或苯火灾的泡沫淹没深度应高于起火部位 2 m；其他 B 类火灾的泡沫淹没深度应由试验确定。

③ 当用于扑救综合管廊或电缆隧道火灾时，淹没深度应按泡沫充满防护区计算，综合管廊或电缆隧道的每个防火分隔区域应作为一个防护区。

（3）泡沫的淹没体积应按下式计算：

$$V = S \times H - V_g \tag{7-4-1}$$

式中　V——淹没体积（m^3）；

S——防护区地面面积（m^2）；

H——泡沫淹没深度（m）；

V_g——固定的机器设备等不燃物体所占的体积（m^3）。

（4）泡沫的淹没时间不应超过表 7-4-8 的规定。系统自接到火灾信号至开始喷放泡沫的延时不应超过 1 min。

表 7-4-8　泡沫的淹没时间　　单位：min

可燃物	高倍数泡沫灭火系统单独使用	高倍数泡沫灭火系统与自动喷水灭火系统联合使用
闪点不超过 40 °C 的非水溶性液体	2	3
闪点超过 40 °C 的非水溶性液体	3	4
发泡橡胶、发泡塑料、成卷的织物、皱纹纸等低密度可燃物	3	4
成卷纸、压制牛皮纸、涂料纸、纸板箱、橡胶轮胎等高密度可燃物	5	7
综合管廊、电缆隧道	5	—

（5）泡沫混合液连续供给时间：

① 当用于扑救 A 类火灾时，不应小于 25 min。

② 当用于扑救 B 类火灾时，不应小于 15 min。

③ 当用于扑救综合管廊或电缆隧道火灾时，不应小于 15 min。

（6）对于 A 类火灾，其泡沫淹没体积的保持时间：

① 单独使用高倍数泡沫灭火系统时，应大于 60 min。

② 与自动喷水灭火系统联合使用时，应大于 30 min。

3．局部应用系统

（1）局部应用系统的保护范围应包括火灾蔓延的所有区域。

（2）当高倍数泡沫用于扑救 A 类火灾或 B 类火灾时，应符合下列规定：

① 覆盖 A 类火灾保护对象最高点的厚度不应小于 0.6 m。

② 对于汽油、煤油、柴油或苯，覆盖起火部位的厚度不应小于 2 m；其他 B 类火灾的泡沫覆盖厚度应由试验确定。

③ 达到规定覆盖厚度的时间不应大于 2 min。

④ 泡沫混合液连续供给时间不应小于 12 min。

（3）中倍数泡沫系统用于沸点高于 45 °C 且固定位置面积不大于 100 m 的非水溶性液体流淌火灾时，泡沫混合液供给强度与连续供给时间应符合下列规定：

① 泡沫混合液供给强度应大于 4 L/（min · m^2）。

② 室内场所的泡沫混合液连续供给时间应大于 10 min。

③ 室外场所的泡沫混合液连续供给时间应大于 15 min。

（4）当高倍数泡沫系统设置在液化天然气集液池或储罐围堰区时，应符合下列规定：

① 应选择固定式系统，并应设置导泡筒，发泡网距集液池的距离不应小于 1 m，且导泡筒出口断面距集液池设计液面的距离不应小于 200 mm。

② 宜采用发泡倍数为 300 ~ 500 的高倍数泡沫产生器。

③ 泡沫混合液供给强度应根据阻止形成蒸汽云和降低热辐射强度试验确定，并应取两项试验的较大值；当缺乏试验数据时，泡沫混合液供给强度不宜小于 7.2 L/(min · m^2)。

④ 泡沫连续供给时间应根据所需的控制时间确定，且不宜小于 40 min；当同时设有移动式系统时，固定式系统的泡沫供给时间可按达到稳定控火时间确定。

4. 移动式系统

（1）泡沫淹没时间或覆盖保护对象时间、泡沫供给速率与连续供给时间，应根据保护对象的类型与规模确定。

（2）高倍数泡沫灭火系统泡沫液和水的储备量应符合下列规定：

① 当辅助全淹没高倍数泡沫灭火系统或局部应用高倍数泡沫灭火系统使用时，泡沫液和水的储备量可在全淹没高倍数泡沫灭火系统或局部应用高倍数泡沫灭火系统中的泡沫液和水的储备量中增加 5% ~ 10%。

② 当在消防车上配备时，每套系统的泡沫液储存量不宜小于 0.5 t。

③ 当用于扑救煤矿火灾时，每个矿山救护大队应储存大于 2 t 的泡沫液。

（3）系统的供水压力，可根据中倍数或高倍数泡沫产生器和比例混合器的进口工作压力及比例混合器和水带的压力损失确定。

（4）用于扑救煤矿井下火灾时，应配置导泡筒，且高倍数泡沫产生器的驱动风压、发泡倍数应满足矿井的特殊需要。

（5）泡沫液与相关设备应放置在便于运送到指定防护对象的场所；当移动式中倍数或高倍数泡沫产生器预先连接到水源或泡沫混合液供给源时，应放置在易于接近的地方，且水带长度应能达到其最远的防护地。

（6）当两个或两个以上移动式中倍数或高倍数泡沫产生器同时使用时，其泡沫液和水供给源应满足最大数量的泡沫产生器的使用要求。

（7）当移动式中倍数泡沫系统用于沸点高于 45 °C 且面积不大于 100 m^2 的非水溶性液体流淌火灾时，泡沫混合液供给强度与连续供给时间应符合中倍数泡沫扑救相同条件火灾的规定。

（8）应选用有衬里的消防水带：

① 水带的口径与长度应满足系统要求。

② 水带应以能立即使用的排列形式储存，且应防潮。

（9）移动式系统所用的电源与电缆应满足输送功率要求，且应满足保护接地和防水的要求。

三、泡沫-水雨淋、泡沫-水喷淋与泡沫喷雾系统

1. 基本要求

泡沫-水喷淋系统泡沫混合液与水的连续供给时间应符合下列规定：泡沫混合液连续供给时间不应小于 10 min，泡沫混合液与水的连续供给时间之和不应小于 60 min。

泡沫-水雨淋系统与泡沫-水预作用系统的控制应符合下列规定：系统应同时具备自动、手动功能和机械应急启动功能；机械手动启动力不应超过 180 N；系统自动或手动启动后，泡沫液供给控制装置应自动随供水主控阀的动作而动作或与之同时动作；系统应设置故障监视与报警装置，且应在主控制盘上显示。

当泡沫液管线长度超过 15 m 时，泡沫液应充满其管线，且泡沫液管线及其管件的温度应保持在泡沫液指定的储存温度范围内；埋地敷设时，应设置检查管道密封性的设施。

泡沫-水喷淋系统应设置系统试验接口，其口径应分别满足系统最大流量与最小流量要求。

泡沫-水喷淋系统的防护区应设置安全排放或容纳设施，且排放或容纳量应按被保护液体最大可能泄漏量、固定式系统喷洒量以及管枪喷射量之和确定。

为泡沫-水雨淋系统与泡沫-水预作用系统配套设置的火灾探测与联动控制系统除应符合《火灾自动报警系统设计规范》（GB 50116—2013）的有关规定外，尚应符合下列规定：当电控型自动探测及附属装置设置在有爆炸和火灾危险的环境中时，应符合《爆炸危险环境电力装置设计规范》（GB 50058—2014）的规定；设置在腐蚀气体环境中的探测装置，应由耐腐蚀材料制成或采取防腐蚀保护；当选用带闭式喷头的传动管传递火灾信号时，传动管的长度不应大于 300 m，公称直径宜为 15 ~ 25 mm，传动管上喷头应选用快速响应喷头，且布置间距不宜大于 2.5 m。

2. 泡沫-水雨淋系统

泡沫-水雨淋系统的保护面积应按保护场所内的水平面面积或水平面投影面积确定。当保护非水溶性液体时，其泡沫混合液供给强度不应小于表 7-4-9 的规定；当保护水溶性液体时，其混合液供给强度和连续供给时间应由试验确定。

表 7-4-9 泡沫混合液供给强度

泡沫液种类	喷头设置高度/m	泡沫混合液供给强度/[L/(min · m^2)]
蛋白、氟蛋白	≤10	8
	>10	10
水成膜、成膜氟蛋白	≤10	6.5
	>10	8

泡沫-水雨淋系统应设置雨淋阀、水力警铃，并应在每个雨淋阀出口管路上设置压

力开关，但喷头数小于 10 个的单区系统可不设雨淋阀和压力开关。泡沫-水雨淋系统喷头的布置应根据系统设计供给强度、保护面积和喷头特性确定，喷头周围不应有影响泡沫喷洒的障碍物。

泡沫-水雨淋系统设计时应进行管道水力计算，自雨淋阀开启至系统各喷头达到设计喷洒流量的时间不得超过 60 s；任意 4 个相邻喷头组成的四边形保护面积内的平均泡沫混合液供给强度不应小于设计供给强度。

3．闭式泡沫-水喷淋系统

闭式泡沫-水喷淋系统的作用面积应为 465 m^2；当防护区面积小于 465 m^2 时，可按防护区实际面积确定，另外也可采用试验值。系统的供给强度不应小于 6.5 L/(min·m^2)。系统输送的泡沫混合液应在 8 L/s 至最大设计流量范围内达到额定的混合比。

闭式泡沫-水喷淋系统应选用闭式洒水喷头。当喷头设置在屋顶时，其公称动作温度应为 121～149 °C；当喷头设置在保护场所的中间层面时，其公称动作温度应为 57～79 °C；当保护场所的环境温度较高时，其公称动作温度宜高于环境最高温度 30 °C。

闭式泡沫-水喷淋系统任意 4 个相邻喷头组成的四边形保护面积内的平均供给强度不应小于设计供给强度，且不宜大于设计供给强度的 1.2 倍；喷头周围不应有影响泡沫喷洒的障碍物；每只喷头的保护面积不应大于 12 m^2；同一支管上两只相邻喷头的水平间距、两条相邻平行支管的水平间距，均不应大于 3.6 m。

泡沫-水湿式系统的管道充注泡沫预混液时，其管道及管件应耐泡沫预混液腐蚀，且不应影响泡沫预混液的性能，充注泡沫预混液系统的环境温度宜为 5～40 °C；当系统管道充水时，在 8 L/s 的流量下，自系统启动至喷泡沫的时间不应大于 2 min，充水系统的环境温度应为 4～70 °C。

泡沫-水预作用系统与泡沫-水干式系统的管道充水时间不宜大于 1 min；泡沫-水预作用系统每个报警阀控制喷头数不应超过 800 只，泡沫-水干式系统每个报警阀控制喷头数不宜超过 500 只。

4．泡沫喷雾系统

泡沫喷雾系统保护油浸电力变压器时，系统的保护面积应按变压器油箱本体水平投影且四周外延 1 m 计算确定；泡沫混合液或泡沫预混液供给强度不应小于 8 L/(min·m^2)，连续供给时间不应小于 15 min；喷头的设置应使泡沫覆盖变压器油箱顶面，且每个变压器进出线绝缘套管升高座孔口应设置单独的喷头保护；保护绝缘套管升高座孔口喷头的雾化角宜为 60°，其他喷头的雾化角不应大于 90°；系统所用泡沫灭火剂的灭火性能级别应为 I 级，抗烧水平不应低于 C 级。

泡沫喷雾系统保护非水溶性液体室内场所时，泡沫混合液或预混液供给强度不应小于 6.5 L/(min·m^2)，连续供给时间不应小于 10 min。系统保护面积内的泡沫混合液供给强度应均匀，泡沫应直接喷洒到保护对象上，喷头周围不应有影响泡沫喷洒的障碍物。

泡沫喷雾系统的喷头应带过滤器，其工作压力不应小于其额定压力，且不宜高于其额定压力 0.1 MPa。系统喷头、管道与电气设备带电（裸露）部分的安全净距应符合国家有关标准的规定。当系统采用泡沫预混液时，其有效使用期不宜小于 3 年。

泡沫喷雾系统应同时具备自动、手动和机械应急启动方式。在自动控制状态下，灭火系统的响应时间不应大于 60 s。

项目五　系统组件及其设置要求

泡沫灭火系统由泡沫消防水泵、泡沫液泵、泡沫比例混合器（装置）、泡沫液储罐、压力容器、泡沫产生装置、火灾自动报警系统、控制阀及管道等组成。

一、涂　色

（1）泡沫消防水泵、泡沫液泵、泡沫液储罐、泡沫产生器、泡沫液管道、泡沫混合液管道、泡沫管道、管道过滤器等宜涂红色。

（2）给水管道宜涂绿色。

（3）当管道较多，泡沫系统管道与工艺管道涂色有矛盾时，可涂相应的色带或色环。

（4）隐蔽工程管道可不涂色。

二、泡沫消防泵

1. 泡沫消防水泵

（1）应选择特性曲线平缓的水泵，且其工作压力和流量应满足系统设计要求。

（2）泵出口管道上应设置压力表、单向阀，泵出口总管道上应设置持压泄压阀及带手动控制阀的回流管。

（3）当泡沫液泵采用不向外泄水的水轮机驱动时，其水轮机压力损失应计入泡沫消防水泵的扬程；当泡沫液泵采用向外泄水的水轮机驱动时，其水轮机消耗的水流量应计入泡沫消防水泵的额定流量。

2. 泡沫液泵

（1）泡沫液泵的工作压力和流量应满足系统设计要求，同时应保证在设计流量范围内泡沫液供给压力大于供水压力。

（2）泡沫液泵的结构形式、密封或填料类型应适宜输送所选的泡沫液，其材料应耐泡沫液腐蚀且不影响泡沫液的性能。

（3）当用于普通泡沫液时，泡沫液泵的允许吸上真空高度不得小于 4 m；当用于抗溶泡沫液时，泡沫液泵的允许吸上真空高度不得小于 6 m，且泡沫液储罐至泡沫液泵之间的管道长度不宜超过 5 m，泡沫液泵出口管道长度不宜超过 10 m，泡沫液泵及管道平时不得充入泡沫液。

（4）除四级及以下独立石油库与油品站场、防护面积小于 200 m^2 单个非重要防护区设置的泡沫系统外，应设置备用泵，且工作泵故障时应能自动与手动切换到备用泵。

（5）泡沫液泵应能耐受不低于 10 min 的空载运转。

三、泡沫比例混合器（装置）

1. 泡沫比例混合装置的选择

（1）固定式系统，应选用平衡式、机械泵入式、囊式压力比例混合装置或泵直接注入式比例混合流程，混合比类型应与所选泡沫液一致，且混合比不得小于额定值。

（2）单罐容量不小于 5 000 m^2 的固定顶储罐、外浮顶储罐、内浮顶储罐，应选择平衡式或机械泵入式比例混合装置。

（3）全淹没高倍数泡沫灭火系统或局部应用中倍数、高倍数泡沫灭火系统，应选用机械泵入式、平衡式或囊式压力比例混合装置。

（4）各分区泡沫混合液流量相等或相近的泡沫-水喷淋系统宜采用泵直接注入式比例混合流程。

（5）保护油浸变压器的泡沫喷雾系统，可选用囊式压力比例混合装置。

2. 平衡式比例混合装置

（1）平衡阀的泡沫液进口压力应大于水进口压力，且其压差应满足产品的使用要求。

（2）比例混合器的泡沫液进口管道上应设单向阀。

（3）泡沫液管道上应设冲洗及放空设施。

3. 机械泵入式比例混合装置

（1）泡沫液进口管道上应设单向阀。

（2）泡沫液管道上应设冲洗及放空设施。

4. 泵直接注入式比例混合装置

（1）泡沫液注入点的泡沫液流压力应大于水流压力 0.2 MPa。

（2）泡沫液进口管道上应设单向阀。

（3）泡沫液管道上应设冲洗及放空设施。

5. 囊式压力比例混合装置

（1）泡沫液储罐的单罐容积不应大于 5 m^3。

（2）内囊应由适宜所储存泡沫液的橡胶制成，且应标明使用寿命。

6．管线式比例混合器

（1）比例混合器的水进口压力应在 0.6 ~ 1.2 MPa 的范围内，且出口压力应满足泡沫产生装置的进口压力要求。

（2）比例混合器的压力损失可按水进口压力的 35% 计算。

四、泡沫液储罐

（1）盛装泡沫液的储罐应采用耐腐蚀材料制作，且与泡沫液直接接触的内壁或衬里不应对泡沫液的性能产生不利影响。

（2）常压泡沫液储罐应符合下列规定：

① 储罐内应留有泡沫液热膨胀空间和泡沫液沉降损失部分所占空间。

② 储罐出液口的设置应保障泡沫液泵进口为正压，且出液口不应高于泡沫液储罐最低液面 0.5 m。

③ 储罐泡沫液管道吸液口应朝下，并应设置在沉降层之上，且当采用蛋白类泡沫液时，吸液口距泡沫液储罐底面不应小于 0.15 m。

④ 储罐宜设计成锥形或拱形顶，且上部应设呼吸阀或用弯管通向大气。

⑤ 储罐上应设出液口、液位计、进料孔、排渣孔、人孔、取样口。

（3）囊式压力比例混合装置的储罐上应标明泡沫液剩余量。

五、泡沫产生装置

（1）低倍数泡沫产生器：

① 固定顶储罐、内浮顶储罐应选用立式泡沫产生器。

② 外浮顶储罐宜选用与泡沫导流罩匹配的立式泡沫产生器，并不得设置密封玻璃；当采用横式泡沫产生器时，其吸气口应为圆形。

③ 泡沫产生器应根据其应用环境的腐蚀特性，采用碳钢或不锈钢材料制成。

④ 立式泡沫产生器及其附件的公称压力不得低于 1.6 MPa，与管道应采用法兰连接。

⑤ 泡沫产生器进口的工作压力应为其额定值 ± 0.1 MPa。

⑥ 泡沫产生器的空气吸入口及露天的泡沫喷射口，应设置防止异物进入的金属网。

（2）高背压泡沫产生器：

① 进口工作压力应在标定的工作压力范围内。

② 出口工作压力应大于泡沫管道的阻力和罐内液体静压力之和。

③ 发泡倍数不应小于 2，且不应大于 4。

（3）保护液化天然气（LNG）集液池的局部应用系统和不设导泡筒的全淹没系统，应选用水力驱动型泡沫产生器，且其发泡网应为奥氏体不锈钢材料。

（4）泡沫喷头、水雾喷头的工作压力应在标定的工作压力范围内，且不应小于其额定压力的 80%。

六、控制阀门和管道

1．阀　门

（1）系统中所用的控制阀门应有明显的启闭标志。

（2）当泡沫消防水泵出口管道口径大于 300 mm 时，不宜采用手动阀门。

2．管　道

（1）低倍数泡沫灭火系统的水与泡沫混合液及泡沫管道应采用钢管，且管道外壁应进行防腐处理。

（2）中倍数、高倍数泡沫灭火系统的干式管道宜采用镀锌钢管；湿式管道宜采用不锈钢管或内部、外部进行防腐处理的钢管；中倍数、高倍数泡沫产生器与其管道过滤器的连接管道应采用奥氏体不锈钢管。

（3）泡沫液管道应采用奥氏体不锈钢管。

（4）在寒冷季节有冰冻的地区，泡沫灭火系统的湿式管道应采取防冻措施。

（5）泡沫-水喷淋系统的管道应采用热镀锌钢管，其报警阀组、水流指示器、压力开关、末端试水装置、末端放水装置的设置，应符合现行国家标准《自动喷水灭火系统设计规范》（GB 50084—2017）的相关规定。

（6）防火堤或防护区内的法兰垫片应采用不燃材料或难燃材料。

（7）对于设置在防爆区内的地上或管沟敷设的干式管道，应采取防静电接地措施，且法兰连接螺栓数量少于 5 个时应进行防静电跨接。钢制甲、乙、丙类液体储罐的防雷接地装置可兼作防静电接地装置。

思考题

1. 泡沫灭火系统的灭火机理是什么？
2. 泡沫灭火系统的系统组件有哪些？

模块七　课件与微课

模块八 气体灭火系统

- **教学目标**

知识目标：1. 掌握气体灭火系统的灭火机理及分类。

2. 掌握七氟丙烷、二氧化碳、洁净气体灭火系统的设计参数。

3. 了解系统组件及设置要求。

能力目标：1. 培养学生对于不能用水灭火场所的灭火设施选用的能力。

2. 锻炼学生以经济适用为原则的设计能力。

素质目标：1. 让学生充分认识自己，正确剖析自身缺点，不断改造自己。

2. 培养学生在个人成长中形成优质品格和作风。

- **思政目标**

让学生意识到突破技术封锁，发展自主科技、科技兴国、科技强国的意义，增强学习科学，服务社会的信念。

案例导入

气体灭火系统是指平时灭火剂以液体、液化气体或气体状态存储于压力容器内，灭火时以气体（包括蒸汽、气雾）状态喷射作为灭火介质的灭火系统。并能在防护区空间内形成各方向均一的气体浓度，而且至少能保持该灭火浓度达到规范规定的浸渍时间，实现扑灭该防护区的空间、立体火灾。系统包括储存容器、容器阀、选择阀、液体单向阀、喷嘴和阀驱动装置组成。

20 世纪 80 年代初有关专家研究表明，包括哈龙灭火剂在内的氯氟烃类物质在大气中的排放，会导致对大气臭氧层的破坏，危害人类的生存环境。1990 年 6 月，在英国伦敦，57 个国家共同签订了《蒙特利尔议定书》(修正案)，决定逐步停止生产和逐步限制使用氟里昂、哈龙灭火剂。我国于 1991 年 6 月加入了《蒙特利尔议定书》(修正案) 缔约国行列，承诺 2005 年停止生产哈龙 1211 灭火剂，2010 年停止生产哈龙 1301 灭火剂，并于 1996 年颁布实施《中国消防行业哈龙整体淘汰计划》。

1996 年以后，哈龙替代品及其替代技术研究迅速发展，短短几年，二氧化碳、七氟丙烷、惰性混合气体、三氟甲烷等灭火系统相继出现。2003 年，中华人民共和国公安部发布了《气体灭火系统及零部件性能要求和试验方法》(GA400—2002)，对七氟丙烷、三氟甲烷、IG-541(又名烟烙尽，含 52% 氮气+40% 氩气+8% 二氧化碳)、IG-55(氮气 50%+氩气 50%)、IG-01(纯氩气)、IG-100(纯氮气)等灭火系统的生产、检验作出明确的规定。

在本模块中会介绍二氧化碳灭火系统、七氟丙烷灭火系统和 IG541 洁净气体灭火系统的组成、工作原理及设计参数。

项目一　系统分类与组成

气体灭火系统是传统的四大固定式灭火系统（水、气体、泡沫、干粉）之一，应用广泛，具有灭火效率高、灭火速度快、保护对象无污损等优点。

气体灭火系统一般由灭火剂储存装置、启动分配装置、输送释放装置、监控装置等组成。为满足各种保护对象的需要，最大限度地降低火灾损失，根据其充装不同种类灭火剂、采用不同增压方式，气体灭火系统具有多种应用形式。

一、系统分类及适用范围

1. 按使用的灭火剂分类

1）二氧化碳灭火系统

在常温常压条件下，二氧化碳为气相，当储存在密封高压气瓶中，低于临界温度 31.4 °C 时，以气液两相共存。

二氧化碳灭火系统是以二氧化碳作为灭火介质的气体灭火系统。二氧化碳对燃烧具有良好的窒息和冷却作用。

二氧化碳灭火系统按灭火剂储存压力不同可分为高压系统和低压系统两种应用形式。管网起点计算压力(绝对压力)：高压系统应取 5.17 MPa，低压系统应取 2.07 MPa。

高压储存容器中二氧化碳的温度与储存地点的环境温度有关，容器必须能够承受最高预期温度所产生的压力。储存容器中的压力还受二氧化碳灭火剂充装密度的影响。因此，在最高储存温度下的充装密度要注意控制，充装密度过大，会在环境温度升高时因液体膨胀造成保护膜片破裂而自动释放灭火剂。

低压系统储存容器内二氧化碳灭火剂的温度利用保温和制冷手段被控制在 – 20 ~ – 18 °C。典型的低压储存装置是压力容器外包一个密封的金属壳，壳内有隔热材料，在储存容器一端安装一个标准的制冷装置，它的冷却蛇管装于储存容器内。

适用范围：二氧化碳灭火系统适用于扑救灭火前可切断气源的气体火灾，液体火灾或石蜡、沥青等可熔化的固体火灾，固体表面火灾及棉毛、织物、纸张等部分固体深位火灾，电气火灾。二氧化碳灭火系统不适用于扑救硝化纤维、火药等含氧化剂的化学制品火灾，钾、钠、镁、钛、锆等活泼金属火灾，氢化钾、氢化钠等金属氢化物火灾。二氧化碳全淹没灭火系统不应用于经常有人停留的场所。

2）七氟丙烷灭火系统（HFC-227ea）

七氟丙烷灭火系统是以七氟丙烷作为灭火介质的气体灭火系统。七氟丙烷灭火剂属于卤代烷灭火剂系列，具有灭火能力强、灭火剂性能稳定的特点，其臭氧层损耗能力（ODP）为 0，全球温室效应潜能值（GWP）很小，不会破坏大气环境。但七氟丙烷灭火剂及其分解产物对人体有毒性危害，使用时应引起重视。

适用范围：七氟丙烷灭火系统可用于扑救电气火灾，液体火灾或可熔化的固体火灾，固体表面火灾，灭火前应能切断气源的气体火灾。七氟丙烷灭火系统不得用于扑救硝化纤维、硝酸钠等含氧化剂的化学制品及混合物火灾，钾、钠、镁、钛、锆、铀等活泼金属火灾，氢化钾、氢化钠等金属氢化物火灾，过氧化氢、联胺等能自行分解的化学物质火灾。

3）惰性气体灭火系统

惰性气体灭火系统包括 IG01（氩气）灭火系统、IG100（氮气）灭火系统、IG55（氩气、氮气）灭火系统、IG541（由 52% 氮、40% 氩、8% 二氧化碳三种气体组成）灭火系统。由于惰性气体是一种无毒、无色、无味、惰性及不导电的纯绿色气体，故又称之为洁净气体灭火系统。

适用范围：惰性气体灭火系统适用于扑救 A 类（表面火）、B 类、C 类及电气火灾（E 类），可用于保护经常有人的场所。

2．按系统的装配形式分类

1）无管网灭火系统

无管网灭火系统是指按一定的应用条件，将灭火剂储存装置和喷放组件等预先设计、组装成套且具有联动控制功能的灭火系统，又称预制灭火系统。该系统又分为柜式气体灭火装置和悬挂式气体灭火装置两种类型。仅七氟丙烷可用于预制灭火系统。

适用范围：预制灭火系统不设储瓶间，储气瓶及整个装置均设置在保护区内，安装灵活方便，外形美观且轻便可移动，适用于较小的、无特殊要求的防护区。

2）管网灭火系统

管网灭火系统是指按一定的应用条件进行计算，将灭火剂从储存装置经由干管、支管输送至喷放组件实施喷放的灭火系统。

适用范围：管网灭火系统需设单独储瓶间，气体喷放需通过放在保护区的管网系统进行，适用于计算机房、档案馆、贵重物品仓库、电信中心等较大空间的保护区。

3．按结构特点分类

1）组合分配系统

组合分配系统是指用一套灭火系统储存装置同时保护两个或两个以上防护区或保

护对象的气体灭火系统。这是基于两个防护区同一时间只发生一起火灾。

组合分配系统的灭火剂设计用量是按最大的一个防护区或保护对象来确定的，如组合中某个防护区需要灭火，则通过选择阀、容器阀等的控制，定向释放灭火剂。这种灭火系统的优点是储存容器数和灭火剂用量可以大幅度减少，有较高的应用价值。

适用范围：组合分配灭火系统通过选择阀的控制，实现灭火剂的定向释放，具有减少灭火剂储量、节约建造成本、减少空间占用以及便于维护管理等优点。组合分配灭火系统适用于多个不会同时着火的相邻防护区或保护对象。

2）单元独立系统

单元独立系统是指用一套灭火剂储存装置保护一个防护区的灭火系统。单元独立灭火系统不设选择阀，对于需设置气体灭火系统的每个防护区或保护对象分别单独设置灭火剂储存装置。

适用范围：一般来说，用单元独立系统保护的防护区在位置上是单独的，离其他防护区较远而不便组合，或是两个防护区相邻，但有同时失火的可能。当一个防护区包括两个以上封闭空间时也可以用一个单元独立系统来保护，但设计时必须做到系统储存的灭火剂能够满足这几个封闭空间同时灭火的需要，并能同时供给它们各自所需的灭火剂量。当两个防护区需要灭火剂量较多时，也可采用两套或数套单元独立系统保护一个防护区，但设计时必须做到这些系统同步工作。

4．按应用方式分类

1）全淹没灭火系统

全淹没灭火系统是指在规定的时间内，向防护区喷射一定浓度的气体灭火剂，并使其均匀地充满整个防护区的灭火系统。全淹没灭火系统的喷头均匀布置在防护区的顶部，火灾发生时，喷射的灭火剂与空气的混合气体迅速在此空间内建立有效扑灭火灾的灭火浓度，并将灭火剂浓度保持一段所需要的时间，即通过灭火剂气体将封闭空间淹没实施灭火。

适用范围：全淹没气体灭火系统适用于扑救液体火灾，灭火前能切断气源的气体火灾、电气火灾、固体表面火灾。全淹没气体灭火系统不适用于扑救可燃固体物质的深位火灾，硝酸钠、硝化纤维等氧化剂或氧化剂的化学制品火灾，能自行分解的化学物质火灾，氢化钠、氢化钾等金属氢化物火灾，钠、钾、镁等活泼金属火灾。

2）局部应用灭火系统

局部应用灭火系统仅用于二氧化碳灭火系统，是指在规定的时间内，向保护对象以设计喷射率直接喷射气体灭火剂，在保护对象周围形成局部高浓度，并持续一定时间的灭火系统。局部应用灭火系统的喷头均匀布置在保护对象的四周，火灾发生时，将灭火剂直接而集中地喷射到保护对象上，使其笼罩在整个保护对象外表面，即在保护对象周围局部范围内达到较高的灭火剂气体浓度实施灭火。

适用范围：局部应用气体灭火系统适用于扑救在灭火过程中不能封闭，或是能够封闭但不符合全淹没灭火系统要求的表面火灾，如非封闭的自动生产线、货物传送带、移动性产品加工间、轧机、喷漆棚、注油变压器、浸油罐和蒸汽泄放口等。

5．按加压方式分类

1）自压式气体灭火系统

自压式气体灭火系统是指灭火剂无须加压而是依靠自身饱和蒸气压力进行输送的灭火系统。

适用范围：自压式气体灭火系统适用于三氟甲烷灭火系统、IG-541 灭火系统、IG-100 灭火系统、IG-55 灭火系统、IG-01 灭火系统、二氧化碳灭火系统等。

2）内贮压式气体灭火系统

内贮压式气体灭火系统是指灭火剂在瓶组内用惰性气体进行加压储存，系统动作时灭火剂靠瓶组内的充压气体进行输送的灭火系统。

适用范围：内贮压式气体灭火系统适用于七氟丙烷灭火系统、六氟丙烷灭火系统等。

3）外贮压式气体灭火系统

外贮压式气体灭火系统是指系统动作时灭火剂由专设的充压气体瓶组按设计压力对其进行充压的灭火系统。

适用范围：外贮压式气体灭火系统适用于管道较长、灭火剂输送距离较远的场所。

二、系统组成

1．高压二氧化碳灭火系统、内贮压式七氟丙烷灭火系统

这类系统由灭火剂瓶组、启动气体瓶组、单向阀、选择阀、集流管、连接管、喷头、信号反馈装置、安全泄放装置、控制盘、检漏装置、管道管件及吊钩支架等组成。

2．外贮压式七氟丙烷灭火系统

该系统由灭火剂瓶组、驱动气体瓶组、启动气体瓶组、单向阀、选择阀、减压装置、集流管、连接管、喷头、信号反馈装置、安全泄放装置、控制盘、检漏装置、管道管件及吊钩支架等组成。

3．惰性气体灭火系统

惰性气体灭火系统由灭火剂瓶组、启动气体瓶组、单向阀、选择阀、减压装置、集流管、连接管、喷头、信号反馈装置、安全泄放装置、控制组成。

4．低压二氧化碳灭火系统

该系统由灭火剂储存装置、总控阀、驱动器、喷头、管道超压泄放装置、信号反馈装置、控制器等组成。

5. 管网气体灭火系统

管网气体灭火系统一般由灭火剂储存容器、启动气体储存容器、容器阀、单向阀、选择阀、集流管、连接管、喷嘴、信号反馈装置、安全泄放装置、控制盘、检漏装置、管路管件及吊钩支架等组成。

6. 无管网气体灭火系统

1）柜式气体灭火装置

该装置一般由灭火剂瓶组、启动气体瓶组（可选）、容器阀、减压装置（针对惰性气体灭火装置）、驱动装置、集流管（只限多瓶组）、连接管、喷头、信号反馈装置、安全泄放装置、控制盘、检漏装置、管道管件等组成。

2）悬挂式气体灭火装置

该装置由灭火剂储存容器、启动释放组件、悬挂支架等组成。

项目二　系统灭火机理与控制方式

一、灭火机理

气体灭火系统的灭火机理与气体灭火剂的属性有着密不可分的关系，不同的灭火剂，其灭火机理各不相同，本书主要介绍三类常见气体灭火系统的灭火机理。

1. 二氧化碳灭火系统

二氧化碳灭火主要在于窒息，其次是冷却。在常温常压条件下，二氧化碳的物态为气相，当储存于密封高压气瓶中，低于临界温度 31.4 °C 时，是以气、液两相共存的。在灭火过程中，二氧化碳从储存气瓶中释放出来，压力骤然下降，使得二氧化碳由液态转变成气态，分布于燃烧物的周围，稀释空气中的氧含量。氧含量降低会使燃烧时的热产生率减小，而当热产生率减小到低于热散失率的程度时，燃烧就会停止。这是二氧化碳所产生的窒息作用。同时，二氧化碳释放时又因焓降的关系，温度急剧下降，形成细微的固体干冰粒子，干冰吸取其周围的热量而升华，即能产生冷却燃烧物的作用。

2. 七氟丙烷灭火系统

七氟丙烷灭火剂是一种无色无味、不导电的气体，其密度大约是空气密度的 6 倍，可在一定压力下呈液态储存。该灭火剂为洁净药剂，释放后无残余物，不会污染环境和保护对象。一方面，当七氟丙烷灭火剂喷射到保护区后，液态灭火剂迅速转变成气态，吸收大量热量，从而显著降低了保护区和火焰周围的温度；另一方面，七氟丙烷灭火剂的热解产物对燃烧过程也具有相当程度的抑制作用。

3．IG541 混合气体灭火系统

IG541 混合气体灭火剂是由氮气、氧气和二氧化碳气体按一定比例混合而成的气体，由于这些气体都在大气层中自然存在且来源丰富，对大气层臭氧没有损耗（消耗臭氧潜能值 ODP = 0），也不会产生温室效应。混合气体无毒、无色、无味、无腐蚀性及不导电，既不支持燃烧，又不与大部分物质发生反应。从环保的角度来看，它是一种较为理想的灭火剂。

IG541 混合气体灭火剂属于物理灭火剂，一般由 52% 的氮气、40% 的氩气和 8% 的二氧化碳组成。混合气体释放后，将防护区内氧气降至 15% 以下，大部分可燃物将停止燃烧。同时又把二氧化碳升至 4%，二氧化碳比例的提高，将加快人的呼吸速率，提高人体吸收氧气的能力，从而应补偿环境气体中的氧气浓度，降低对人体的伤害程度。该灭火系统中灭火设计浓度不大于 43% 时，对人体是安全无害的。

在室温时，二氧化碳是气液共存状态，七氟丙烷是液态，IG541 灭火剂是气态。

二、控制方式和工作原理

气体灭火系统主要有自动、手动、机械应急启动三种控制方式，但其工作原理却因灭火剂种类、灭火方式、结构特点、加压方式和控制方式的不同而各不相同。

1．管网系统

气体灭火系统具体控制流程如图 8-2-1 所示。

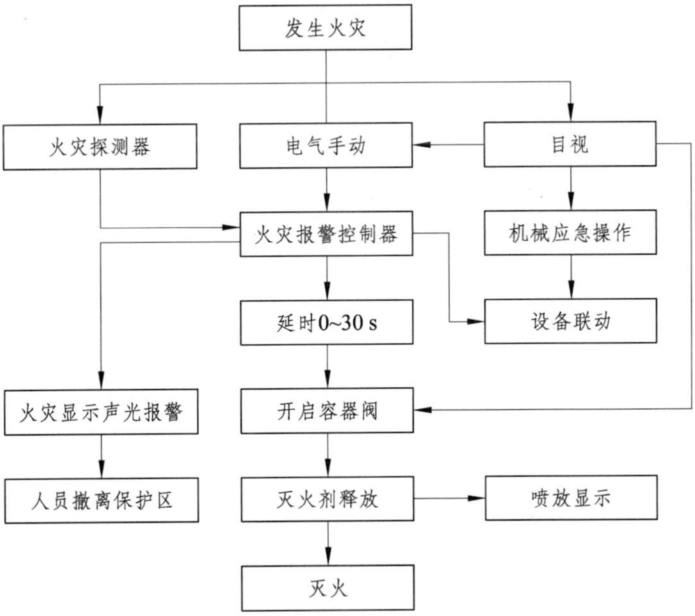

图 8-2-1　气体灭火系统控制流程图

1）自动控制方式

当将其置于自动位置时，灭火控制器处于自动控制状态。灭火控制器配有感烟火灾探测器和定温式感温火灾探测器。当某防护区发生火情，感烟火灾探测器、其他类型火灾探测器或手动火灾报警按钮发出首个联动触发信号后，灭火控制器（或火灾报警控制器）立即启动设置在该防护区的火灾声光警报器发出声、光报警信号；在接收到同一防护区域内与首次报警的火灾探测器或手动火灾报警按钮相邻的感温火灾探测器、火焰探测器或手动火灾报警按钮的第二个联动触发信号后，灭火控制器发出联动指令，关闭/停止联动设备（防护区域的送/排风机及送/排风阀门、通风和空气调节系统，防火阀，防护区域的门、窗等）。经过设定的延时时间（不大于30s）后发出灭火指令；打开与该防护区相应的电磁阀释放启动气体，启动气体通过启动管路打开相应的选择阀和灭火剂容器阀释放灭火剂，各瓶组的灭火剂经连接管汇集到集流管，通过选择阀到达安装在防护区内的喷嘴进行喷放灭火，同时安装在管路上的信号反馈装置动作，信号传送到控制器，由灭火控制器启动防护区外指示气体喷洒的火灾声光警报器。

如确需启动灭火装置灭火时，可按下紧急启动按钮，即可启动灭火装置释放灭火剂实施灭火。如在报警过程中发现不需要启动灭火装置，可按下保护区外或控制器操作面板上的紧急停止按钮，即可终止灭火指令的发出。

采用自动控制启动方式时，根据人员安全撤离防护区的需要，应有不大于 30 s 的可控延迟喷射；对于平时无人工作的防护区，可设置为无延迟的喷射，在接收到满足联动逻辑关系的首个联动触发信号后即执行除启动气体灭火装置外的联动控制，在接收到第二个联动触发信号后启动气体灭火装置。这里所说的平时无人工作防护区，通常可包括：变压器室、开关室、泵房、地下金库、发动机试验台、电缆桥架（隧道）、微波中继站、易燃液体库房和封闭的能源系统等。

2）手动控制方式

将控制器上的控制方式选择锁置于手动位置时，灭火控制器处于手动控制状态。灭火控制器（盘）具有手动优先的功能，即便系统处于自动控制状态，手动控制仍然有效。

当某防护区发生火情，在接收到报警信号后，灭火控制器（或火灾报警控制器）立即启动设置在该防护区的火灾声光警报器发出声、光报警信号，经现场人员确认后，通过按下灭火控制器（盘）上的启动按钮或设置在防护区附近墙面上的紧急启动/停止按钮上的启动键，发出联动指令；关闭/停止联动设备，经过设定的延时时间（不大于 30 s）后发出灭火指令，打开与该防护区相应的电磁阀释放启动气体，启动气体通过启动管路打开相应的选择阀和灭火剂储存容器瓶头阀释放灭火剂，各瓶组的灭火剂经连接管汇集到集流管，通过选择阀到达安装在防护区内的喷嘴进行喷放灭火，同时安装在管路上的信号反馈装置动作，信号传送到控制器，由灭火控制器启动防护区外指示气体喷洒的火灾声光警报器。

在延时时间内，如果发现不需要启动灭火系统，可通过按下停止按钮阻止灭火控制器（盘）灭火指令的发出。这时，当火灾探测器发出火警信号时，控制器即发出火灾声光报警信号，而不启动灭火装置，需经人员观察，确认火灾已发生时，可按下保护区外或控制器操作面板上的紧急启动按钮，即可启动灭火装置释放灭火剂实施灭火。此时报警信号仍存在。无论装置处于自动或手动状态，按下任何紧急启动按钮，都可启动灭火装置释放灭火剂实施灭火，同时控制器立即进入灭火报警状态。

3）机械应急启动工作方式

当某防护区发生火情且灭火控制器不能有效地发出灭火指令时，应立即通知有关人员迅速撤离现场，关闭联动设备，然后拔除对应该防护区的启动气体钢瓶电磁瓶头阀上的止动簧片，压下圆头把手打开电磁阀释放启动气体，由启动气体打开相应的选择阀、瓶头阀释放灭火剂实施灭火。

如果遇上启动气体钢瓶电磁瓶头阀维修或启动气体充换，应先打开与该防护区对应的选择阀，然后再打开对应的灭火剂储存容器瓶头阀释放灭火剂实施灭火。

2. 预制气体灭火系统

预制灭火系统具有自动和手动两种控制方式，其工作原理和控制逻辑基本同管网灭火系统。需要指出的是，柜式无管网气体灭火装置直接设置在防护区内，装置内不含选择阀，在系统启动时，启动气体直接打开灭火剂储存容器瓶头阀释放灭火剂进行灭火。

项目三　系统设计参数

气体灭火系统的设计应以《气体灭火系统设计规范》（GB 50370—2005）、《气体灭火系统施工及验收规范》（GB 50263—2007）、《二氧化碳灭火系统设计规范》（GB 50193—93）等规范和标准为依据，根据保护对象、系统设置类型、灭火剂种类等确定设计基本参数。

一、防护区的设置要求

1. 防护区的划分

防护区应根据封闭空间的结构特点和位置来划分，防护区划分应符合下列规定：防护区宜以单个封闭空间划分；同一区间的吊顶层和地板下需同时保护时，可合为一个防护区；采用管网灭火系统时，一个防护区的面积不宜大于 800 m^2，且容积不宜大于 3 600 m^3；采用预制灭火系统时，一个防护区的面积不宜大于 500 m^2，且容积不宜大于 1 600 m^3。

防护区的划分，是从有利于保证全淹没灭火系统实现灭火条件的要求方面提出来的。

不宜以两个或两个以上封闭空间划分防护区，即使它们所采用的灭火设计浓度相同，甚至有部分联通，也不宜那样去做。这是因为在极短的灭火剂喷放时间里，两个及两个以上空间难于实现灭火剂浓度的均匀分布，会延误灭火时间，或造成灭火失败。

对于含吊顶层或地板下的防护区，各层面相邻，管网分配方便，在设计计算上比较容易保证灭火剂的管网流量分配，为节省设备投资和工程费用，可考虑按一个防护区来设计，但需保证在设计计算上细致、精确。

2．耐火性能

防护区围护结构及门、窗的耐火极限均不宜低于 0.50 h，吊顶的耐火极限不宜低于 0.25 h。

全淹没灭火系统防护区建筑物构件耐火时间（一般为 30 min）包括：探测火灾时间、延时时间、释放灭火剂时间及保持灭火剂设计浓度的浸渍时间。延时时间为 30 s，释放灭火剂时间对于扑救表面火灾不应大于 1 min，对于扑救固体深位火灾不应大于 7 min。

3．耐压性能

在全封闭空间释放灭火剂时，空间内的压强会迅速增加，如果超过建筑构件承受能力，防护区就会遭到破坏，从而造成灭火剂流失、灭火失败和火灾蔓延的严重后果。防护区围护结构承受内压的允许压强不宜低于 1 200 Pa。

4．泄压能力

防护区需要开设泄压口，是因为气体灭火剂喷入防护区内，会显著地增加防护区的内压，如果没有适当的泄压口，防护区的围护结构将可能承受不起增长的压力而遭破坏。

对于全封闭的防护区，应设置泄压口，七氟丙烷灭火系统的泄压口应位于防护区净高的 2/3 以上。防护区设置的泄压口，宜设在外墙上。泄压口面积按相应气体灭火系统设计规定计算。对于设有防爆泄压设施或门、窗缝隙未设密封条的防护区可不设泄压口。为了减少灭火剂从泄压口流失，泄压口应开在防护区净高的 2/3 以上，即泄压口下沿不低于防护区净高的 2/3。

5．封闭性能

在防护区的围护构件上不宜设置敞开孔洞，否则将会造成灭火剂流失。当必须设置敞开孔洞时，应设置能手动和自动关闭的装置。在喷放灭火剂前，应自动关闭防护区内除泄压口外的开口。

对防护区的封闭要求是全淹没灭火的必要技术条件，因此不允许除泄压口之外的开口存在；例如自动生产线上的工艺开口，也应做到在灭火时停止生产、自动关闭开口。

6．环境温度

防护区的最低环境温度不应低于 – 10 °C。

二、安全要求

设置气体灭火系统的防护区应设疏散通道和安全出口，保证防护区内所有人员能在 30 s 内撤离完毕。

防护区内的疏散通道及出口，应设消防应急照明灯具和疏散指示标志灯。防护区内应设火灾声音报警器，必要时可增设闪光报警器。防护区的入口处应设火灾声光报警器和灭火剂喷放指示灯，以及防护区采用的相应气体灭火系统的永久性标志牌。灭火剂喷放指示灯信号，应保持到防护区通风换气后，以手动方式解除。

防护区的门应朝疏散方向开启，并能自行关闭；用于疏散的门必须能从防护区内打开。

灭火后的防护区应通风换气，地下防护区和无窗或设固定窗扇的地上防护区，应设置机械排风装置，排风口宜设在防护区的下部并应直通室外。通信机房、电子计算机机房等场所的通风换气次数不应小于每小时 5 次。

储瓶间的门应向外开启，储瓶间内应设应急照明；储瓶间应有良好的通风条件，地下储瓶间应设机械排风装置，排风口应设在下部，室内气体可通过排风管排出室外。

经过有爆炸危险和变电、配电场所的管网，以及布设在以上场所的金属箱体等，应设防静电接地。

有人工作防护区的灭火设计浓度或实际使用浓度，不应大于有毒性反应浓度（LOAEL 浓度）。

防护区内设置的预制灭火系统的充压压力不应大于 2.5 MPa。

灭火系统的手动控制与应急操作应有防止误操作的警示显示与措施。

设有气体灭火系统的场所，宜配置空气呼吸器。

三、二氧化碳灭火系统的设计

1．一般规定

二氧化碳灭火系统按应用方式可分为全淹没灭火系统和局部应用灭火系统。全淹没灭火系统适用于扑救封闭空间内的火灾；局部应用灭火系统适用于扑救不需封闭空间条件的具体保护对象的非深位火灾。

（1）采用全淹没灭火系统的防护区，应符合下列规定：

① 对气体、液体、电气火灾和固体表面火灾，在喷放二氧化碳前不能自动关闭的开口，其面积不应大于防护区总内表面面积的 3%，且开口不应设在底面。

② 对固体深位火灾，除泄压口以外的开口，在喷放二氧化碳前应自动关闭。

③ 防护区的围护结构及门、窗的耐火极限不宜低于 0.50 h，吊顶的耐火极限不应低于 0.25 h；围护结构及门、窗的允许压强不宜小于 1 200 Pa。

④ 防护区用的通风机和通风管道中的防火阀，在喷放二氧化碳前应自动关闭。

（2）采用局部应用灭火系统的保护对象，应符合下列规定：

① 保护对象周围的空气流动速度不宜大于 3 m/s，必要时应采取挡风措施。

② 在喷头与保护对象之间，喷头喷射角范围内不应有遮挡物。

③ 当保护对象为可燃液体时，液面至容器缘口的距离不得小于 150 mm。启动释放二氧化碳之前或同时，必须切断可燃、助燃气体的气源。

组合分配系统的二氧化碳储存量，不应小于所需储存量最大的一个防护区域或保护对象的储存量。

当组合分配系统保护 5 个及以上的防护区或保护对象，或者在 48 h 内不能恢复时，二氧化碳应有备用量，备用量不应小于系统设计的储存量。对于高压系统和单独设置备用储存容器的低压系统，备用量的储存容器应与系统管网相连，应能与主储存容器切换使用。

2．全淹没灭火系统的设计

二氧化碳设计浓度不应小于灭火浓度的 1.7 倍，并不得低于 34%。当防护区内存有两种及两种以上可燃物时，防护区的二氧化碳设计浓度应采用可燃物中最大的二氧化碳设计浓度。

当防护区的环境温度超过 100 °C 时，二氧化碳的设计用量应在设计规范计算值的基础上每超过 5 °C 增加 2%。当防护区的环境温度低于 – 20 °C 时，二氧化碳的设计用量应在设计规范计算值的基础上每降低 1 °C 增加 2%。防护区应设置泄压口，并宜设在外墙上，其高度应大于防护区净高的 2/3。当防护区设有防爆泄压孔时，可不单独设置泄压口。

全淹没灭火系统二氧化碳的喷放时间不应大于 1 min。当扑救固体深位火灾时，喷放时间不应大于 7 min，并应在前 2 min 内使二氧化碳的浓度达到 30%。

3．局部应用灭火系统的设计

局部应用灭火系统的设计可采用面积法或体积法。当保护对象的着火部位是比较平直的表面时，宜采用面积法；当着火对象为不规则物体时，应采用体积法。局部应用灭火系统的二氧化碳喷射时间不应小于 0.5 min。对于燃点温度低于沸点温度的液体和可熔化固体的火灾，二氧化碳的喷射时间不应小于 1.5 min。

当采用面积法设计时，应符合下列规定：

（1）保护对象计算面积应取被保护表面整体的垂直投影面积。

（2）架空型喷头应以喷头的出口至保护对象表面的距离确定设计流量和相应的正方形保护面积，槽边型喷头保护面积应由设计选定的喷头设计流量确定。

（3）架空型喷头的布置宜垂直于保护对象的表面，其瞄准点应是喷头保护面积的中心。当确需非垂直布置时，喷头的安装角不应小于 45°，其瞄准点应偏向喷头安装位置的一方。

四、其他气体灭火系统的设计

1. 一般规定

采用气体灭火系统保护的防护区，其灭火设计用量或惰化设计用量，应根据防护区内可燃物相应的灭火设计浓度或惰化设计浓度经计算确定。

有爆炸危险的气体、液体类火灾的防护区，应采用惰化设计浓度；无爆炸危险的气体、液体类火灾和固体类火灾的防护区，应采用灭火设计浓度。

几种可燃物共存或混合时，灭火设计浓度或惰化设计浓度应按其中最大的灭火设计浓度或惰化设计浓度确定。

两个或两个以上的防护区采用组合分配系统时，一个组合分配系统所保护的防护区不应超过 8 个。

组合分配系统的灭火剂储存量，应按储存量最大的防护区确定。

灭火系统的灭火剂储存量，应为防护区的灭火设计用量、储存容器内的灭火剂剩余量和管网内的灭火剂剩余量之和。

灭火系统的储存装置 72 h 内不能重新充装恢复工作的，应按系统原储存量的 100% 设置备用量。

灭火系统的设计温度应采用 20 °C。

同一集流管上的储存容器，其规格、充压压力和充装量应相同。

同一防护区，当设计两套或三套管网时，集流管可分别设置，系统启动装置必须共用。

各管网上喷头流量均应按同一灭火设计浓度、同一喷放时间进行设计。

管网上不应采用四通管件进行分流。

喷头的保护高度和保护半径应符合下列规定：最大保护高度不宜大于 6.5 m，最小保护高度不应小于 0.3 m；喷头安装高度小于 1.5 m 时，保护半径不宜大于 4.5 m；喷头安装高度不小于 1.5 m 时，保护半径不应大于 7.5 m。

喷头宜贴近防护区顶面安装，距顶面的最大距离不宜大于 0.5 m。一个防护区设置的预制灭火系统，其装置数量不宜超过 10 台。同一防护区内的预制灭火系统装置多于 1 台时，必须能同时启动，其动作响应时差不得大于 2 s。

2．七氟丙烷灭火系统

七氟丙烷灭火系统的灭火设计浓度不应小于灭火浓度的 1.3 倍，惰化设计浓度不应小于惰化浓度的 1.1 倍。

固体表面火灾的灭火浓度为 5.8%，设计规范中未列出的，应经试验确定。图书、档案、票据和文物资料库等防护区，灭火设计浓度宜采用 10%。油浸变压器室、带油开关的配电室和自备发电机房等防护区，灭火设计浓度宜采用 9%。

通信机房和电子计算机机房等防护区，灭火设计浓度宜采用 8%。

防护区实际应用浓度不应大于灭火设计浓度的 1.1 倍。

在通信机房和电子计算机机房等防护区，设计喷放时间不应大于 8 s；在其他防护区，设计喷放时间不应大于 10 s。

灭火浸渍时间应符合下列规定：木材、纸张、织物等固体表面火灾，宜采用 20 min；通信机房、电子计算机机房内的电气设备火灾，应采用 5 min；其他固体表面火灾，宜采用 10 min；气体和液体火灾，不应小于 1 min。

七氟丙烷灭火系统应采用氮气增压输送，氮气的含水量不应大于 0.006%。

（1）储存容器的增压压力宜分为三级，并应符合下列规定：

① 一级，（2.5+0.1）MPa（表压）。

② 二级，（4.2+0.1）MPa（表压）。

③ 三级，（5.6+0.1）MPa（表压）。

（2）七氟丙烷单位容积的充装量应符合下列规定：

① 一级增压储存容器，不应大于 1 120 kg/m^3。

② 二级增压焊接结构储存容器，不应大于 950 kg/m^3。

③ 二级增压无缝结构储存容器，不应大于 1 120 kg/m^3。

④ 三级增压储存容器，不应大于 1 080 kg/m^3。

管网的管道内容积，不应大于流经该管网的七氟丙烷储存量体积的 80%。

（3）管网布置宜设计为均衡系统，并应符合下列规定：

① 喷头设计流量应相等。

② 管网的第 1 分流点至各喷头的管道阻力损失，其相互间的最大差值不应大于 20%。

（4）防护区中含两个或两个以上封闭空间的非均衡管网，其管网内的灭火剂剩余量，可按各支管与最短支管之间长度差值的容积量计算。

3．IG541 混合气体灭火系统

IG541 混合气体灭火系统的灭火设计浓度不应小于灭火浓度的 1.3 倍，惰化设计浓度不应小于惰化浓度的 1.1 倍。固体表面火灾的灭火浓度为 28.1%，规范中未列出的，应经试验确定。当 IG541 混合气体灭火剂喷放至设计用量的 95% 时，其喷放时间不应大于 60 s 且不应小于 48 s。

（1）灭火浸渍时间应符合下列规定：

① 木材、纸张、织物等固体表面火灾，宜采用 20 min。

② 通信机房、电子计算机机房内的电气设备火灾，宜采用 10 min。

③ 其他固体表面火灾，宜采用 10 min。

（2）储存容器充装量应符合下列规定：

① 一级充压（15.0 MPa）系统，充装量应为 211.15 kg/m^3。

② 二级充压（20.0 MPa）系统，充装量应为 281.06 kg/m^3。

项目四　系统组件及其设置要求

二氧化碳灭火系统一般为管网灭火系统，管网灭火系统由灭火剂储存装置、容器阀、选择阀、喷头、压力开关、安全阀、管道及其附件等组件组成。本项目主要介绍系统组件及其设置要求。

一、二氧化碳灭火系统

1．灭火剂储存装置

目前我国二氧化碳储存装置均为储存压力 5.17 MPa 规格，储存装置为无缝钢质容器，它由容器阀、连接软管、钢瓶组成，耐压值为 22.05 MPa。二氧化碳高压系统储存装置规格有 32 L、40 L、45 L、50 L、82.5 L。

高压系统的储存装置应符合下列规定：储存容器的工作压力不应小于 15.0 MPa，储存容器或容器阀上应设泄压装置，其泄压动作压力应为（19 ± 0.95）MPa；储存容器中二氧化碳的充装系数应按《气瓶安全技术监察规程》（TSG R0006—2014）执行；储存装置的环境温度应为 0 ~ 49 °C。

低压系统的储存装置应符合下列规定：储存容器的设计压力不应小于 2.5 MPa，并应采取良好的绝热措施。储存容器上至少应设置两套安全泄压装置，其泄压动作压力应为（2.38 ± 0.12）MPa；储存装置的高压报警压力设定值应为 2.2 MPa，低压报警压力设定值应为 1.8 MPa；储存容器中二氧化碳的装置系数应按国家相关规定执行；容器阀应能在喷出要求的二氧化碳量后自动关闭；储存装置应远离热源，其位置应便于再充装，其环境温度宜为 – 23 ~ 49 °C；储存容器中充装的二氧化碳应符合《二氧化碳灭火剂》（GB 4396—2005）的规定；储存装置应具有灭火剂泄漏检测功能。当储存容器中充装的二氧化碳损失量达到其初始充装的 10% 时，应能发出声光报警信号并及时补充；储存装置的布置应方便检查和维护，并应避免阳光直射；储存装置宜设在专用的储存容器间内。局部应用灭火系统的储存装置可设置在固定的安全围栏内。专用的储存容器间的设置应符合下列规定：应靠近防护区，出口应直接通向室外或疏散走道；耐火等级不应低于二级；室内应保持干燥和良好通风；不具备自然通风条件的储存容器间应设机械排风装置，排风口距储存容器间地面高度不宜大于 0.5 m，排风口应通向室外，正常排风量宜按换气次数不小于 4 次/h 确定，事故排风量应按换气次数不小于 8 次/h 确定。

2. 容器阀

容器阀按其结构形式，可分为差动式和膜片式两种。容器阀的启动方式一般有手动启动、气启动、电磁启动和电爆启动等方式。与之对应的启动装置有手动启动器、气启动器、电磁启动器和电爆启动器等。

3. 选择阀

在多个保护区域的组合分配系统中，每个防护区或保护对象在集流管的排气支管上应设置与该区域对应的选择阀。选择阀应设置在储存容器间内，并应便于手动操作，方便检查维护。选择阀上应设有标明防护区的铭牌。

选择阀可采用电动、气动或机械操作方式。选择阀的工作压力，高压系统不应小于 12.0 MPa，低压系统不应小于 2.5 MPa。

系统启动时，选择阀应在二氧化碳储存器的容器阀动作之前打开或同时打开。

4. 喷　头

二氧化碳灭火系统的喷头安装在管网的末端，用于向防护区喷洒灭火剂。喷头是用来控制灭火剂的流速和喷射方向的组件。全淹没灭火系统的喷头布置应使防护区内二氧化碳分布均匀，喷头应贴近顶棚或屋顶安装。

设置在有粉尘或喷漆作业等场所的喷头，应增设不影响喷射效果的防尘罩。

5. 压力开关

压力开关可以将压力信号转换成电气信号，一般设置在选择阀前后，以判断各部位的动作正确与否。

6. 安全阀

安全阀一般设置在储存容器的容器阀上及组合分配系统中的集流管部分。在组合分配系统的集流管部分，由于选择阀平时处于关闭状态，在容器阀的出口处至选择阀的进口端之间形成了一个封闭的空间，因而在此空间内容易形成一个危险的高压区。为了防止储存器发生误喷射，因此在集流管末端设置一个安全阀或泄压装置，当压力值超过规定值时，安全阀自动开启泄压以保证管网系统的安全。

7. 管　道

高压系统管道及其附件应能承受最高环境温度下二氧化碳的储存压力，低压系统管道及其附件应能承受 4.0 MPa 的压力，并应符合下列规定：管道应符合《输送流体用无缝钢管》（GB/T 8163—2018）的规定，并应进行内外表面镀锌防腐处理；对镀锌层有腐蚀的环境，管道可采用不锈钢管、铜管或其他抗腐蚀的材料；挠性连接的软管必须能承受系统的工作压力和温度，并宜采用不锈钢软管；低压系统的管网中应采取防膨胀收缩措施；在可能产生爆炸的场所，管网应吊挂安装并采取防晃措施。管道可采用螺纹连接、法兰连接或焊接。公称直径等于或小于 80 mm 的管道，宜采用螺纹连接；公称直径大于 80 mm 的管道，宜采用法兰连接。管网中阀门之间的封闭管段应设置泄压装置，其泄压动作压力，高压系统应为（15 ± 0.75）MPa，低压系统应为（2.38 ± 0.12）MPa。

二、其他气体灭火系统

1．一般规定

储存装置应符合下列规定：管网系统的储存装置应由储存容器、容器阀和集流管等组成；七氟丙烷和 IG541 预制灭火系统的储存装置应由储存容器、容器阀等组成；容器阀和集流管之间应采用挠性连接，储存容器和集流管应采用支架固定；储存装置上应设耐久的固定铭牌，并应标明每个容器的编号、容积、皮重、灭火剂名称、充装量、充装日期和充压压力等；管网灭火系统的储存装置宜设在专用储瓶间内，储瓶间宜靠近防护区并应符合建筑物耐火等级不低于二级的有关规定及有关压力容器存放的规定，且应有直接通向室外或疏散走道的出口，储瓶间和设置预制灭火系统的防护区的环境温度应为 – 10 ~ 50 °C；储存装置的布置应便于操作、维修及避免阳光照射，操作面距墙面或两操作面之间的距离不宜小于 1 m，且不应小于储存容器外径的 1.5 倍。

储存容器、驱动气体储瓶的设计与使用应符合《气瓶安全技术监察规程》（TSG R0006—2014）等相关规定。

储存装置的储存容器与其他组件的公称工作压力，不应小于在最高环境温度下所承受的工作压力。

在储存容器或容器阀上，应设安全泄压装置和压力表。组合分配系统的集流管，应设安全泄压装置。安全泄压装置的动作压力，应符合相应气体灭火系统的设计规定。

在通向每个防护区的灭火系统主管道上，应设压力信号器或流量信号器。

组合分配系统中的每个防护区应设置控制灭火剂流向的选择阀，其公称直径应与该防护区灭火系统的主管道公称直径相等。

选择阀的位置应靠近储存容器且便于操作。选择阀应设有标明其工作防护区的永久性铭牌。

喷头应有型号、规格的永久性标志。设置在有粉尘、油雾等防护区的喷头，应有防护装置。

喷头的布置应满足喷放后气体灭火剂在防护区内均匀分布的要求。当保护对象属可燃液体时，喷头射流方向不应朝向液体表面。

管道及管道附件应符合下列规定：输送气体灭火剂的管道应采用无缝钢管，其质量应符合《输送流体用无缝钢管》（GB/T 8163—2018）、《高压锅炉用无缝钢管》（GB/T 5310—2017）等的规定。无缝钢管内外应进行防腐处理，防腐处理宜采用符合环保要求的方式；输送气体灭火剂的管道安装在腐蚀性较大的环境里，宜采用不锈钢管，其质量应符合《流体输送用不锈钢无缝钢管》（GB/T 14976—2012）的规定；输送启动气体的管道，宜采用铜管，其质量应符合《铜及铜合金拉制管》（GB/T 1527—2017）的规定；管道连接时，当公称直径小于或等于 80 mm 时，宜采用螺纹连接，大于 80 mm 时宜采用法兰连接；钢制管道附件内外应进行防腐处理，防腐处理宜采用符合环保要求的方式，在腐蚀性较大的环境里，应采用不锈钢的管道附件。

系统组件与管道的公称工作压力，不应小于在最高环境温度下所承受的工作压力。

系统组件的特性参数应由国家法定检测机构验证或测定。

2．七氟丙烷灭火系统组件专用要求

储存容器或容器阀以及组合分配系统集流管上的安全泄压装置的动作压力，应符合下列规定：

（1）储存容器增压压力为 2.5 MPa 时，应为（5.0 ± 0.25）MPa（表压）。

（2）储存容器增压压力为 4.2 MPa，最大充装量为 950 kg/m^3 时，应为（7.0 ± 0.35）MPa（表压）；最大充装量为 1 120 kg/m^3 时，应为（8.4 ± 0.42）MPa（表压）。

（3）储存容器增压压力为 5.6 MPa 时，应为（10.0 ± 0.5）MPa（表压）。

增压压力为 2.5 MPa 的储存容器，宜采用焊接容器；增压压力为 4.2 MPa 的储存容器，可采用焊接容器或无缝容器；增压压力为 5.6 MPa 的储存容器，应采用无缝容器。在容器阀和集流管之间的管道上应设单向阀。

3．IG541 混合气体灭火系统组件专用要求

储存容器或容器阀以及组合分配系统集流管上的安全泄压装置的动作压力，应符合下列规定：

（1）一级充压（15.0 MPa）系统，应为（20.7 ± 1.0）MPa（表压）。

（2）二级充压（20.0 MPa）系统，应为（27.6 ± 1.4）MPa（表压）。

储存容器应采用无缝容器。在选择阀后应设减压装置，宜采用减压孔板。

4．操作与控制

采用气体灭火系统的防护区，应设置火灾自动报警系统，其设计应符合《火灾自动报警系统设计规范》（GB 50116—2013）的规定，并应选用灵敏度级别高的火灾探测器。

管网灭火系统应设自动控制、手动控制和机械应急操作三种启动方式。预制灭火系统应设自动控制和手动控制两种启动方式。

采用自动控制启动方式时，根据人员安全撤离防护区的需要，应有不大于 30 s 的可控喷射；对于平时无人工作的防护区，可设置为无延迟喷射。

灭火设计浓度或实际使用浓度大于无毒性反应浓度（NOAEL 浓度）的防护区和采用热气溶胶预制灭火系统的防护区，应设手动与自动控制的转换装置。当人员进入防护区时，应能将灭火系统转换为手动控制方式；当人员离开时，应能恢复为自动控制方式。防护区内外应设手动、自动控制状态的显示装置。

自动控制装置应在接到两个独立的火灾信号后才能启动。手动控制装置和手动与自动转换装置应设在防护区疏散出口门外便于操作的地方，安装高度为中心点距地面 1.5 m。机械应急操作装置应设在储瓶间内或防护区疏散出口门外便于操作的地方。

气体灭火系统的操作与控制，应包括对开口封闭装置、通风机械和防火阀等设备的联动操作与控制。

设有消防控制室的场所，各防护区灭火控制系统的有关信息应传送给消防控制室。

气体灭火系统的电源，应符合国家有关消防技术标准的规定；采用气动力源时，应保证系统操作与控制需要的压力和气量。

组合分配系统启动时，选择阀应在容器阀开启前打开或同时打开。

思考题

1. 气体灭火系统可以从几个方面进行分类？
2. IG541 洁净气体灭火系统的特点是什么？
3. 高压二氧化碳与低压二氧化碳灭火系统的区别是什么？
4. 本模块所讲述的三种灭火系统的检漏方法是什么？

模块八 课件与微课

模块九 干粉灭火系统

- **教学目标**

知识目标：1. 了解干粉灭火系统的灭火机理。

2. 了解干粉灭火系统组件及设置要求。

能力目标：1. 让学生获得干粉灭火系统的基本理论并用于实践。

2. 锻炼学生的语言表达能力和临时应变能力。

素质目标：1. 引导学生关注日常灭火系统的设置情况。

2. 激发学生探究实际问题的热情，使他们更加热爱科学、关注生活。

- **思政目标**

由于有了中国共产党的领导，国之强大，民之骄傲，我们应该以投入建设中国梦的浪潮中为荣，以建设繁荣昌盛的祖国为傲。

案例导入

现代物流配送行业，随着大跨度、大面库房日益增多，建筑物装修不断提高，特别是烟草行业物流配送中心联合工房和高架立库等，建筑火灾危险性分类属丙类，建筑耐火等级为一级。高架立库储存的物品为箱装卷烟成品，其厌水性能极强，同时考虑经灭火后，储存物品的保存完好性，即以烟草物流配送中心高架立库和联合工房的消防设计和应用，能满足要求的方案是多样的。

某烟草公司库房在修建时对各种灭火系统进行了比较。① 气体灭火系统有管网、喷头、储气和放气瓶，施工必须与土建工程同时进行，工程造价较高，气体灭火方式为全淹没式且要密闭空间，系统中瓶组长期储存有泄漏，灭火速度慢，维护保养复杂。② 水喷雾灭火系统，须有喷头、管网、水池、水泵和缆式线型感温报警系统，施工、维护复杂，造价偏高。③水喷淋灭火系统，须有喷头、管网、水池、水泵和缆式线型感温报警系统，施工维护复杂，造价偏高。经分析比较，选用超音速干粉自动灭火系统，完全满足高架立库等储存箱装卷烟产品的厌水唯一性和保存完好性的要求。

超音速干粉自动灭火系统的特点是：① 装置内无储压，安全可靠；② 快速灭火，时间小于1秒；③ 无管网、无阀门、结构紧凑、体积小；④ 密封性能好，储存时间长，干粉灭火剂寿命超过5年；⑤ 无污染，无次生灾害，环保；⑥ 无水消防，经济实用。实践证明，该系统最能满足烟草行业物流配送中心联合工房和高架立库的防火要求。

在本模块中，主要介绍了干粉灭火系统的分类及设置要求，由于干粉在灭火的动作逻辑上与气体灭火系统有类似之处，所以本模块不再详述。

项目一　概念与灭火机理

一、干粉灭火系统的概念

干粉灭火系统是由干粉供应源通过输送管道连接到固定的喷嘴上，通过喷嘴喷放干粉的灭火系统。干粉灭火系统是传统的四大固定灭火系统之一，应用广泛。

1. 干粉灭火剂

干粉灭火剂是由灭火基料（如小苏打、磷酸铵盐等）和适量的流动助剂（硬脂酸镁、云母粉、滑石粉等）以及防潮剂（硅油）在一定工艺条件下研磨、混配制成的固体粉末灭火剂。

2. 干粉灭火剂的类型

1）普通干粉灭火剂

这类灭火剂可扑救B类、C类、E类火灾，因而又称为BC干粉灭火剂。属于这类的干粉灭火剂有：

（1）以碳酸氢钠为基料的钠盐干粉灭火剂（小苏打干粉）。

（2）以碳酸氢钾为基料的紫钾干粉灭火剂。

（3）以氯化钾为基料的超级钾盐干粉灭火剂。

（4）以硫酸钾为基料的钾盐干粉灭火剂。

（5）以碳酸氢钠和钾盐为基料的混合型干粉灭火剂。

（6）以尿素和碳酸氢钠（碳酸氢钾）的反应物为基料的氨基干粉灭火剂。

2）多用途干粉灭火剂

这类灭火剂可扑救A类、B类、C类、E类火灾，因而又称为ABC干粉灭火剂。属于这类的干粉灭火剂有：

（1）以磷酸盐为基料的干粉灭火剂。

（2）以磷酸铵和硫酸铵混合物为基料的干粉灭火剂。

（3）以聚磷酸铵为基料的干粉灭火剂。

3）专用干粉灭火剂

这类灭火剂可扑救D类火灾，因而又称为D类专用干粉灭火剂。属于这类的干粉灭火剂有：

（1）石墨类：在石墨内添加流动促进剂。

（2）氯化钠类：氯化钠广泛用于制作D类干粉灭火剂。

（3）碳酸氢钠类：碳酸氢钠是制作BC干粉灭火剂的主要原料，添加某些结壳物料也可制作D类干粉灭火剂。

3．注意事项

（1）BC类与ABC类干粉不能兼容。

（2）BC类干粉与蛋白泡沫或者化学泡沫不兼容，因为干粉对蛋白泡沫和一般合成泡沫有较大的破坏作用。

（3）对于一些扩散性很强的气体，如氢气、乙炔气体，干粉喷射后难以稀释整个空间的气体，对于精密仪器、仪表会留下残渣，用干粉灭火不适宜。

二、干粉的灭火机理

干粉在动力气体（氮气、二氧化碳）的推动下射向火焰进行灭火。干粉在灭火过程中，粉雾与火焰接触、混合，发生一系列物理和化学作用。干粉灭火系统灭火剂的类型虽然不同，但其灭火机理无非是化学抑制、隔离、冷却与窒息。

1．化学抑制作用

燃烧过程是一个连锁反应过程，-OH和-H中的“-”是维持燃烧连锁反应的关键自由基，它们具有很高的能量，非常活泼，而使用寿命却很短，一经生成，立即引发下一步反应，生成更多的自由基，使燃烧过程得以延续且不断扩大。干粉灭火剂的灭火组分是燃烧的非活性物质，当把干粉灭火剂加入燃烧区与火焰混合后，干粉粉末与火焰中的自由基接触时，捕获-OH和-H，自由基被吸附在粉末表面。当大量的粉末以雾状形式喷向火焰时，火焰中的自由基被大量吸附和转化，使自由基数量急剧减少，致使燃烧反应链中断，最终使火焰熄灭。

2．隔离作用

干粉灭火系统喷出的固体粉末覆盖在燃烧物表面，构成阻碍燃烧的隔离层。特别是当粉末覆盖达到一定厚度时，还可以起到防止复燃的作用。

3．冷却与窒息作用

干粉灭火剂在动力气体的推动下喷向燃烧区进行灭火时，干粉灭火剂的基料在火焰高温作用下将会发生一系列分解反应，钠盐和钾盐干粉在燃烧区吸收部分热量，并放出水蒸气和二氧化碳气体，起到冷却和稀释可燃气体的作用。磷酸盐等化合物还具有导致炭化的作用，它附着于着火固体表面可炭化，碳化物是热的不良导体，可使燃烧过程变得缓慢，使火焰的温度降低。

项目二　系统组成与分类

根据灭火方式、保护情况、驱动气体储存方式等不同，干粉灭火系统可分为十余种类型。

一、干粉灭火系统的组成

干粉灭火系统在组成上与气体灭火系统类似。干粉灭火系统由干粉灭火设备和自动控制两大部分组成。前者由干粉储存容器、驱动气体瓶组、启动气体瓶组、减压阀、管道及喷嘴组成，后者由火灾探测器、信号反馈装置、报警控制器等组成，如图 9-2-1 所示。

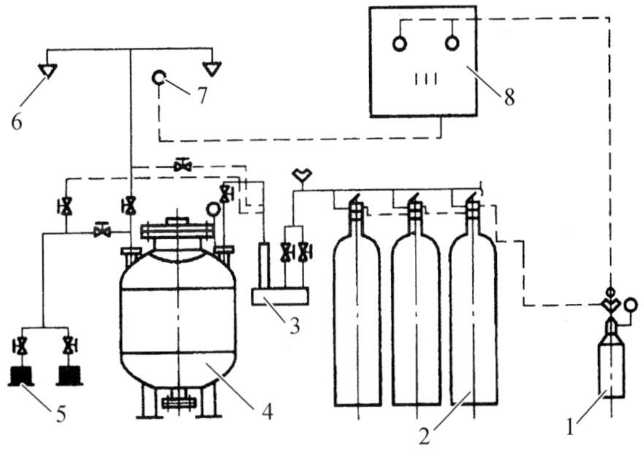

1—启动气体瓶组；2—驱动气体瓶组；3—减压阀；4—干粉储存容器；
5—干粉枪及卷盘；6—喷嘴；7—火灾探测器；8—控制装置。

图 9-2-1　干粉灭火系统组成示意图

二、干粉灭火系统的分类

1．按应用方式分类

1）全淹没干粉灭火系统

全淹没干粉灭火系统是指将干粉灭火剂释放到整个防护区，通过在防护区空间建立起灭火浓度来实施灭火的系统形式。该系统的特点是对防护区提供整体保护，适用于较小的封闭空间、火灾燃烧表面不易确定且不会复燃的场合，如油泵房等类场合。

2）局部应用干粉灭火系统

局部应用干粉灭火系统是指通过喷嘴直接向火焰或燃烧表面喷射灭火剂实施灭火的系统。当不宜在整个房间建立灭火浓度或仅保护某一局部范围、某一设备、室外火灾危险场所等时，可选择局部应用干粉灭火系统，例如用于保护甲、乙、丙类液体的敞顶罐或槽，不怕粉末污染的电气设备以及其他场所等。

2．按设计情况分类

1）设计型干粉灭火系统

设计型干粉灭火系统是指根据保护对象的具体情况，通过设计计算确定的系统形式。该系统中的所有参数都需经设计确定，并按要求选择各部件设备型号。一般较大的保护场所或有特殊要求的场所宜采用设计型系统。

2）预制型干粉灭火系统

预制型干粉灭火系统是指由工厂生产的系列成套干粉灭火设备，系统的规格是通过对保护对象进行灭火试验后预先设计好的，即所有设计参数都已确定，使用时只需选型，不必进行复杂的设计计算。保护对象不是很大且无特殊要求的场所，一般选择预制型系统。

3．按系统保护情况分类

1）组合分配系统

当一个区域有几个保护对象且每个保护对象发生火灾后又不会蔓延时，可选用组合分配系统，即用一套系统同时保护多个保护对象。

2）单元独立系统

若火灾的蔓延情况不能预测，则每个保护对象应单独设置一套系统保护，即单元独立系统。

4．按驱动气体储存方式分类

1）储气式干粉灭火系统

储气式干粉灭火系统是指将驱动气体（氮气、二氧化碳）单独储存在储气瓶中，灭火使用时，再将驱动气体充入干粉储罐，进而驱动干粉喷射实施灭火。干粉灭火系统大多采用这种系统形式。

2）贮压式干粉灭火系统

贮压式干粉灭火系统是指将驱动气体与干粉灭火剂同储于一个容器内，灭火时直接启动干粉储罐。这种系统结构比储气式系统简单，但要求驱动气体不能泄漏。

3）燃气式干粉灭火系统

燃气式干粉灭火系统是指驱动气体不采用压缩气体，而是在发生火灾时点燃燃气发生器内的固体燃料，通过燃烧生成的燃气压力来驱动干粉喷射实施灭火。

项目三　系统工作原理与适用范围

一、系统工作原理

干粉灭火系统启动方式可分为自动控制和手动控制。

1．自动控制方式

保护对象着火后，温度上升达到规定值，探测器发出火灾信号到控制器，然后由控制器打开相应的报警设备（如声光及警铃），当启动机构接收到控制器的启动信号后将启动瓶打开，启动瓶内的氮气通过管道将高压驱动气体瓶组的瓶头阀打开，瓶中的高压驱动气体进入集气管，经过高压阀进入减压阀，减压至规定压力后，通过进气阀进入干粉储罐内，搅动罐中干粉灭火剂，使罐中干粉灭火剂疏松形成便于流动的气粉混合物，当干粉罐内的压力升至规定压力数值时，定压动作机构开始动作，打开干粉罐出口球阀，干粉灭火剂则经过总阀门、选择阀、输粉管和喷嘴喷向着火对象，或者经喷枪射到着火对象的表面进行灭火。

在实际应用中，无论哪种类型的探测器，由于受其自身质量和环境的影响，在长期运行中都不可避免地存在误报的可能。为了提高系统的可靠性，最大限度地避免由于探测器误报引起灭火系统误动作，从而带来不必要的经济损失，通常在保护场所设置两种不同类型或两组同一类型的探测器进行复合探测。只有当两种不同类型或两组同一类型的火灾探测器均检测出保护场所存在火灾时，才能发出启动灭火系统的指令。

2．手动控制方式

手动启动是防护区内或保护对象附近的人员发现火险时启动灭火系统的手段之一，故要求手动启动装置安装在靠近防护区或保护对象，同时又是能够确保操作人员安全的位置。为了避免操作人员在紧急情况下错按其他按钮，故要求所有手动启动装置都应明显地标出其对应的防护区或保护对象的名称。

手动紧急停止是在系统启动后的延迟时段内，发现不需要或不能够实施喷放灭火剂的情况时可采用的一种使系统中止的手段。产生这种情况的原因很多，如：有人错按了启动按钮；火情未到非启动灭火系统不可的地步，可改用其他简易灭火方法；区域内还有人员尚未完全撤离等。一旦系统开始喷放灭火剂，手动紧急停止装置便失去了作用。启用紧急停止装置后，虽然系统控制装置停止了后续动作，但干粉储罐增压仍然继续，系统处于蓄势待发的状态，这时仍有可能需要重新启动系统，释放灭火剂，例如有人错按了紧急停止按钮、防护区内被困人员已经撤离等。所以要求在使用手动紧急停止装置后，手动启动装置可以再次启动。

根据使用对象和场合的不同，灭火系统也可与感温、感烟探测器联动。在经常有人的地方可采用手动控制方式，即人工确认火灾，启动手动按钮就能完成全部喷粉灭火动作。

二、系统适用范围

干粉灭火系统适用于港口、列车栈桥输油管线、甲类可燃液体生产线、石化生产线、天然气储罐、储油罐、汽轮机组及淬火油槽和大型变压器等场合。

干粉灭火系统扑救火灾迅速可靠，适用于火焰蔓延迅速的易燃液体；它造价低、占地小、不冻结，对于无水及寒冷的我国北方尤为适宜。

1. 适用范围

（1）灭火前可切断气源的气体火灾。

（2）易燃、可燃液体和可熔化固体火灾。

（3）可燃固体表面火灾。

（4）带电设备火灾。

2. 不适用范围

（1）硝化纤维、炸药等无空气仍能迅速氧化的化学物质与强氧化剂。

（2）钾、钠、镁、钛、锆等活泼金属及其氢化物。

项目四　系统设计参数

干粉灭火系统是依靠驱动气体（惰性气体）驱动干粉的，干粉固体所占体积与驱动气体相比小得多，宏观上类似于气体灭火系统，因此，可采用二氧化碳灭火系统设计数据。防护区围护结构具有一定耐火极限和强度是保证灭火的基本条件。

一、一般规定

（1）干粉灭火系统按应用方式可分为全淹没灭火系统和局部应用灭火系统。扑救封闭空间内的火灾应采用全淹没灭火系统，扑救具体保护对象的火灾应采用局部应用灭火系统。采用全淹没灭火系统的防护区，应符合下列规定：

① 喷放干粉时不能自动关闭的防护区开口，其总面积不应大于该防护区总内表面面积的 15%，且开口不应设在底面。

② 防护区的围护结构及门、窗的耐火极限不应低于 0.50 h，吊顶的耐火极限不应低于 0.25 h；围护结构及门、窗的允许压力不宜小于 1 200 Pa。

（2）采用局部应用灭火系统的保护对象，应符合下列规定：

① 保护对象周围的空气流动速度不应大于 2 m/s，必要时应采取挡风措施。

② 在喷头和保护对象之间，喷头喷射角范围内不应有遮挡物。

③ 当保护对象为可燃液体时，液面至容器缘口的距离不得小于 150 mm。该距离是为了保证高速喷射的粉体流喷到液体表面时，不引起液体的飞溅，避免产生流淌火，带来更大的火灾危险。

当防护区或保护对象有可燃气体和易燃、可燃液体供应源时，启动干粉灭火系统之前或同时，必须切断气体、液体的供应源。其目的是防止引起爆炸，同时也可防止淡化干粉浓度，影响灭火。

可燃气体，易燃、可燃液体和可熔化固体火灾宜采用碳酸氢钠干粉灭火剂；可燃固体表面火灾应采用磷酸铵盐干粉灭火剂。

组合分配系统的灭火剂储存量不应小于所需储存量最多的一个防护区或保护对象的储存量。其原因是各防护区或保护对象同时着火的概率很小，不需考虑同时向各个防护区或保护对象释放干粉灭火剂；但应考虑满足任何干粉用量的防护区或保护对象灭火需要。应注意防护区体积最大，用量不一定最多。

组合分配系统保护的防护区与保护对象之和不得超过 8 个。当防护区与保护对象之和超过 5 个时，或者在喷放后 48 h 内不能恢复到正常工作状态时，灭火剂应有备用量。备用量是为了保证系统保护的连续性，同时也包含扑救二次火灾的考虑。因此备用量不应小于系统设计的储存量。

为了实现连续保护作用，备用干粉储存容器应与系统管网相连，并能与主用干粉储存容器切换使用。

二、全淹没灭火系统

全淹没灭火系统的灭火剂设计浓度不得小于 0.65 kg/m^3。干粉喷射时间不应大于 30 s。喷头布置，应使防护区内灭火剂分布均匀。防护区应设泄压口，并宜设在外墙上，其高度应大于防护区净高的 2/3。

三、局部应用灭火系统

局部应用灭火系统的设计可采用面积法或体积法。当保护对象的着火部位是平面时，宜采用面积法；当采用面积法不能做到使所有表面被完全覆盖时，应采用体积法。

室内局部应用灭火系统的干粉喷射时间不应小于 30 s，室外或有复燃危险的室内局部应用灭火系统的干粉喷射时间不应小于 60 s。

（1）当采用面积法设计时，应符合下列规定：

① 保护对象计算面积应取被保护表面的垂直投影面积。

② 架空型喷头应以喷头的出口至保护对象表面的距离确定其干粉输送速率和相应保护面积，槽边型喷头保护面积应由设计选定的干粉输送速率确定。

（2）当采用体积法设计时，应符合下列规定：

保护对象的计算体积应采用假定的封闭罩的体积。封闭罩的底面应是实际底面；封闭罩的侧面及顶部当无实际围护结构时，它们至保护对象外缘的距离不应小于 1.5 m。

四、预制灭火装置

（1）预制灭火装置应符合下列规定：

① 灭火剂储存量不得大于 150 kg。

② 管道长度不得大于 20 m。

③ 工作压力不得大于 2.5 MPa。

（2）一个防护区或保护对象宜用一套预制灭火装置保护。

（3）一个防护区或保护对象所用预制灭火装置最多不得超过 4 套，并应同时启动，其动作响应时间差不得大于 2 s。

（4）管网起点压力是干粉储存容器的输出压力。管网起点（干粉储存容器输出容器阀出口）压力不应大于 2.5 MPa，管网最不利点喷头工作压力不应小于 0.1 MPa。

项目五　系统组件及其设置要求

一、系统组件

储存装置由干粉储存容器、容器阀、安全泄压装置、驱动气体储瓶、瓶头阀、集流管、减压阀、压力报警装置、控制装置及管道等组成，并应符合下列规定：

（1）干粉储存容器应符合《固定式压力容器安全技术监察规程》（TSG 21—2016）的相关规定，驱动气体储瓶及其充装系数应符合《气瓶安全技术监察规程》（TSG R0006—2014）的规定。

（2）干粉储存容器设计压力可取 1.6 MPa 或 2.5 MPa 压力级。其干粉灭火剂的装量系数不应大于 0.85，是为了使干粉储存容器内留有一定净空间，以便在加压或释放时干粉储存容器内的气粉能够充分混合。增压时间对于抓住灭火战机来说自然是越快越好，其增压时间不应大于 30 s。

（3）从安全角度考虑为防止干粉储存容器超压而设置安全阀。安全阀的动作压力及额定排放量应按《干粉灭火系统及部件通用技术条件》（GB 16668—2010）执行。

（4）干粉储存容器应满足驱动气体系数、干粉储存量、干粉输送速率和压力的要求。

驱动气体应选用惰性气体，宜选用氮气；二氧化碳含水率不应大于 0.015%，其他气体含水率不得大于 0.006%；驱动压力不得大于干粉储存容器的最高工作压力。

储存装置宜设在专用的储存装置间内。专用储存装置间的设置应符合下列规定：

① 应靠近防护区，出口应直接通向室外或疏散通道。

② 耐火等级不应低于二级。

③ 宜保持干燥和良好通风，并应设应急照明。

当采取防湿、防冻、防火等措施后，局部应用灭火系统的储存装置可设置在固定的安全围栏内。

（5）选择阀应采用快开型阀门，如球阀。其通径要求主要考虑干粉系统灭火时，管道内为气固二相流，为使灭火剂与驱动气体无明显分离，避免截留灭火剂。

（6）管道及附件应能承受最高环境温度下工作压力，并应符合下列规定：

① 管道应采用无缝钢管，其质量应符合现行国家标准《输送流体用无缝钢管》（GB/T 8163—2018）的规定。管道及附件应进行内外表面防腐处理，并宜采用符合环保要求的防腐方式。

② 对防腐层有腐蚀的环境，管道及附件可采用不锈钢、铜管或其他耐腐蚀的不燃材料。

③ 输送启动气体的管道，宜采用铜管，其质量应符合现行国家标准《铜及铜合金拉制管》（GB/T 1527—2017）的规定。

④ 管网应留有吹扫口。

⑤ 管道变径时应使用异径管。

⑥ 干管转弯处不应紧接支管。

⑦ 管道分支不应使用四通管件。

⑧ 管道转弯时宜选用弯管。

⑨ 管道附件应通过国家法定检测机构的检验认可。

⑩ 管道可采用螺纹连接、沟槽（卡箍）连接、法兰连接或焊接。公称直径等于或小于 80 mm 的管道，宜采用螺纹连接；公称直径大于 80 mm 的管道，宜采用沟槽（卡箍）或法兰连接。

二、系统设置要求

驱动气体管道连接必须牢固，每安装一段管道就应吹扫一次，保证管内干净。在减压阀前，要安装过滤网。

干粉灭火剂须按规定的品种和数量灌装，灌装最好在晴天操作，避免在阴雨天操作，并应一次装完，立即密封。

喷头的工作压力应符合产品性能要求，一般为（0.5 ~ 7）$\times 10^4$ Pa。

全淹没系统喷头应均匀分布，喷头间距不大于 2.25 m，喷头与墙的距离不大于 1 m，每个喷头的保护容积不大于 14 m^3。

思 考 题

1. 干粉灭火系统的灭火机理是什么？

2. 在设置参数上，干粉灭火系统与气体灭火系统有哪些异同点？

3. 干粉灭火系统的灭火动作流程是什么？

模块九 课件与微课

参考文献

[1] 张学魁. 建筑水灭火设施[M]. 北京：中国人民公安大学出版社，2004.

[2] 程远平，朱国庆. 水灭火工程[M]. 徐州：中国矿业大学出版社，2011.

[3] 张树平. 建筑防火设计[M]. 北京：中国建筑工业出版社，2009.

[4] 蔡芸. 建设工程消防设计审核与验收实务[M]. 北京：国防工业出版社，2012.

[5] 公安部消防局. 中国消防手册（第六卷）：公共场所、用火用电防火·建筑消防设施[M]. 上海：上海科学技术出版社，2007.

[6] 公安部消防局. 建筑消防设施工程设计[M]. 北京：新华出版社，1999.

[7] 中国消防协会. 建（构）筑消防员[M]. 北京：中国科学技术出版社，2011.

[8] 张学魁，景绒. 建筑灭火设施[M]. 北京：中国人民公安大学出版社，2004.

[9] 琼色，詹寿旺. 消防安全技术实务[M]. 北京：中国人事出版社，2020.

[10] 赵锂，陈怀德，姜文源. 消防给水及消火栓系统技术规范实施指南[M]. 北京：中国建筑工业出版社，2016.

附录　各模块思维导图